高等职业教育计算机系列教材

用微课学
局域网组网技术项目教程

邵云娜　叶　伟　主　编
马瓯瑞　朱莉莉　陈亦彤　金恩曼　副主编
姬长美　主　审

电子工业出版社
Publishing House of Electronics Industry
北京·BEIJING

内 容 简 介

本书以"理实一体化""做中学，学中做""理论知识够用，技能为主"等为教学理念，以构建一个中小型企业网络工程为背景，选用项目教学的方式，通过任务形式进行讲解，详细介绍以华为设备为主的局域网组网技术的相关知识，内容包括认识局域网、搭建办公网络、搭建园区网络、实现区域网络互联、Internet 接入及网络安全、搭建无线局域网、中小型企业网安全架构。通过完成相应任务，读者可对局域网组网具有全面及深刻的理解并可提升实际动手能力。

本书适用于中高职计算机类专业及非计算机类专业学生、培训学校学生和对网络感兴趣的自学者，也可以作为从事局域网设计、建设、管理和维护等工作的技术人员的参考书。

未经许可，不得以任何方式复制或抄袭本书之部分或全部内容。
版权所有，侵权必究。

图书在版编目（CIP）数据

用微课学局域网组网技术项目教程 / 邵云娜，叶伟主编．—北京：电子工业出版社，2021.9
ISBN 978-7-121-42090-0

Ⅰ．①用… Ⅱ．①邵… ②叶… Ⅲ．①局域网－组网技术－高等学校－教材 Ⅳ．①TP393.1

中国版本图书馆 CIP 数据核字（2021）第 195427 号

责任编辑：徐建军　　　　　　　特约编辑：田学清
印　　刷：北京盛通商印快线网络科技有限公司
装　　订：北京盛通商印快线网络科技有限公司
出版发行：电子工业出版社
　　　　　北京市海淀区万寿路 173 信箱　　　　邮编：100036
开　　本：787×1 092　 1/16　　印张：13.5　　字数：363 千字
版　　次：2021 年 9 月第 1 版
印　　次：2023 年 7 月第 3 次印刷
定　　价：45.00 元

凡所购买电子工业出版社图书有缺损问题，请向购买书店调换。若书店售缺，请与本社发行部联系，联系及邮购电话：（010）88254888，88258888。
质量投诉请发邮件至 zlts@phei.com.cn，盗版侵权举报请发邮件至 dbqq@phei.com.cn。
本书咨询联系方式：（010）88254570，xujj@phei.com.cn。

前 言

随着信息化的迅速发展，计算机网络已成为人们生活、工作密不可分的部分，计算机网络技术越来越被人们重视，培养一批熟练掌握网络技术的高技能应用型人才是当前高职院校迫切需要做的事情。在此背景下，编者在总结多年教学经验和企业人才需求的基础上，组织编写了本书。

本书结构紧凑，内容承上启下，主要有以下特色。

- 整体设计。本书根据工程需求按项目展开，前后章节环环紧扣，内容由浅入深、循序渐进，既有理论知识，又侧重于应用。
- 精讲多练，讲练结合。合理安排基础知识和实践知识的比例，基础知识以"必需、够用"为度，更加强调专业技术应用能力的训练。
- 注重立体化教材建设。通过教材、电子教案、配套素材、实训指导和习题及视频解答等教学资源的有机结合（请有需要的教师联系编者，QQ569854767），提高教学服务水平，为培养高素质技能型人才创造良好条件。

本书由浙江安防职业技术学院的教师组织编写，由邵云娜、叶伟担任主编，由马瓯瑞、朱莉莉、陈亦彤、金恩曼担任副主编，由山东理工职业学院的姬长美主审。其中，项目1由朱莉莉编写，项目2和项目3由邵云娜编写，项目4由马瓯瑞编写，项目5由陈亦彤编写，项目6和项目7由叶伟编写，全书由邵云娜和金恩曼统稿。

为了方便教师教学，本书配有电子教学课件及相关资源，请有此需要的教师登录华信教育资源网（www.hxedu.com.cn）注册后免费下载，如果有问题，可以在网站留言板留言或与电子工业出版社联系（E-mail：hxedu@phei.com.cn）。另外，由于本书采用黑白印刷，图片中的颜色无法区分，请读者结合软件界面进行识别。

教材建设是一项系统工程，需要在实践中不断加以完善及改进，同时由于时间仓促、编者水平有限，书中难免存在疏漏和不足之处，敬请同行专家和广大读者给予批评和指正。

编　者

目 录

项目 1　认识局域网 ··· 1
  任务 1　局域网基础知识 ··· 1
    1.1.1　了解局域网 ··· 1
    1.1.2　理解网络拓扑结构 ··· 5
    1.1.3　理解网络体系结构 ··· 9
    1.1.4　理解 IP 地址和子网划分 ·· 16
  任务 2　网络工程规划与设计 ··· 25
    1.2.1　设计思路 ·· 25
    1.2.2　方案实现 ·· 28

项目 2　搭建办公网络 ··· 31
  任务 1　交换机基础知识 ··· 31
    2.1.1　认识交换机 ··· 31
    2.1.2　通过 Console 端口配置交换机 ··· 34
    2.1.3　使用 Telnet 方式登录交换机 ·· 36
    2.1.4　使用 eNSP 网络仿真平台模拟演练 ··· 38
  任务 2　搭建部门网络 ··· 42
    2.2.1　按部门划分 VLAN 实现办公网络的隔离 ··································· 42
    2.2.2　采用交换机级联实现跨交换机同部门的连通 ···························· 46
    2.2.3　实现不同部门之间的网络连通 ·· 48
    2.2.4　使用 DHCP 分配 IP 地址 ··· 51
  任务 3　提高网络冗余性 ··· 55
    2.3.1　使用端口链路聚合技术提高网络带宽 ·· 55
    2.3.2　启用生成树协议解决冗余链路引起的环路问题 ························ 58
    2.3.3　使用堆叠技术提高网络带宽 ·· 63

项目 3　搭建园区网络 ··· 67
  任务 1　路由器基础知识 ··· 67
    3.1.1　认识路由器 ··· 67
    3.1.2　配置路由器子接口实现 VLAN 间的通信 ··································· 70
  任务 2　使用静态路由实现园区网络的互联 ··· 72
    3.2.1　使用静态路由实现网络互联 ·· 72
    3.2.2　使用默认路由实现全网互联 ·· 74
  任务 3　使用 VRRP 技术提高网络的可靠性 ·· 76

项目 4 实现区域网络互联 ··· 81

任务 1 使用 RIP 协议实现区域网络互联 ·· 81
4.1.1 认识 RIP 协议 ··· 81
4.1.2 使用 RIP 协议实现区域网络互通 ·· 86

任务 2 使用 OSPF 协议实现区域网络互联 ······································ 91
4.2.1 认识 OSPF 协议 ··· 91
4.2.2 使用 OSPF 协议实现区域网络互通 ·· 98

任务 3 使用路由重分布实现多路由协议之间的网络互联 ··········· 105
4.3.1 RIP 与 OSPF 协议的路由双向重分布 ··································· 105
4.3.2 直连路由和静态路由重分布到 OSPF 协议 ·························· 109

项目 5 Internet 接入及网络安全 ·· 114

任务 1 访问控制列表 ··· 114
5.1.1 访问控制列表基础配置 ·· 114
5.1.2 高级访问控制列表配置 ·· 124
5.1.3 复杂访问控制列表配置 ·· 129

任务 2 防火墙和 NAT ··· 135
5.2.1 防火墙基础配置 ··· 135
5.2.2 Basic NAT 配置 ··· 144
5.2.3 NAPT 配置 ··· 148
5.2.4 NAT Server 配置 ··· 151

任务 3 VPN 技术及应用 ·· 155
5.3.1 GRE 隧道应用 ·· 156
5.3.2 IPSec VPN 技术 ··· 166

项目 6 搭建无线局域网 ·· 175

任务 1 搭建企业无线网络 ··· 175
6.1.1 WLAN 基础知识 ·· 175
6.1.2 企业 WLAN AC+AP 方式组网 ·· 179

任务 2 WLAN 工勘 ··· 187
6.2.1 信号衰减测试 ··· 187
6.2.2 现场工勘 ··· 188

项目 7 中小型企业网安全架构 ··· 196

7.1 方案总体设计 ··· 196
7.2 外网出口区 ··· 197
7.3 数据中心区 ··· 199
7.4 运维管理区 ··· 200
7.5 终端接入区 ··· 204
7.6 桌面云服务器区 ··· 206

项目 1 认识局域网

项目介绍

在 20 世纪 60 年代后期到 70 年代前期，计算机网络技术发生了很大变化。为满足社会发展下人们对信息资源的共享需求，研究者研发了一种被称为计算机局域通信网络，简称局域网（Local Area Network，LAN）的计算机通信形式。在当今的计算机网络技术中，局域网技术已经占据十分重要的地位。本项目从局域网的概念入手，介绍局域网的拓扑结构、体系结构、IP 地址、子网划分等知识。

任务安排

任务 1　局域网基础知识
任务 2　网络工程规划与设计

学习目标

✧ 了解局域网相关知识
✧ 理解网络拓扑结构和网络体系结构
✧ 理解 IP 地址和子网划分的概念
✧ 了解和掌握网络工程规划与设计方法

任务 1　局域网基础知识

1.1.1 了解局域网

任务描述

某公司技术部员工小张要向项目经理上交资料，资料大小为 16GB，如果用 2GB 的 U 盘复制，则需要进行多次操作才能将资料全部提交，而且容易感染病毒。现有一个大于 2GB 的文件，怎样对计算机进行设置，使之可以安全共享文件？

通过本节的学习，读者可掌握以下内容：

- 局域网的概念和特点；
- 局域网的具体组成部分；
- 对局域网进行分类的方法。

必备知识

1. 什么是局域网

局域网是将小区域内的各种通信设备连接在一起的通信网络。局域网可以使用多种传输介质来连接。决定局域网特性的主要内容如下。

（1）用于连接各种设备的拓扑结构。

（2）用于传输数据的传输介质。

（3）用于共享资源的介质访问控制方法。

局域网的主要特点包括以下几个方面。

（1）地理范围在 10km 以内。

（2）通信设备指计算机、终端设备及各种互连设备。

（3）局域网内部的数据传输速率通常是 10Mbps～100Mbps；误码率较低；时延较短。

（4）传输介质通常使用双绞线、同轴电缆、光纤等有线传输介质或者无线电波、红外线等无线传输介质。

（5）局域网是一种数据通信网络。

（6）局域网的连接方式可以是点对点连接、多点连接或广播式连接。

（7）局域网侧重于共享信息的处理问题，而不是传输问题。

2. 局域网的组成

局域网由网络硬件和网络软件两部分组成。网络硬件包括服务器、工作站、传输介质和网络连接部件等。网络软件包括网络操作系统、控制信息传输的网络协议及相应的协议软件、大量的网络应用软件等。图 1-1 所示为一种比较常见的局域网。

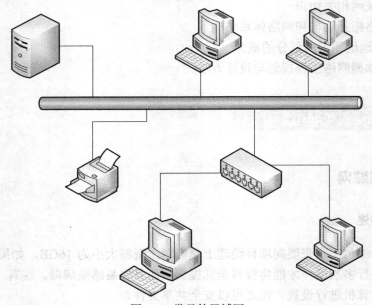

图 1-1 常见的局域网

1）网络硬件

（1）服务器是整个网络系统的核心，它为网络用户提供服务并管理整个网络，在其上运行的操作系统是网络操作系统。随着局域网功能的不断增强，根据服务器在网络中所承担的任务和所提供的功能不同，可以将服务器分为文件服务器、打印服务器和通信服务器。文件服务器是局域网中最基本的服务器，用来管理局域网内的文件资源；打印服务器则为用户提供网络共享打印服务；通信服务器主要负责本地局域网与其他局域网、主机系统或远程工作站的通信。

（2）客户机又称工作站。当一台计算机连接到局域网时，这台计算机就成了局域网的一台客户机。客户机与服务器不同，服务器用于为网络上许多网络用户提供服务以共享其资源，而客户机仅对操作该客户机的用户提供服务。客户机可以有自己的操作系统，独立工作。它是用户和网络的接口设备，用户通过它可以与网络交换信息，共享网络资源。

（3）客户机和服务器之间的连接通过传输介质和网络连接部件来实现。网络连接部件包括网卡、集线器和交换机等。

网卡是工作站与网络的接口部件。它除了作为工作站连接入网的物理接口，还控制帧的发送和接收（相当于具备物理层和数据链路层功能）。图 1-2 所示为常见的网卡。

图 1-2　常见的网卡

集线器又称 HUB，如图 1-3 所示，它能够将多条线路集中连接在一起，可分为无源和有源两种。无源集线器只负责将多条线路连接在一起，不对信号做任何处理。有源集线器具有信号处理和信号放大功能。

图 1-3　集线器

交换机采用交换方式工作，能够将多条线路集中连接在一起，并支持端口工作站之间的多个并发连接，实现多个工作站之间数据的并发传输，可以增加局域网带宽，改善局域网的性能和服务质量，如图 1-4 所示。与集线器不同的是，集线器多采用广播方式工作，接到同一集线器的所有工作站都共享同一速率，而接到同一交换机的每个工作站独享同一速率。

图 1-4　交换机

2）网络软件

（1）网络操作系统是网络的心脏和灵魂，是向网络计算机提供服务的特殊操作系统。它在计算机操作系统下工作，使计算机操作系统增加了网络操作所需要的能力。

（2）网络通信协议为连接不同操作系统和不同硬件体系结构的互联网提供通信支持，是一种网络通用语言。局域网常见的 3 种通信协议分别是 TCP/IP 协议、NetBEUI 协议和 IPX/SPX

协议。

（3）网络应用软件是软件开发者根据网络用户的需要，开发出来的各种应用软件的统称，如在局域网环境中使用的 Office 办公组件、局域网聊天工具、网络支付软件等。

3．局域网的分类

局域网经常采用以下几种方法分类。

（1）按拓扑结构分类：总线型局域网、环型局域网、星型局域网及混合型局域网等类型。这种分类方法反映的是网络采用的拓扑结构类型，是最常用的分类方法。

（2）按传输介质分类：同轴电缆局域网、双绞线局域网和光纤局域网。若采用无线电波、微波传输介质，则可以称为无线局域网。

（3）按访问传输介质分类：以太网（Ethernet）、令牌环网（Token Ring）、FDDE 网、ATM 网等。

（4）按网络操作系统分类：Novell 公司的 Netware 网，Microsoft 公司的 Windows NT 网，IBM 公司的 LAN Manager 网，BANYAN 公司的 VINES 网等。

（5）按数据的传输速率分类：10Mbps 局域网、100Mbps 局域网、155Mbps 局域网等。

（6）按信息的交换方式分类：交换式局域网、共享式局域网。

▶ 任务实现

（1）根据任务描述，办公室内的文件传输、小范围内的文件共享、计算机之间的互相访问，可以使用局域网来实现。任务拓扑结构如图 1-5 所示。

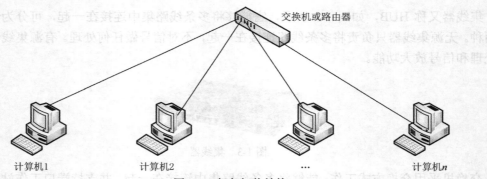

图 1-5　任务拓扑结构

（2）在组建局域网之前，先准备好相关的工具和器材。需要准备的工具和器材有：若干条网线、1 台路由器或交换机、若干台计算机。

（3）使用网线将计算机和路由器或交换机按图 1-5 所示进行连接，组成一个局域网。

（4）每台计算机都按下面的步骤进行设置。

①在 Windows 的桌面环境下找到"网上邻居"图标，右击"网上邻居"图标，然后在弹出的快捷菜单中选择"属性"命令。

②在打开的界面中可以看到"本地连接"图标，右击"本地连接"图标，然后在弹出的快捷菜单中选择"属性"命令。

③在打开的"本地连接属性"对话框中，双击"Internet 协议（TCP/IP）"选项。

④打开"Internet 协议（TCP/IP）属性"对话框，在 IP 地址、子网掩码、默认网关及 DNS

服务器地址选项中分别输入相应的网络设置参数。

⑤单击"确定"按钮完成局域网的设置。

(5)设置文件共享,并使用共享文件夹。

以上步骤操作完成后即可实现办公室内计算机之间的通信和文件传输功能。

1.1.2 理解网络拓扑结构

🔵 任务描述

公司最近接到某有限公司网络改造的项目,技术部的李涛根据该有限公司的需求,绘制了一张网络拓扑结构图。李小明是公司的实习生,李涛让他以施工助理的身份加入这个项目。要想做好这份工作,小明先要看懂网络拓扑结构图。

通过本节的学习,读者可掌握以下内容:
- 网络拓扑结构的类型;
- 总线型拓扑结构、环型拓扑结构、星型拓扑结构和混合型拓扑结构的区别;
- 局域网通信适用的拓扑结构。

🔵 必备知识

1. 总线型拓扑结构

网络中各个节点相互连接的方式称为网络拓扑(Topology)。由于现在已有多种局域网技术,因此我们可以通过对网络拓扑结构的分析来了解各个具体技术之间的相似性与区别性。构成局域网的拓扑结构有很多种,主要有总线型、环型、星型及混合型。

总线型拓扑结构通常由单条电缆组成,该电缆用于连接网络中的所有节点,图1-6描绘了一种典型的总线型拓扑结构,该拓扑结构的特点如下。

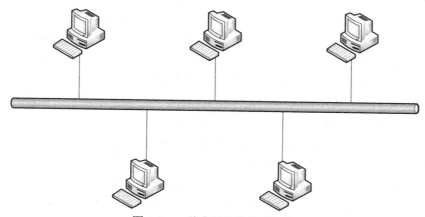

图1-6 一种典型的总线型拓扑

(1)组网费用低:从图1-6中可以看出,这种结构不需要使用另外的互连设备,直接通过一条总线即可连接,所以组网费用较低。

(2)传输速度易受影响:因为这种网络的各节点是共用总线带宽的,所以在传输速度上会随着接入网络用户数量的增多而下降。

（3）网络用户扩展较灵活：需要扩展用户时只需添加一台接线器即可，但其所能连接的用户数量有限。

（4）维护较容易：单个节点失效不会影响整个网络的正常通信，但是如果总线断开，则整个网络或相应主干网段就会中断。

总线型拓扑结构的缺点是一次仅能允许一个端用户发送数据，其他端用户必须等待获得发送权后才能发送数据。

2．环型拓扑结构

在环型拓扑结构中，每个节点与最近的节点相连接以使整个网络形成一个封闭的圆环，如图1-7所示，数据绕着环向一个方向发送（单向）。每个工作站接收并响应发送给它的数据包，然后将数据包转发到环中的下一个工作站。一个环型拓扑结构没有"终止端"，数据到达目的地后停止发送，因而环型拓扑结构不需要终结器，该拓扑结构的特点如下。

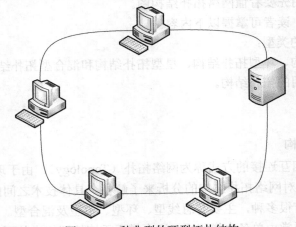

图1-7 一种典型的环型拓扑结构

（1）适用范围小：这种拓扑结构一般仅适用于IEEE 802.5的令牌环网，在这种网络中，"令牌"是在环形连接中依次传递的，所用的传输介质一般是同轴电缆。

（2）实现简单：这种拓扑结构实现非常简单，投资最小。组成这个网络除各工作站外就是传输介质，如同轴电缆或光缆，以及一些连接器材，没有价格昂贵的节点集中设备，如集线器和交换机。但也正因为这样，这种网络所能实现的功能最简单，仅能提供一般的文件服务功能。

（3）传输速度较快：在令牌环网中允许有16Mbps的传输速率，它比普通的10Mbps以太网要快很多。当然随着以太网的广泛应用和以太网技术的发展，以太网的速度也得到了极大提高，目前以太网普遍都能提供100Mbps的传输速率，远比16Mbps要高。

（4）维护困难：从其拓扑结构中可以看到，整个网络各节点间是直接串联的，这样任何一个节点出现故障都会造成整个网络的中断、瘫痪，维护起来非常不便。另外，因为同轴电缆所采用的是插针式的接触方式，所以非常容易造成接触不良进而网络中断，这样查找起来非常困难，这一点相信维护过环型拓扑结构的人都深有体会。

（5）扩展性能差：它的拓扑结构类型决定了它的扩展性能远不如星型拓扑结构，如果要添加或移动节点，就必须中断整个网络，在环的两端做好连接器后才能连接。

3. 星型拓扑结构

在一个星型拓扑结构中，每个节点通过一个中心节点，如集线器连接在一起。典型的集线器包括这样一种电子装置，它从发送的计算机上接收数据，并把数据传送到合适的目的地。图 1-8 描绘了一种典型的星型拓扑结构，该拓扑结构的特点如下。

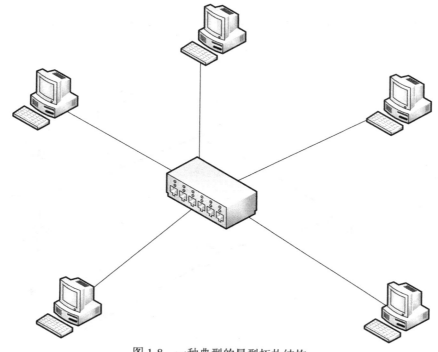

图 1-8 一种典型的星型拓扑结构

（1）组网费用低：该拓扑结构所采用的传输介质一般是通用的双绞线，这种传输介质相对来说比较便宜。这种拓扑结构主要应用于 IEEE 802.2、IEEE 802.3 标准的以太网中。

（2）节点扩展、移动方便：在扩展节点时只需从集线器或交换机等节点集中设备中拉一条线即可，而在移动一个节点时只需把相应节点移到新节点即可。

（3）维护容易：一个节点出现故障不会影响其他节点的连接，可任意拆走故障节点。

（4）采用广播信息传送方式：任何一个节点发送的信息整个网络中的其他节点都可以收到，这在网络安全方面存在一定的隐患，但在局域网中影响不大。

（5）网络传输速度快：这一点从目前最新的 1000Mbps～10Gbps 以太网传输速率就可以看出。

4. 混合型拓扑结构

混合型拓扑结构是由星型拓扑结构和总线型拓扑结构结合在一起的网络结构，这种拓扑结构能满足较大网络的扩展，突破星型网络在传输距离上的局限，同时可以解决总线型网络在连接用户数量上的限制问题。这种网络拓扑结构继承了星型拓扑结构与总线型拓扑结构的优点，在缺点方面得到了一定的弥补，特点如下。

（1）应用广泛：主要弥补了星型拓扑结构和总线型拓扑结构的不足，满足了大公司组网的实际需求。

（2）扩展灵活：继承了星型拓扑结构的优点。

（3）维护困难：主要受到总线型拓扑结构的制约。

（4）速度较快：因其骨干网采用高速的同轴电缆或光缆，所以整个网络在速度上不受太多的限制。

➤ 任务实现

根据任务描述，给出某有限公司的网络拓扑结构，如图1-9所示。想要理解网络拓扑结构需要先了解以下知识。

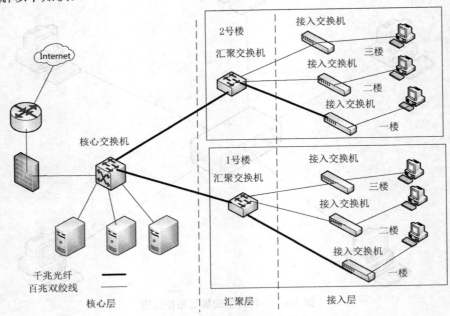

图1-9 某公司的网络拓扑结构

1. 认识计算机网络的接入层

接入层通常指网络中直接面向用户连接或访问的部分，其目的是允许终端用户连接到网络，因此接入层交换机具有低成本和高端口密度特性。接入交换机是最常见的交换机，使用也最广泛，一般应用于一般办公室、小型机房、业务受理较为集中的业务部门、多媒体制作中心、网站管理中心等部门。在传输速度上，接入交换机基本会提供多个具有 10Mbps/100Mbps/1000Mbps 自适应能力的端口。

该有限公司网络的接入层，通过6台接入交换机完成所有终端的连接，每个楼层的接入交换机与终端连接的拓扑结构类型为星型。连接线采用的是百兆双绞线。

2. 认识计算机网络的汇聚层

汇聚层是楼群或小区的信息汇聚点，是连接接入层和核心层的网络设备，为接入层提供数据的汇聚、传输、管理和分发处理等功能。汇聚层为接入层提供基于策略的连接，如地址合并、协议过滤、路由服务、认证管理等。汇聚层通过网段划分（如VLAN）与网络隔离，可以防止某些网段的问题蔓延并影响核心层，从而保证核心层的安全和稳定。汇聚层设备一般采用可管理的三层交换机或堆叠式交换机以达到带宽和传输性能的要求。

该有限公司网络的汇聚层，使用2台汇聚交换机与6台接入交换机进行连接，根据网络的需求，只有一楼的接入交换机与汇聚交换机采用了千兆光纤连接。

3. 认识计算机网络的核心层

核心层的功能主要是实现骨干网络之间的优化传输。核心层设计任务的重点通常是冗余能力、可靠性和高速的传输，网络的控制功能最好少在核心层上实现。核心层一直被认为是所有流量的最终承受者和汇聚者，所以对核心层的设计及网络设备的要求十分严格。核心层设备将占投资的主要部分。

该有限公司网络的核心层，使用 1 台核心交换机与 2 台汇聚交换机进行连接，根据网络的需求，核心交换机与汇聚交换机采用了千兆光纤连接。本网络拓扑结构采用了 1 台核心交换机，冗余设计不够，可靠性较差。

4. 认识整个网络拓扑结构

在核心层和汇聚层的设计上，主要考虑的是网络性能和功能性，在接入层的设计上主要考虑使用性价比高的设备。一般来说，用户访问控制会在接入层实现，但这并不是绝对的，也可以在汇聚层实现。在汇聚层实现安全控制和身份认证时，采用的是集中式的管理模式。当网络规模较大时，可以设计综合安全管理策略。例如，在接入层实现身份认证和 MAC 地址绑定，在汇聚层实现流量控制和访问权限约束等。

该有限公司网络的每个楼层的交换机与终端连接的拓扑结构类型为星型，由于整个网络需要实现分层管理，因此采用的是树状拓扑结构，这也是局域网普遍采用的拓扑结构类型。

1.1.3 理解网络体系结构

任务描述

在北京读大学的李小明和温州的王皓是很好的朋友。他们经常通过 QQ 聊天来了解彼此的动态，以保持长时间的联系。近期，李小明学习了关于网络通信的知识，就和王皓讨论起他们平时用的 QQ 究竟经历了怎样的通信过程。

通过本节的学习，读者可掌握以下内容：
- OSI 参考模型及其各层的功能；
- TCP/IP 参考模型及其各层的功能；
- OSI 参考模型和 TCP/IP 参考模型的区别以及局域网的网络体系结构的概念。

必备知识

1. OSI 参考模型

OSI 参考模型是由国际标准化组织（International Standard Organization，ISO）为实现世界范围内的计算机系统之间的通信而制定的。它只给出了一些原则性的说明，规定了开放系统的层次结构和各层所提供的服务。它将整个网络的功能划分为 7 个层次，并且两个通信实体之间的通信必须遵循这 7 层协议，如图 1-10 所示。

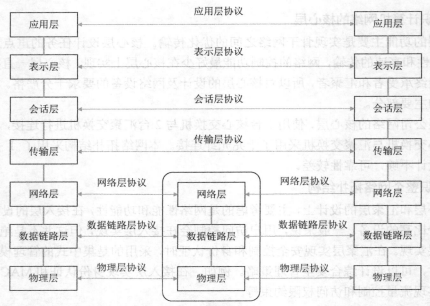

图1-10 OSI参考模型

OSI参考模型从下至上的7个层次分别为物理层、数据链路层、网络层、传输层、会话层、表示层和应用层。不同系统的同等层之间按相应协议进行通信，同一系统的不同层之间通过接口进行通信。通信过程为应用层将通信数据交给下一层处理，下一层对数据加上若干控制后发送给它的下一层处理，最终由物理层传递到对方系统的物理层，再逐层向上传递，从而实现对等层之间的逻辑通信。一般用户由最上层的应用层提供服务。两个用户计算机通过网络进行通信时，除物理层外，其余各对等层之间不存在直接的通信关系，而是通过各对等层的协议来进行通信的。只有两个物理层之间通过媒体进行真正的数据通信。在实际应用中，两个通信实体是通过一个通信子网进行通信的。一般来说，通信子网中的节点只涉及低3层的结构，如图1-10中间的3层结构所示。

OSI参考模型将数据从一个站点传送至另一个站点的工作，分割成7个不同的任务。这些任务按层进行管理，即分为7层，每层都对数据包进行封装和解封装，每层都包含了不同的网络设备和网络协议。在OSI参考模型中，从下至上，每层负责完成不同的、目标明确的任务。

综上所述，OSI参考模型具有以下特点。
①每层的对应实体之间都通过各自的协议进行通信。
②各个计算机系统都有相同的层次结构。
③不同系统的相应层次具有相同的功能。
④同一系统的各层次之间通过接口进行通信。
⑤相邻的两层之间，下层为上层提供服务，上层使用下层提供的服务。

2．OSI参考模型各层的功能

OSI参考模型将计算机通信过程按功能划分为7层，并规定了每层实现的功能。这样互联网设备的厂家以及软件公司就能参照OSI参考模型来设计自己的硬件和软件，不同的网络设备之间就能互相协同工作。

1）物理层

物理层规定了激活、维持、关闭通信端点之间的机械特性、电气特性、功能特性及过程特性。该层为上层协议提供了一个传输数据的物理媒体。在这一层，数据的单位为位（bit）。

物理层具体解决以下问题。

①使用的传输介质、连接器件和连接设备的类型。

②使用的拓扑结构类型。

③使用什么样的物理信号表示二进制的0和1，以及该物理信号与传输相关的特性如何。

在常用的网络设备中，集线器工作在OSI参考模型的物理层，因为物理层处理的是位（bit），所以集线器的作用就是重发bit，将所收到的bit信号进行再生和还原并传给每个与之相连的网段。集线器是一台没有鉴别能力的设备，会转发收到的所有bit信号，也包括错误的bit信号。

2）数据链路层

数据链路层在不可靠的物理介质上提供可靠的传输。在这一层，数据的单位为帧（Frame）。数据链路层协议包括SDLC、HDLC、PPP、STP、帧中继等。

数据链路层在物理层的基础上，将bit组织并封装成帧，从而建立一条可靠的数据传输通道。帧是用来传输数据的一种结构包，这个结构包中除了包括所传输数据的实际数据，还包括发送端和接收端的网络地址以及控制信息和错误校验信息。通过网络地址可确定数据将去往何处，通过控制信息和错误校验信息可检查传输数据是否有误，如果有错误帧存在，则要求重发该帧。

数据链路层具体解决以下问题。

①将bit信息加以组织并封装成帧。

②确定了帧的结构。

③通过使用硬件地址及物理地址来寻址。

④实现差错校验信息的组织。

⑤对共享的介质实现访问控制。

在常用的网络设备中，网卡是工作在物理层和数据链路层的重要的网络设备。网卡在发送端将系统发送过来的数据转换成能在介质上传输的bit流，在接收端，将从介质接收的bit流重组成计算机系统可以处理的数据。同时，每个网卡都固化了一个全球唯一的物理地址，也就是MAC地址，在数据链路层提供数据传输通道时，使用MAC地址可以实现数据的发送与接收。

交换机是工作在数据链路层的网络设备，具有物理寻址功能，启动以后，通过学习，逐渐在内存中建立一张MAC地址与交换机端口的关联表，从而实现有目的的数据转发。

3）网络层

网络层负责对子网间的数据包进行路由选择。在这一层，数据的单位为数据报文或包（Packet）。网络层协议包括IP、IPX、RIP、OSPF等。

网络层具体解决以下问题。

①提供了网络层的地址（IP地址），并进行不同网络系统之间的路径选择。

②数据包的分割和重新组合。

③差错校验和恢复。

④流量控制和拥塞控制。

路由器是工作在网络层的重要设备，通过网络层的地址路由器可以为网络访问提供访问路径。路由器同时在数据传输过程中实现流量控制和差错管理。

4）传输层

传输层是一个端到端,即主机到主机的层次。传输层负责将上层数据分段并提供端到端的、可靠的或不可靠的传输。此外,传输层还要处理端到端的差错控制和流量控制问题。在这一层,数据的单位为传输协议单元(TPDU)。传输层协议包括 TCP、UDP、SPX 等。

5)会话层

会话层负责管理主机之间的会话进程,即负责建立、管理、终止进程之间的会话。会话层还可以在数据中插入校验点来实现数据的同步。在这一层,数据的单位为会话协议单元(SPDU)。会话层协议包括 NetBIOS、ZIP(AppleTalk 区域信息协议)等。

6)表示层

表示层对上一层数据或信息进行变换以保证一台主机的应用层信息可以被另一台主机的应用程序理解。也就是说,表示层将数据进行转换和翻译,从而使发送端和接收端都能够相互理解。表示层的数据转换包括数据的加密、压缩及格式转换等。在这一层,数据的单位为表示协议单元(PPDU)。表示层协议包括 ASCII、ASN.1、JPEG、MPEG 等。

7)应用层

应用层为操作系统或网络应用程序提供访问网络服务的接口。它为数据库访问、电子邮件、文件传输等用户应用程序提供直接服务,可实现网络中一台计算机上的应用程序与另一台计算机上的应用程序之间的通信。在这一层,数据的单位为应用协议单元(APDU)。应用层协议包括 Telnet、FTP、HTTP、SNMP 等。

3. TCP/IP 参考模型

TCP/IP 是目前较成熟并被广为接受的通信协议之一。它不仅广泛应用于各种类型的局域网中,而且是 Internet 的协议标准,用于实现不同类型的网络以及不同类型的操作系统的主机之间的通信。TCP/IP 事实上是一个协议栈,由多种网络协议组合而成,包括 IP、ICMP、ARP、RARP、TCP 和 UDP 等协议。TCP 和 IP 是其中十分重要的两个协议,TCP 是传输控制协议,提供面向连接的服务。IP 是网际互联协议,提供无连接数据包服务和网际路由服务。图 1-11 所示为 OSI 参考模型和 TCP/IP 参考模型的对比示意图。

OSI参考模型	TCP/IP参考模型
应用层	应用层
表示层	
会话层	
传输层	传输层
网络层	网络互联层
数据链路层	网络接入层
物理层	

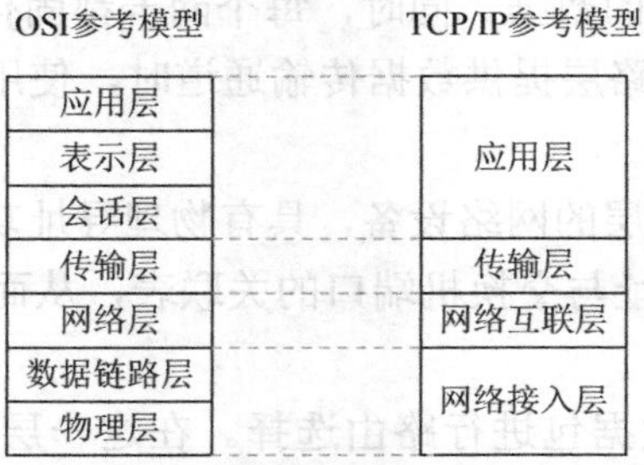

图 1-11 OSI 参考模型和 TCP/IP 参考模型的对比示意图

在 TCP/IP 参考模型中,去掉了 OSI 参考模型中的会话层和表示层(这两层的功能被合并到应用层实现)。同时将 OSI 参考模型中的数据链路层和物理层合并为网络接入层。TCP/IP 参考模型分为 4 个层次,即应用层、传输层、网络互联层和网络接入层,其各层的主要协议如图 1-12 所示。

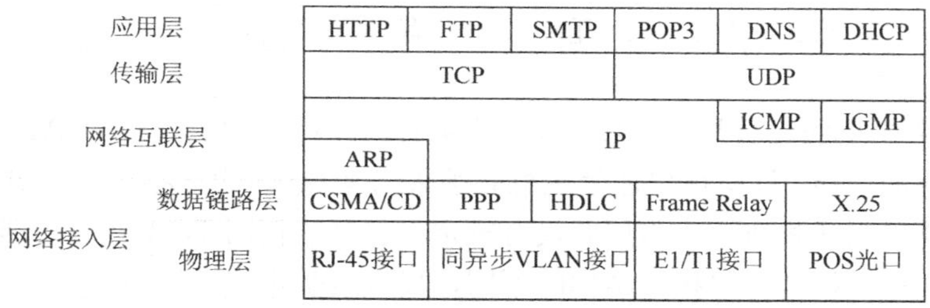

应用层	HTTP	FTP	SMTP	POP3	DNS	DHCP
传输层	TCP			UDP		
网络互联层			IP		ICMP	IGMP
	ARP					
数据链路层	CSMA/CD	PPP	HDLC	Frame Relay	X.25	
物理层	RJ-45接口	同异步VLAN接口	E1/T1接口	POS光口		

（网络接入层包含数据链路层和物理层）

图 1-12　TCP/IP 参考模型的协议分层

1）应用层

TCP/IP 参考模型将 OSI 参考模型中的会话层和表示层的功能合并到应用层。应用层协议定义了互联网上常见的应用（服务器端和客户端通信）通信规范。例如，应用层协议定义了客户端能够向服务器端发送哪些请求，服务器端能够向客户端返回哪些响应，这些请求报文和响应报文都有哪些字段，每个字段实现什么功能，每个字段的各种取值所代表的意思等。应用层面向不同的网络应用引入了不同的应用层协议。目前，互联网上常用的应用层协议主要有以下几种。

① 简单邮件传送协议（SMTP）：主要负责互联网中电子邮件的传送。

② 超文本传输协议（HTTP）：提供 Web 服务。

③ 远程登录（Telnet）：实现对主机的远程登录功能，常用的公告板系统（BBS）使用的就是这个协议。

④ 文件传输协议（FTP）：用于交互式文件传输。

⑤ 域名系统（DNS）：用于实现逻辑地址到域名地址的转换。

2）传输层

在 TCP/IP 参考模型中，传输层的功能是使源端主机和目标端主机上的对等实体可以进行会话。在传输层定义了两种服务质量不同的协议：传输控制协议（TCP）和用户数据报协议（UDP）。

TCP 是一个面向连接的、可靠的协议。如果要传输的数据需要分成多个数据包发送，则发送端和接收端的 TCP 协议可以确保接收端最终完整无误地收到发送端所发送的数据。如果在传输过程中出现丢包的情况，则超时后发送端会重传丢失的数据包；如果发送的数据包没有按发送顺序到达接收端，则接收端会把数据包在缓存中排序，等待迟到的数据包，最终收到连续、完整的数据。

UDP 协议是一个不可靠的、无连接协议，适用于使用一个数据包就可以完成数据发送的情景，在这种情景下它不检查是否丢包、数据包是否按顺序到达，以及数据发送是否成功，这都由应用程序判断。UDP 协议要比 TCP 协议简单得多。

3）网络互联层

网络互联层是整个 TCP/IP 参考模型的核心。它的功能是把分组发往目标网络或主机。同时，为了尽快地发送分组，可能需要沿不同的路径同时进行分组传递。因此，分组到达的顺序和发送的顺序可能不同，这就需要传输层对分组进行排序。网络互联层定义了分组格式和协议，即 IP 协议。

网络中的路由器负责在不同网段之间转发数据包，为数据包选择转发路径，因此路由器工作在网络互联层，是网络互联层设备。网络互联层除了具有路由功能，还可以将不同类型的网络（异构网）互联。除此之外，网络互联层还具有拥塞控制功能。

4）网络接入层

TCP/IP 参考模型的底层是网络接入层，也被称为网络访问层。在 TCP/IP 参考模型中没有详细定义这一层的功能，只是指出通信主机必须采用某种协议连接到网络，并且能够传输网络数据分组。具体采用哪种协议，本层并没有规定，包括能使用 TCP/IP 与物理网络进行通信的协议。实际上根据主机与网络拓扑结构的不同，局域网基本上采用 IEEE 802 系列的协议，如 IEEE 802.3 以太网协议、IEEE 802.5 令牌环网协议等；广域网常采用的协议有 PPP、帧中继、X.25 等。

4．局域网协议标准

美国电气与电子工程师学会（IEEE）专门设立了一个局域网课题研究组——IEEE 802 课题组，该课题组专门进行局域网标准化工作。完成局域网的标准化工作，可以使不同生产厂家的局域网产品之间有更好的兼容性，以适应各种不同型号计算机的组网需求，并有利于降低产品成本。

IEEE 802 标准确立了三个分层，对应 OSI 参考模型的最低两层。将网络层的部分功能，如寻址、排序、流量控制、差错控制等在数据链路层实现。网络层的主要功能是在复杂的网络拓扑结构中选择路径。就单个局域网而言，无论是总线型、环型还是星型拓扑结构，任意两个节点之间都只有唯一的一条路径，根本没有选择的余地。

IEEE 802 标准将 OSI 参考模型的数据链路层分为逻辑链路控制（LLC）和介质访问控制（MAC）两个子层，以提供数据链路层与传输介质及布局无关的理想特性。OSI 参考模型与 IEEE 802 标准的局域网参考模型的对应关系如图 1-13 所示。

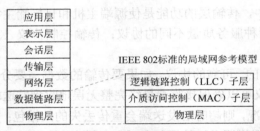

图 1-13　OSI 参考模型与 IEEE 802 标准的局域网参考模型的对应关系

在 OSI 参考模型中，物理层、数据链路层和网络层具有报文分组转接的功能。对于局域网来说，物理层是必需的，它负责体现机械、电气和过程方面的特性，以建立、维持和拆除物理链路。在 IEEE 802 标准的局域网参考模型中，由逻辑链路控制子层和介质访问控制子层构成的数据链路层采用差错控制和帧确认技术，负责把不可靠的传输信道转换成可靠的传输信道，传送带有校验的帧，具体分工如下。

(1) 逻辑链路控制（LLC）子层。

①建立和释放数据链路层的逻辑连接。

②提供与上层的接口。

③给帧加上序号。

(2) 介质访问控制（MAC）子层。

①将上层传输过来的数据封装成帧进行发送（接收时进行相反的操作，将帧拆分）。

②实现和维护介质访问控制协议，如 CSMA/CD。
③比特差错检测。MAC 帧的寻址，即 MAC 帧由哪个站（源站）发出，被哪个站/哪些站接收（目的站）。

任务实现

使用 QQ 进行聊天是双向通信的过程。该过程分为信息发送和信息接收。根据任务描述，以下是 QQ 聊天的具体过程分析，以一方给另一方发送"你好"文字为例。

1. 发送数据

1）信息的编辑和发送

一方通过 QQ，将"你好"二字发送给另一方。

2）建立连接

当计算机把"你好"转换成二进制编码之后，就可以进行传输了。首先，想要把这样一条信息传输出去，该计算机必须和对方的计算机建立连接，同时双方的信息需要相互识别，即双方计算机要有公共语言，这两个任务是由 OSI 参考模型中的会话层和表示层完成的，会话层负责通信链路的连接，表示层则负责双方能够顺利通信。

3）信息容错

不管我们发送什么信息，计算机在传输时都要检测传输线路的容错性，该任务由 OSI 参考模型的传输层完成。

4）路径选择

网络在传输时，每条信息都是有地址的，寻找地址的工作由 OSI 参考模型的网络层完成。

5）数据纠错与建立连接

当找到发送信息的地址后，就要进行数据的纠错，如果发现信息有错误，则通知上层重新整理发送；如果信息无误，则进行物理链路的连接。该任务主要由 OSI 参考模型的数据链路层完成。

6）数据发送

确认信息地址之后，即可进行信息编码的传输。

2. 接收数据

1）数据接收

对于接收方计算机来说，首先，信息由网线传送到网卡并执行接收过程。

2）数据检测

当数据被接收后，接收方计算机会进行数据检测，如果发现数据有误，则发出通知，要求对方重新发送；若信息正确，则接收信息（如"你好"），然后拆除链路。

3）信息确认与会话结束

当信息被接收到计算机后，由高层进行数据确认，然后发送收到确认响应，结束会话。这一工作是由接收方计算机的传输层和会话层完成的。

4）发送完毕，编码转化

到此，通过 QQ 发送的"你好"二字发送完毕，只不过发送到目的计算机上的仍然是二进制编码，然后由接收方的计算机转换成"你好"二字，显示在屏幕上。如果对方再发回一条信息，则又会重新建立一条链路，其过程和前面讲述的完全一样。

1.1.4 理解 IP 地址和子网划分

任务描述

某公司申请到了网络地址为 192.200.10.0、子网掩码为 255.255.255.0 的网段。现要求将该网段分为 5 个子网，分别分配给公司中的 5 个部门，已知每个部门划分一个子网且每个部门中的计算机数量都不超过 30 台，该如何进行网络的分配呢？

通过本节的学习，读者可掌握以下内容：
- IP 地址的概念、IP 地址的分类及子网掩码的作用；
- 等长子网划分和变长子网划分的方法；
- 针对具体情况划分网段的方法。

必备知识

1. 什么是 IP 地址

1）IP 地址的概念

网络通信需要每个参与通信的实体都具有相应的地址，地址一般符合某种编码规则，并用一个字符串来标志，不同的网络可以具有不同的编址方案，现在网络中广泛使用的是 IP 地址。

所谓 IP 地址，就是给每个接入网络的主机分配的网络地址，这个地址在公网上是唯一的，在单位内部的网络中，每台主机的地址也必须是唯一的，否则会出现地址冲突的情况。目前 IP 地址使用的是 32 位的 IPv4 地址，它是 32 位的无符号二进制数，分为 4 字节，以×.×.×.×表示，每×为 8 位，对应的十进制数为 0~255。

IP 地址由两部分组成，一部分为网络位，另一部分为主机位，如图 1-14 所示。其中，网络位用来标识一个物理网络，主机位用来标识这个网络中的一台主机。同一网段的计算机网络位相同，路由器连接的是不同网段的计算机，负责不同网段之间的数据转发，交换机连接的是同一网段的计算机。

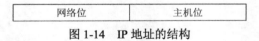

图 1-14 IP 地址的结构

例如，一个由二进制数表示的 IP 地址 11001000.00001111.00110011.00000011，每个字段对应的十进制数分别是 200、15、51、3。因此，一个完整的 IP 地址可用小数点表示法表示为 200.15.51.3。

根据 IP 地址的结构，网络的寻址分两步进行：路由器先按 IP 地址中的网络位找到目标网络；找到目标网络后，再用 ARP 协议和主机位找到主机。由于一台主机可能有多个 IP 地址，因此 IP 地址只是标识了一台主机的某个接口。

2）IP 地址的分类

IP 地址由 32 位的二进制数表示，为了更好地对这些 IP 地址进行管理，同时使其适应不同的网络需求，根据 IP 地址中的网络位所占位数的不同，人们将 IP 地址分成了 A 类、B 类、C 类、D 类和 E 类。其中，A 类、B 类、C 类由国际互联网络信息中心在全球范围内统一分配，D 类、E 类为特殊 IP 地址。

A 类 IP 地址：A 类 IP 地址中的第一个 8 位组表示网络位，其余三个 8 位组表示主机位，如图 1-15 所示。在 A 类 IP 地址中，每个网络拥有的主机数量非常多。A 类网络位的最高位是 0。网络位为 0 不能用，并且 127 作为保留网段，所以 A 类 IP 地址的第一段的取值范围为 1～126。

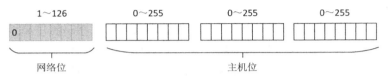

图 1-15　A 类 IP 地址的网络位和主机位

B 类 IP 地址：B 类 IP 地址中的前两个 8 位组表示网络位，后两个 8 位组表示主机位，如图 1-16 所示。B 类网络位的最高位是 10，所以 B 类 IP 地址的第一段的取值范围为 128～191。

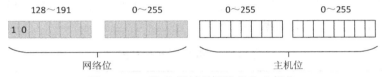

图 1-16　B 类 IP 地址的网络位和主机位

C 类 IP 地址：C 类 IP 地址中的前三个 8 位组表示网络位，后一个 8 位组表示主机位，如图 1-17 所示。C 类网络位的最高位是 110，所以 C 类 IP 地址的第一段的取值范围为 192～223。

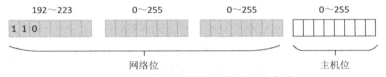

图 1-17　C 类 IP 地址的网络位和主机位

D 类 IP 地址：D 类 IP 地址用于 IP 网络中的组播，它没有网络位和主机位，如图 1-18 所示。D 类 IP 地址的最高位是 1110。所以 D 类 IP 地址的第一段的取值范围为 224～239。

图 1-18　D 类 IP 地址

E 类 IP 地址：E 类 IP 地址被留作科研实验使用，E 类 IP 地址的最高位是 1111，所以 E 类 IP 地址的第一段的取值范围为 240～255，如图 1-19 所示。

图 1-19　E 类 IP 地址

3）特殊的 IP 地址

有些 IP 地址被保留用于某些特殊场景，网络管理员不能将这些地址分配给计算机。IP 地址除了可以表示主机的一个物理连接，还有几种特殊的表现形式。

①网络地址：在互联网中经常需要使用网络地址，那么怎样使用网络地址表示一个网络呢？在 IP 地址方案中规定网络地址是由一个有效的网络位和一个全 "0" 的主机位构成的。例

如，在 A 类网络中，120.0.0.0 表示该网络的网络地址；在 B 类网络中，180.10.0.0 表示该网络的网络地址；在 C 类网络中，202.80.120.0 表示该网络的网络地址。

②广播地址：当一台设备向网络上所有的设备发送数据时，就产生了广播。为了使网络上的所有设备能够注意到这样一个广播，广播地址要有别于其他的 IP 地址，通常这样的 IP 地址以全"1"结尾。

③回送地址：A 类 IP 地址 127.0.0.0 是一个保留地址，用于网络软件测试以及本地计算机进程间的通信。这个 IP 地址叫作回送地址。无论什么程序，一旦使用回送地址发送数据，协议软件就不会进行任何网络传输，立即将其返回。因此，含有网络位 127 的数据包不可能出现在任何网络上。

④专用 IP 地址：专用 IP 地址是在所有 IP 地址中专门保留的三个区域的 IP 地址，这些地址不在公网上分配，专门留给用户组建内网时使用，也被称为私有 IP 地址。这三个区域分别属于 A 类、B 类和 C 类地址空间的 3 个地址段，这些地址可以满足任何规模的企业和机构的应用需求。专用 IP 地址的范围如表 1-1 所示。

表 1-1 专用 IP 地址的范围

地 址 段	主 机 位 数	IP 地址个数
10.0.0.0～10.255.255.255	24 位	2^{24}，约 1700 万个
172.16.0.0～172.31.255.255	20 位	2^{20}，约 100 万个
192.168.0.0～192.168.255.255	16 位	2^{16}，约 6.5 万个

2．子网和子网掩码

1）子网

A 类网络包含了 1600 多万个 IP 地址，B 类网络包含了 65 000 多个 IP 地址。单独来看，这些数字已经比较大了。如果将这么多台计算机放在一起工作，那么网络管理的难度将很大。现在含有数百台设备的局域网已经不多见了，而包含上千台设备的单个局域网就更少见了。如果用户使用一个 A 类或 B 类网络来连接一个局域网，那么有很多的 IP 地址不会被使用，从而造成地址浪费。在实际工作中，可以采用将网络切割成多个小型网络的方法来解决这个问题。将网络内部分成多个部分，而对外像任何一个单独网络一样，这些部分被称为子网。

2）子网掩码

子网掩码（Subnet Mask）又称网络掩码或地址掩码，用来指明一个 IP 地址的哪些位标识的是主机所在的子网，以及哪些位标识的是主机位的掩码。子网掩码不能单独存在，必须结合 IP 地址使用。在 IP 地址中，网络位和主机位是通过子网掩码来区分的。每个子网掩码是一个 32 位的二进制数，一般由两部分组成，前一部分使用连续的"1"来标识网络位，后一部分用连续的"0"来标识主机位。

无类别域间路由选择（Classless Inter-Domain Routing，CIDR）是子网掩码的一种表示形式，反斜杠后面的数字表示子网掩码写成二进制形式后 1 的个数。子网掩码中 1 的个数被称为 CIDR 值。CIDR 的作用就是支持 IP 地址的无类规划，CIDR 采用的是 13～27 位可变网络位，而不是 A 类、B 类、C 类网络位所用的固定的 8、16 和 24 位。

A 类、B 类、C 类网络的默认子网掩码如下：

A 类　11111111 00000000 00000000 00000000，十进制数表示为 255.0.0.0，CIDR 表示为/8。

B 类 11111111 11111111 00000000 00000000，十进制数表示为 255.255.0.0，CIDR 表示为/16。

C 类 11111111 11111111 11111111 00000000，十进制数表示为 255.255.255.0，CIDR 表示为/24。

子网掩码的主要作用是将网络地址从 IP 地址中剥离出来，求出 IP 地址的网络位。将 IP 地址与子网掩码进行"与"运算所得出的结果就是网络地址。两个都是 1 才得 1，否则都得 0，即 1 和 1 进行"与"运算得 1，0 和 1 或 1 和 0 进行"与"运算都得 0，0 和 0 进行"与"运算也得 0。这样 IP 地址和子网掩码做完"与"运算后，主机位不管是什么值都归零，网络位的值保持不变。

假如将一台计算机的 IP 地址配置为 121.105.40.3，子网掩码配置为 255.255.255.0。将其 IP 地址和子网掩码都写成二进制形式，然后对 IP 地址和子网掩码对应的二进制位进行"与"运算，如图 1-20 所示，得到该计算机所处的网段为 121.105.40.0。

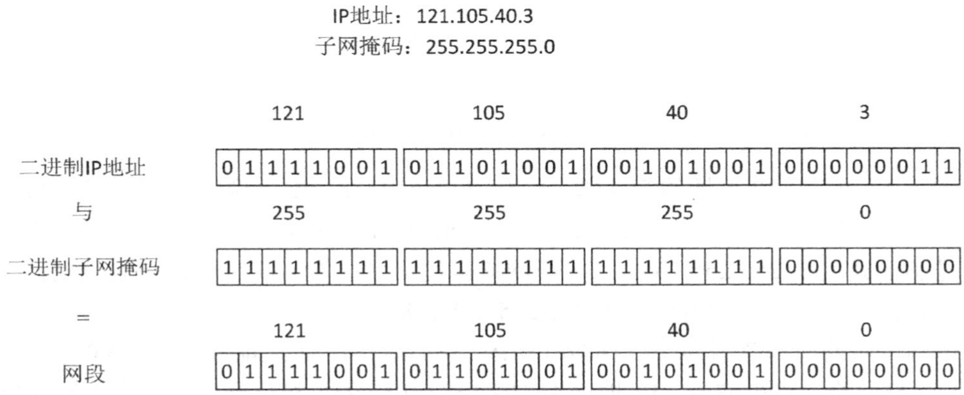

图 1-20　用 IP 地址和子网掩码计算计算机所处的网段

有了网段后，就可以判断应该如何发送数据包了。每台主机在发送数据包前，都要先通过子网掩码判断是否应将数据包发往路由器。将目标 IP 地址与本机子网掩码进行"与"运算，得出目标主机网络位，将目标主机网络位与本机网络位进行比较，看看是否相等，如果相等，则说明目标主机就在本子网内，应直接将数据包发送给目标主机；如果不相等，则说明目标主机不在本子网内，应将数据包发送给路由器。

将 IP 地址和它的子网掩码相结合，就可以判断出 IP 地址中哪些位表示网络和子网位，哪些位表示主机位。

3．子网划分

子网划分就是借用现有网段的主机位做子网位，划分出多个子网。子网划分的任务包括如下两部分。

① 确定子网掩码的长度。

② 确定子网中第一个可用的 IP 地址和最后一个可用的 IP 地址。

1）等长子网划分

等长子网划分就是将一个网段等分成多个子网。

（1）等分成 2 个子网。

如图 1-21 所示，将 IP 地址的第 4 部分写成二进制形式，子网掩码使用两种方式表示：

二进制形式和十进制形式。子网掩码的位数往右移一位（子网掩码增加一个 1），这样 C 类地址主机位的第 1 位就成为网络位，该位为 0 是 A 子网，该位为 1 是 B 子网。

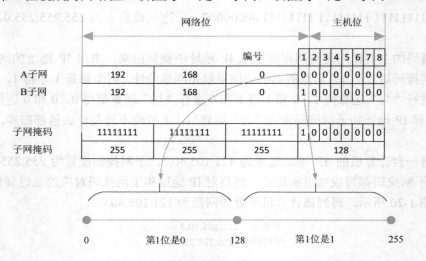

图 1-21　等分成两个子网

如图 1-21 所示，IP 地址的第 4 部分，值在 0～127 之间的，第 1 位均为 0；值在 128～255 之间的，第 1 位均为 1。分成 A、B 两个子网，以 128 为界。现在子网掩码中有 25 个 1，写成十进制形式就是 255.255.255.128。子网掩码往后（往右）移 1 位，就划分出两个子网。

A 和 B 两个子网的子网掩码都为 255.255.255.128。

A 子网可用的地址范围为 192.168.0.1～192.168.0.126，IP 地址为 192.168.0.0 的主机位全为 0，不能分配给计算机使用，IP 地址为 192.168.0.127 的主机位全为 1，也不能分配给计算机使用，如图 1-22 所示。

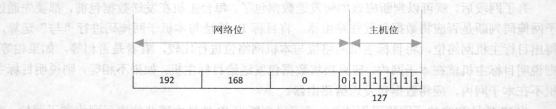

图 1-22　网络位和主机位（1）

B 子网可用的地址范围为 192.168.0.129～192.168.0.254，IP 地址为 192.168.0.128 的主机位全为 0，不能分配给计算机使用，IP 地址为 192.168.0.255 的主机位全为 1，也不能分配给计算机使用。

（2）等分成 4 个子网。

如图 1-23 所示，将 192.168.0.0 255.255.255.0 网段的 IP 地址的第 4 部分写成二进制形式，要想分成 4 个子网，需要将子网掩码往右（往后）移 2 位，这样第 1 位和第 2 位就变为网络位，即可分成 4 个子网，第 1 位和第 2 位为 00 是 A 子网，为 01 是 B 子网，为 10 是 C 子网，为 11 是 D 子网。

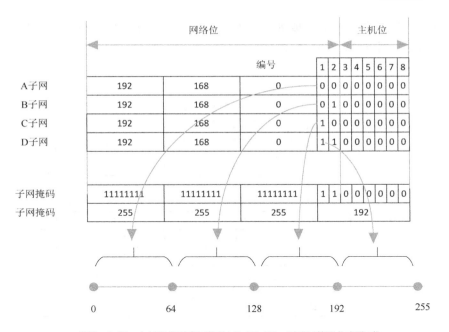

规律：如果一个子网是原来网络的1/2×1/2=1/4，则子网掩码往右移2位

图 1-23　等分成 4 个子网

A、B、C、D 4 个子网的子网掩码都为 255.255.255.192。
A 子网可用的地址范围为 192.168.0.1～192.168.0.62。
B 子网可用的地址范围为 192.168.0.65～192.168.0.126。
C 子网可用的地址范围为 192.168.0.129～192.168.0.190。
D 子网可用的地址范围为 192.168.0.193～192.168.0.254。

注意　如图 1-24 所示，每个子网的最后一个地址都是本子网的广播地址，不能分配给计算机使用，即 A 子网的 63、B 子网的 127、C 子网的 191 和 D 子网的 255 不能分配给计算机使用。

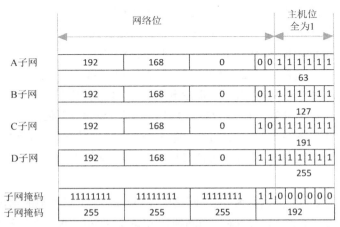

图 1-24　网络位和主机位（2）

（3）等分成 8 个子网。

如果想把一个 C 类网络等分成 8 个子网，则子网掩码需要往右移 3 位，即第 1 位、第 2 位和第 3 位都变成网络位，如图 1-25 所示。

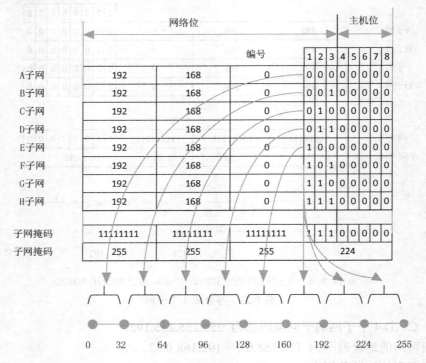

图 1-25　等分成 8 个子网

每个子网的子网掩码都为 255.255.255.224。
A 子网可用的地址范围为 192.168.0.1～192.168.0.30。
B 子网可用的地址范围为 192.168.0.33～192.168.0.62。
C 子网可用的地址范围为 192.168.0.65～192.168.0.94。
D 子网可用的地址范围为 192.168.0.97～192.168.0.126。
E 子网可用的地址范围为 192.168.0.129～192.168.0.158。
F 子网可用的地址范围为 192.168.0.161～192.168.0.190。
G 子网可用的地址范围为 192.168.0.193～192.168.0.222。
H 子网可用的地址范围为 192.168.0.225～192.168.0.254。

需要注意的是，每个子网可用的主机 IP 地址，都要去掉主机位全为 0 和主机位全为 1 的地址，31、63、95、127、159、191、223、255 是相应子网的广播地址。

每个子网是原来网络的 1/2×1/2×1/2，即 3 个 1/2，子网掩码往右移 3 位。

总结：如果一个子网是原来网络的 $(1/2)^n$，则子网掩码中的 1 就在原网络的基础上增加 n 位。

该规律照样适用于 B 类网络和 A 类网络的子网划分。在不熟悉的情况下容易出错，管理员最好将主机位写成二进制形式，确定子网掩码和每个子网的第一个和最后一个能用的地址。

2）变长子网划分

前面讲的是将一个网段等分成多个子网。如果每个子网中计算机的数量不一样，就需要将网段划分成地址空间不等的子网，这就是变长子网划分。有了前面等长子网划分的基础，划分不等长子网也就容易了。

现在以 C 类网络 192.168.0.0 255.255.255.0 为例，将其分为 3 个不等长子网，如图 1-26 所示。这 3 个子网的可用地址至少分别有 100 个、50 个和 20 个。

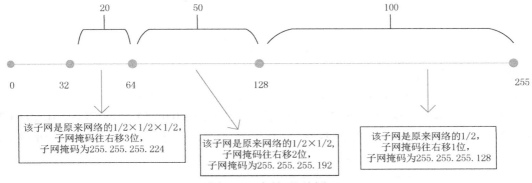

图 1-26 变长子网划分

如图 1-26 所示，将 192.168.0.0 255.255.255.0 的主机位从 0～255 画一条数轴，将 128～255 的地址空间留给需要 100 个地址的网段比较合适，该子网是原来网络的 1/2，子网掩码往右移 1 位，写成十进制形式是 255.255.255.128。第一个可用地址是 192.168.0.129，最后一个可用地址是 192.168.0.254。

将 64～128 的地址空间留给需要 50 个地址的网段比较合适，该子网是原来网络的 1/2×1/2，子网掩码往右移 2 位，写成十进制形式是 255.255.255.192。第一个可用地址是 192.168.0.65，最后一个可用地址是 192.168.0.126。

将 32～64 的地址空间留给需要 20 个地址的网段比较合适，该子网是原来网络的 1/2×1/2×1/2，子网掩码往右移 3 位，写成十进制形式是 255.255.255.224。第一个可用地址是 192.168.0.33，最后一个可用地址是 192.168.0.62。

当然我们也可以使用图 1-27 所示的子网划分方案，需要 100 个地址的网段可以使用 0～128 的子网，需要 50 个地址的网段可以使用 128～192 的子网，需要 20 个地址的网段可以使用 192～224 的子网。

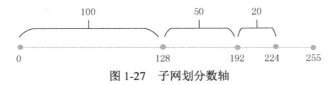

图 1-27 子网划分数轴

规律：如果一个子网是原来网络的 $(1/2)^n$，则子网掩码就在原有网段的基础上右移 n 位，不等长子网的子网掩码也不同。

3）子网划分需要注意的地方

（1）子网地址不能交叉。

例如，将 192.168.0.0/24 分成两个子网，要求一个子网放 140 台主机，另一个子网放 6 台主机，能实现吗？

从主机数量上来说，总数没有超过 254 台，该 C 类网络能够容纳这些主机的地址，但划分成两个子网后发现，140 台主机在这两个子网中都不能容纳，如图 1-28 所示，因此不能实现。

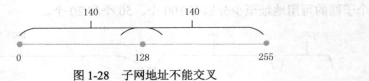

图 1-28　子网地址不能交叉

（2）子网地址不能重叠。

如果将一个网络划分成多个子网，那么这些子网的地址不能重叠。

例如，将 192.168.0.0/24 划分成 3 个子网，子网 A（192.168.0.0/25）、子网 C（192.168.0.64/26）和子网 B（192.168.0.128/25），如图 1-29 所示，可以发现，子网 A 和子网 C 的地址重叠了。

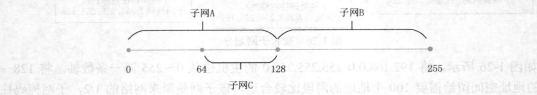

图 1-29　子网地址不能重叠

任务实现

根据任务描述，现需要将一个 C 类网络 192.200.10.0 255.255.255.0 等分成 5 个子网，其中，每个子网可用的地址数不超过 30 个，具体操作步骤如下。

（1）如图 1-30 所示，将 IP 地址的第 4 部分写成二进制形式，子网掩码使用两种方式表示：二进制形式和十进制形式。

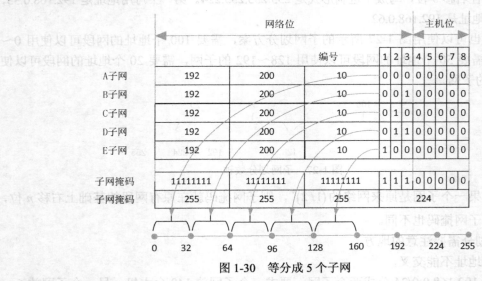

图 1-30　等分成 5 个子网

（2）将子网掩码往后（往右）移 3 位，即可划分出 8 个子网，每个子网可用的地址数为 30 个，将其中 5 个子网分配给 5 个部门即可。

（3）子网可用的地址范围。

5 个子网的子网掩码都为 255.255.255.224。
A 子网可用的地址范围为 192.200.10.1～192.200.10.30。
B 子网可用的地址范围为 192.200.10.33～192.200.10.62。
C 子网可用的地址范围为 192.200.10.65～192.200.10.94。
D 子网可用的地址范围为 192.200.10.97～192.200.10.126。
E 子网可用的地址范围为 192.200.10.129～192.200.10.158。

任务小结

通过本任务的学习，读者将掌握办公室局域网的组建方法、网络拓扑结构、在通信过程中各层协议的作用、IP 地址划分的方法、分配可用地址的方法。

下面通过几个习题来回顾一下所学的内容：
1. 什么是局域网？
2. 网络拓扑结构是怎么应用的？
3. OSI 参考模型和 TCP/IP 参考模型的区别是什么？
4. 什么是 IP 地址？
5. 如何划分 IP 地址？
6. 在划分 IP 地址时需要注意的地方有哪些？

任务 2　网络工程规划与设计

1.2.1　设计思路

任务描述

从事网络工程的技术人员都清楚，网络产品与技术发展得非常快。通常，同一档次的网络产品的功能和性能在提升的同时，产品价格却在下调。因此，网络设备选型要遵循实用、好用、够用的原则，不可能也没必要做到所谓的"一步到位"。网络工程应采用成熟可靠的技术和设备，使有限的资金尽可能快地产生应用效益。如果用户受到网络工程的长期拖累，迟迟看不到网络系统应有的效益，网络集成商的利润自然也就降到了一个较低的水平，甚至到了赔钱的地步。一旦网络集成商不盈利，用户的利益就难以保证。那么，在网络工程中，应该如何保证用户的利益呢？

通过本节的学习，读者可掌握以下内容：
- 网络工程中需求分析和方案设计的思想；
- 网络工程方案的设计思路；
- 方案设计中的细节处理。

必备知识

1. 需求分析

1)需求分析的思想

需求分析是网络设计的基础,有助于加强设计者对网络功能的理解,并给整个网络设计提供参考。需求分析并不是设计者凭经验或主观撰写的文档,而是需要设计者与用户进行沟通并将用户模糊的想法明确化、具体化,然后进行针对性的分析和设计,使网络能够满足用户的需求。不正确或不准确的需求分析将会使设计结果与用户需求不一致,使工程出现延期甚至中断的情况。因此,在网络规划设计前,设计者应严格做好需求分析。

如果网络需求分析做得透彻、细致,网络工程设计方案就会更容易赢得用户的认可。网络工程解决方案能够达到最优设计,网络工程实施就容易得多,在约定期限内用户就能感受到网络应用产生的效益。反之,如果没有对用户组建网络的需求进行充分的调研,不能与用户达成共识,那么不合理的需求就会贯穿整个网络工程的始终,导致网络工程计划无序、预算超支。

需求调研与分析阶段主要完成的任务是用户网络调查,了解用户组建网络的需求,或了解用户对原有网络升级改造的要求。需求调研与分析包括网络综合布线、通信平台、服务器、网络操作系统、网络应用系统,以及网络管理维护和安全等方面,这可以为下一步制订适合用户需求的网络工程解决方案打好基础。

2)需求分析的具体考虑

在与用户进行沟通时,需要重点关心用户规模、设备类型、通信类型、网络应用、通信量等问题,具体内容如图 1-31 所示。

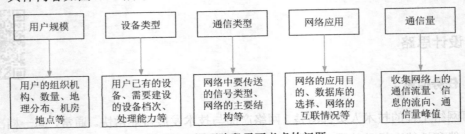

图 1-31 调研阶段需要考虑的问题

此外,还需详细做好以下几个方面的需求分析。

①拓扑结构需求分析。在进行网络的总体设计之前,应该首先弄清楚给哪些建筑物布线,给每座建筑物中的哪些房间布线,每个房间的哪个位置要预留信息插座,建筑物之间的距离,建筑物的垂直高度和水平长度等信息,然后才能合理地设计网络拓扑结构,选择适当的位置作为网络管理中心以及作为设备间放置联网设备,有目的地选择组建网络所使用的通信介质和交换机。

②设备选型需求分析。设备选型方面必须在技术上具有先进性、通用性,且必须便于管理、维护,具备良好的可扩展性、可升级性,以保护公司的投资。设备在满足该工程的功能和性能的基础上还应具有良好的性价比。设备可以是拥有足够实力和市场份额的主流产品,同时要有好的售后服务。

③网络发展需求分析。网络设计者不仅要考虑到网络中当前容纳的用户数量,还应当为网络保留至少 3~5 年的可扩展能力,从而确保在用户数量增加时,网络依然能够满足增长的需

要。这一点非常重要，因为布线工程一旦完毕，就很难再进行扩充性施工。所以，在埋设网线和信息插座时，一定要有足够的余量，而联网设备可以在需要时随时购置。

④网络稳定高效需求分析。网络设计者在设计网络前必须考虑网络在满负荷状态下也能稳定高效运行。为确保内网交换机间中继链路具有足够的带宽，通常使用链路汇聚技术；为了确保网络的可靠与稳定，通常在内网交换机间提供冗余链路，冗余链路具有健全性、稳定性和可靠性等优点，但在网络中如果冗余链路形成环路会引发诸如广播风暴、多重帧复制以及MAC地址表的不稳定性等严重后果。所以，网络设计者在规划设计时应考虑使用链路汇聚技术、生成树技术等以使网络稳定高效运行。在做好以上准备后，整理好需求报告，再结合实际，就建网的目的是否可行、投资力度是否够、技术是否可行等问题做出可行性分析报告。

2. 方案设计

1）方案设计的主要内容

在方案设计阶段，主要解决设计目标、设计依据、设计原则、设计方案及方案预算等问题，主要内容如图 1-32 所示。

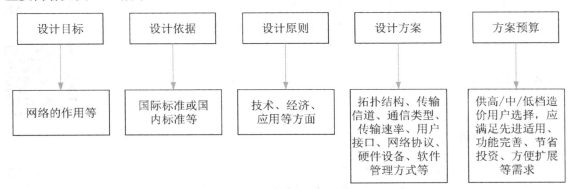

图 1-32　方案设计阶段需要解决的问题

2）方案设计的注意事项

（1）网络拓扑结构类型。

网络拓扑结构的设计是全网设计的基础，拓扑结构类型直接决定了网络各部分所采用的设备类型，只要确定了拓扑结构类型，网络各部分使用的设备类型也就可以确定，网络设计的其他方面都是在网络拓扑结构的基础上进行调整和完善的。网络拓扑是指网络结构形状，或者它在物理上的连通状态。网络的拓扑结构类型主要有星型、总线型、环型（单环与双环）、部分互连及全互连。

（2）技术选型。

目前流行的局域网、城域网技术主要包括以太网、快速以太网、ATM（异步传输方式）、FDDI、CDDI、千兆位以太网、万兆位以太网。在这些技术中，千兆位以太网、万兆位以太网以其在局域网领域中支持高带宽、支持多种传输介质、支持多种服务、服务质量高等特点正逐渐占据主流位置。

（3）传输介质选型。

网络传输介质是网络中发送方与接收方之间的物理通路，它对网络的数据通信质量具有一定的影响。常用的传输介质有双绞线、同轴电缆、光纤、无线传输媒介。无线传输媒介包括无线电波、微波、红外线等。不同传输介质的传输距离与传输速率都不一样。

(4) 设备选型。

在进行网络系统规划与设备选型时应考虑以下几个方面。

①网络的稳定可靠性。只有运行稳定的网络才是可靠的网络。网络的可靠运行取决于诸多因素，如网络的设计、产品的质量等，而选择一个具有运营此类网络经验的网络合作厂商则更为重要，并且要求厂商有物理层、数据链路层和网络层的备份技术。

②高带宽。为了支持数据、话音、视像多媒体的传输能力，在技术上要达到当前的国际先进水平。要采用先进的网络技术，以适应大量数据和多媒体信息的传输，既要满足目前的业务需求，又要充分考虑未来的发展，为此应选用高带宽的先进技术。

③网络的易扩展性。系统要具有可扩展性和可升级性，随着业务的增长和应用水平的提高，网络中的数据和信息流在按指数增长，需要网络有很好的可扩展性，并能随着技术的发展不断升级。易扩展不仅指设备接口的易扩展，还指网络结构的易扩展，即只有在网络结构设计合理的情况下，新的网络节点才能方便地加入已有网络。网络协议的易扩展：无论是选择第三层网络路由协议，还是划分第二层虚拟网，都应注意网络设备对网络的扩展能力的需求。

④网络的安全性。网络系统应具有良好的安全性，应支持 VLAN 的划分，并能在 VLAN 之间进行第三层交换时进行有效的安全控制，以保证系统的安全性。

1.2.2 方案实现

任务描述

某公司有十几名员工，分为财务部和市场部两个部门。因资金等因素的限制，并且出于管理简单、方便的考虑，公司构建了工作组模式网络。公司接入了 Internet，但不对外提供服务。该网络组建的主要目的是实现资源的共享和计算机之间的通信，硬件设备主要包括文件服务器、客户机、磁盘阵列、打印机、扫描仪、交换机、路由器。每个用户自己决定其计算机上的哪些数据在网络上共享，并且决定不同用户对文件的访问权限。

具体需求如下。

(1) 要求按照层次型网络架构进行网络设计和网络实施。
(2) 公司根据部门业务划分网络。
(3) 内部用户利用私有 IP 地址访问 Internet，需要网络出口设备提供地址转换服务。
(4) 公司内部采用动态路由协议来简化路由配置，以适用于小型网络。
(5) 公司需要对内网用户提供服务，不对外网提供服务。
(6) 适当使用网络访问控制措施，以保证内网的安全。

通过本节的学习，读者可掌握以下内容：
- 需求分析和方案设计的主要内容；
- 根据用户要求进行需求分析的方法；
- 对具体网络需求进行方案设计的方法。

下面针对该公司的需求进行需求分析和方案设计。

任务实现

1. 需求分析

为实现公司需求，需要先制订网络建设方案，网络拓扑结构如图 1-33 所示。

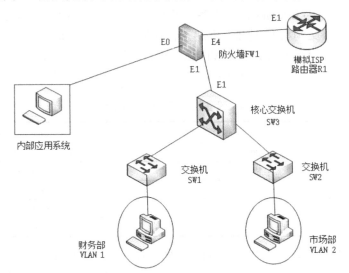

图 1-33　任务 2 的网络拓扑结构

具体的需求分析如下。

（1）由于公司的网络规模较小，因此公司可采用二层的网络架构，将核心层和汇聚层合为一层，既可以保障业务数据流的畅通，又可以实现层次型网络架构。

（2）公司内部有市场部和财务部，可使用 VLAN 技术，将两个部门的交换机划分到不同的 VLAN 中，既可以实现统一管理，又可以保障网络的安全。

（3）由于公司的网络规模较小，网络设备数量较少，为了简化管理，可采用 RIP 协议。

（4）因特网服务提供方（ISP）为公司提供的 IP 地址是 14.1.196.2，使用网络地址转换（Network Address Translator，NAT）技术，将私有 IP 地址转化为公有 IP 地址，使内网用户能访问 Internet。

（5）使用访问控制列表（ACL）技术，不允许用户访问一些常见的危险接口。

2. 方案设计

先根据需求分析，选择网络中应用的设备，然后根据网络拓扑结构把设备部署到相应的位置，并进行设备的连接，主要分为以下任务。

（1）内部接入层设置。按公司部门名称规划并配置网络中的 VLAN，启用生成树协议来避免网络环路，配置网络中所有设备相应的 IP 地址，测试线路两端的连通性。

（2）路由层设置。在内网启动 RIP 协议。

（3）接入 Internet 设置。配置 NAT，保证内网用户能访问 Internet。

（4）网络安全防护设置。使用访问控制列表技术，不允许用户访问一些常见的危险接口。

3. 方案实施

根据任务描述，这部分主要讲解网络的搭建。其中，划分 VLAN、配置 RIP 协议、配置防火墙 NAT 等工作在本书后面章节会具体讲述，本章先不讲解。

（1）选择网络设备。采购人员依据需求分析、公司现阶段的节点数和预算进行综合分析后，采购了 1 台核心交换机，以保证核心设备具备快速转发数据的能力；采购了 2 台二层交换机，以保证接入层交换机接口的传输速率为 100Mbps，并能进行初步的接入控制；采购了 1 台路由器，以保证 ISP 提供的网络设备拥有足够的性能，并能实现 RIP 路由协议的所有功能特性；采购了 1 台防火墙，作为 Internet 接入设备，并且以后可以通过此防火墙进行安全控制。

（2）规划网络拓扑结构与 IP 地址。网络工程师根据采购的设备和公司需求，建立了图 1-33 所示的网络拓扑结构。财务部被划分到 VLAN 1 中，配置的网段为 192.168.2.0/24；市场部被划分到 VLAN 2 中，配置的网段为 192.168.3.0/24。设备接口及 IP 地址配置信息如表 1-2 所示。

表 1-2 设备接口及 IP 地址配置信息

设 备	接 口	IP 地址
FW1	E0	192.168.1.1/24
	E1	192.168.10.1/24
	E4	14.1.196.2/24
R1	E1	14.1.196.1/24
SW3	E1	192.168.10.254/24

（3）由于公司内部的划分需要使用不同的 VLAN，因此需要进行 VLAN 的划分。公司内部需要访问公网，且公司网络规模较小，所以还需要使用 RIP 协议、网络地址转换技术和访问控制列表技术来维护网络的安全。

任务小结

通过本任务的学习，读者可掌握网络需求分析、根据分析规划网络拓扑结构、根据网络拓扑结构设计网络方案并进行设计实施的方法，还可以掌握具体情境下的网络工程规划和设计方法。

下面通过几个习题来回顾一下所学的内容：
1. 需求分析的思想是什么？
2. 需求分析需要注意什么问题？
3. 方案设计需要注意的内容有哪些？
4. 在进行方案设计时需要考虑哪些问题？
5. 方案实施需要注意的内容有哪些？

项目 2

搭建办公网络

项目介绍

办公网络是指为了更有效地工作，在办公室里面架设起公司内部的计算机服务系统，将每台工作计算机通过网线或 Wi-Fi 等有效连接的网络。通过计算机服务器对每台工作计算机进行统一管理，共享文件数据，以提高工作效率。交换机已成为办公网络搭建中使用非常普遍的设备。本项目通过配置交换机，介绍交换机的基本配置和管理方法。

任务安排

任务 1　交换机基础知识
任务 2　搭建部门网络
任务 3　提高网络冗余性

学习目标

- ◇ 了解交换机及登录交换机的几种方法
- ◇ 了解和掌握 VLAN 划分的方法
- ◇ 了解和掌握端口链路聚合技术
- ◇ 了解和掌握生成树协议

任务 1　交换机基础知识

2.1.1　认识交换机

➡ 任务描述

交换机（Switch）是一种在通信系统中提供信息交换功能的设备，是以太网的主要连接设备，在办公网络中使用非常普遍。作为企业网络搭建及应用的管理人员，应认识交换机并熟练掌握交换机的基本配置和管理方法。

通过本节的学习,读者可掌握以下内容:
- 交换机的分类与作用;
- 交换机的外观、模块和端口;
- 交换机的命名规则。

必备知识

1. 交换机的概念

交换机除了能够连接同种类型的网络,还可以连接不同类型的网络(如以太网和快速以太网)。如今,许多交换机都能够提供支持快速以太网或 FDDI 等的高速连接端口,用于连接网络中的其他交换机或者为带宽占用量大的关键服务器提供附加带宽。

2. 交换机的分类与作用

交换机的种类繁多,不同种类的交换机性能各异,用户应根据不同的需求选择合适的交换机。常见的交换机可以根据以下几种方式进行分类。

(1)根据网络覆盖范围,交换机可以分为局域网交换机和广域网交换机。

(2)根据交换机在网络的应用层次,交换机可以分为企业级交换机、部门级交换机和工作组交换机。

(3)根据网络构成,交换机可以分为接入层交换机、汇聚层交换机和核心层交换机。

(4)根据是否能够管理,交换机可以分为可管理交换机和不可管理交换机。

(5)根据工作协议,交换机可以分为二层交换机和三层交换机。

(6)根据是否可堆叠,交换机可以分为可堆叠交换机和不可堆叠交换机。

交换机的分类方式有很多种,现在常见的是根据网络构成划分,可分为接入层交换机、汇聚层交换机和核心层交换机。接入层、汇聚层、核心层为三层网络架构,其中,核心层为主干网络,汇聚层用于提供基于策略的连接,接入层主要用于连接设备,就像公司的组织结构一样,高层管理者、中层管理者和基层员工,各司其职,共同保证公司的正常运转。

1)接入层交换机

接入层交换机主要用于满足相邻用户之间的访问需求,我们在办公时经常用到的共享地址就是接入层交换机提供的,它使得在同一局域网内的用户可以访问指定路径下的文件,大大方便了员工日常的工作。同时,在一些大型网络中,接入层交换机还具有用户管理和用户信息收集的功能,如用户认证、识别用户 IP 地址等。接入层交换机的需求量是最大的,在终端连接的交换机需要满足多端口、低成本的特性,因此接入层交换机主要考虑性价比因素,功能上的要求不是很高。

2)汇聚层交换机

汇聚层交换机是指多台接入层交换机的汇聚部分,用来传递核心层交换机和接入层交换机的信息。汇聚层交换机可以实现策略,根据用户编辑好的程序实现 VLAN 之间路由、工作组接入、地址过滤等功能。

3)核心层交换机

核心层交换机一般是三层交换机或三层以上的交换机,采用机箱式的外观,具有很多冗余的部件。核心层交换机可以说是交换机的网关,在进行网络规划设计时,核心层的设备通常要占大部分投资,核心层设备对于冗余能力、可靠性和传输速度方面的要求较高。

任务实现

（1）了解交换机的外观：华为 S3700 系列交换机的正面如图 2-1 所示。

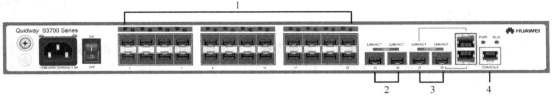

图 2-1 华为 S3700 系列交换机的正面

其中，编号 1 为 24 个 10/100BASE-TX 以太网电端口，编号 2 为 2 个 1000BASE-X 以太网光端口，编号 3 为 2 个 100/1000BASE-X 以太网光端口，编号 4 为 1 个 Console 端口。不同型号的交换机的端口稍有不同。

（2）交换机的命名规则：以 S3700 系列交换机的 S3700-28TP-PWR-EI 为例，如图 2-2 所示。

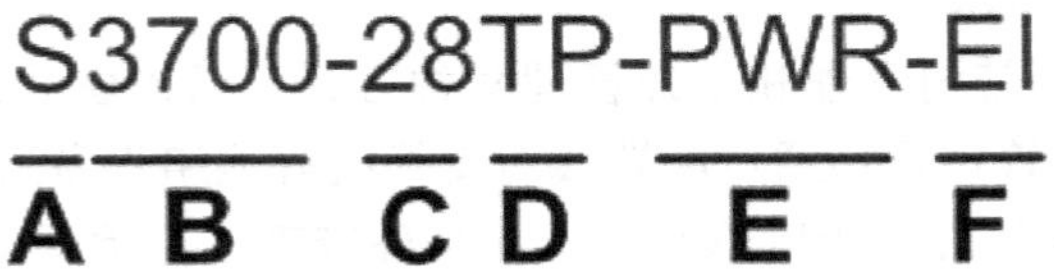

S3700-28TP-PWR-EI
 A   B   C D   E   F

图 2-2 交换机的命名规则

- A 表示设备为交换机。
- B 表示产品系列，其中，"37"表示 S3700 系列。
- C 表示最大可用端口数。需要注意的是，S3700 系列交换机支持的最大端口数不同，目前分别为 28 个、52 个。
- D 表示上行端口的类型，其中，P 表示上行端口为光端口，TP 表示上行端口支持光端口和电端口的 Combo 端口。
- E 表示设备支持 POE 供电，如果没有该字段，则说明不支持 POE 供电。
- F 表示交换机的不同版本类型，其中，EI 表示设备为增强版本，SI 表示设备为基本版本。

（3）端口编号规则：以 S3700 系列交换机为例，管理端口为 Console 端口，通常描述为用户界面端口"console 0"；在非堆叠情况下，设备采用"槽位号/子卡号/端口序号"的编号规则来定义物理端口。

- 槽位号表示当前交换机的槽位，取值为 0。
- 子卡号表示业务端口板支持的子卡号。
- 端口序号表示设备上各端口的序号。

设备有两排业务端口，左下第 1 个端口从 1 开始编号，依据从下到上，再从左到右的规则依次递增编号，如图 2-3 所示，左上第一个端口编号为 0/0/2。

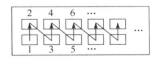

图 2-3 端口编号规则示意图

2.1.2 通过 Console 端口配置交换机

> 任务描述

当第一次使用交换机时，需使用配置线连接交换机的 Console 端口和计算机的 RS-232 串行端口，然后使用终端连入交换机。作为企业网络搭建及应用的管理人员，应掌握交换机的初始配置方法。

通过本节的学习，读者可掌握以下内容：
- SecureCRT 软件的用法；
- 通过 Console 端口配置交换机的方法。

> 必备知识

1. 网络设备的管理方式

网络设备的管理分为带内管理和带外管理两种方式。带内管理是指通过网线对交换机等网络设备进行管理，带外管理是指通过配置线对交换机等网络设备进行管理。带内管理和带外管理的主要区别是：带内管理占用网络带宽，而带外管理不占用网络带宽。

目前很多高端交换机都具有带外网管端口，使网络管理的带宽和业务带宽完全隔离，互不影响，构成独立的网管网。通过 Console 端口管理交换机是最常见的带外管理方式，用户在首次配置交换机或者无法进行带内管理时，可使用带外管理方式。

2. 了解专业名词

1）Console 端口

一般交换机和路由器等设备会提供一个符合 EIA/TIA-232 异步串行规范的配置端口，即 Console 端口，通过这个端口，用户可以完成对交换机、路由器等网络设备的本地配置。

2）配置线

配置线是一条 8 芯屏蔽线，其中一端是 RJ-45 接头，用于连接交换机的 Console 端口，另一端一般是 DB-9D 接头，用于连接计算机的 RS-232 串行端口。

3）直通双绞线

直通双绞线也称为直通线，它的线序规则是 T568B-568B 或 T568A-568A，不同种类的网络设备之间的互连使用直通线。

4）交叉双绞线

交叉双绞线也称为交叉线，它的线序规则是 T568A-568B，相同种类的网络设备之间的互连使用交叉线。

3. 设置交换机 Console 端口的密码

在 authentication-mode 身份验证模式下，aaa 模式需要验证用户名和密码，不同的用户可以设置不同的权限，password 模式只验证用户密码，不区分用户；none 指无须密码，可以直接连上。其操作命令如下：

```
[Huawei]user-interface console 0                    #进入Console端口进行配置
[Huawei-ui-console0]authentication-mode ?           #查看身份验证模式
  aaa      AAA authentication
```

```
 none     Login without checking
 password Authentication through the password of a user terminal interface
```

密码采用明文方式用 simple 参数,采用密文方式则用 cipher 参数。查看密码方式的操作命令如下:

```
[Huawei-ui-console0]set authentication password ?       #查看密码方式
 cipher  Set the password with cipher text
 simple  Set the password in plain text
[Huawei-ui-console0]set authentication password simple 123   #设置密码为"123"
```

连接到 Console 端口,如果长时间不输入命令,则需要重新输入密码进行登录,使用 idle-timeout 命令设置超时时间。其操作命令如下:

```
[Huawei-ui-console0]idle-timeout 20 0            #设置超时时间为 20 分钟
```

如果无须进行身份验证,则用 undo 命令取消。其操作命令如下:

```
[Huawei-ui-console0]undo authentication-mode       #取消身份验证
```

任务实现

(1)通过 Console 端口配置交换机,拓扑结构如图 2-4 所示,交换机的 Console 端口和 PC 的 COM1 端口相连。如果 PC 没有 COM1 端口,也可以使用 COM1 端口转 USB 接口线缆,接入 PC 的 USB 接口。

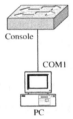

图 2-4 通过 Console 端口配置交换机的拓扑结构

(2)使用 SecureCRT 软件,通过 Console 端口进入交换机,设置端口为"COM1",波特率为"9600"(每秒位数为 9600),其他选项按照默认设置,如图 2-5 所示。

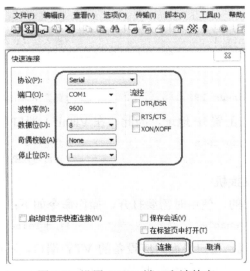

图 2-5 设置 COM1 端口和波特率

（3）单击"连接"按钮，即可进入交换机配置界面。

2.1.3 使用 Telnet 方式登录交换机

🔹 任务描述

使用 Console 端口将计算机与交换机连接，对交换机进行管理属于带外管理，而在一个企业网中，如果不同位置的每台设备都使用这种方式来管理，则会相当麻烦。通过带内管理，如 Telnet、Web 等方式，网络管理员坐在办公室就可远程调试设备。本任务主要使用 Telnet 方式，介绍带内管理交换机的方法。

通过本节的学习，读者可掌握以下内容：
- Telnet 协议的含义；
- 配置和管理交换机的端口地址的方法；
- 使用 Telnet 方式登录交换机的方法。

🔹 必备知识

1. Telnet 协议

Telnet 协议是 TCP/IP 协议簇中的一员，是 Internet 远程登录服务的标准协议和主要方式。它为用户提供了在本地计算机上完成远程主机工作的功能。在终端使用者的计算机上使用 Telnet 程序连接到服务器。终端使用者可以在 Telnet 程序中输入命令，这些命令会在服务器上运行，就像直接在服务器的控制台上输入一样，终端使用者在本地就能控制服务器。想要开始一个 Telnet 会话，必须输入用户名和密码来登录服务器。Telnet 是常用的远程控制 Web 服务器的方法。

2. 配置和管理交换机的端口地址

想要通过远程登录配置交换机，需要先通过 Console 端口进入交换机，对其端口配置 IP 地址。端口地址配置命令如下：

```
<Huawei>system-view                                    #进入系统视图
[Huawei]interface Vlanif 1                             #进入接口视图，配置 Vlanif 1 端口
[Huawei-Vlanif1]ip address 192.168.1.1 255.255.255.0
```

或者

```
[Huawei-Vlanif1]ip address 192.168.1.1 24              #配置 Vlanif 1 端口的 IP 地址和子网掩码
```

交换机的二层端口无法配置 IP 地址，因此，在 Vlanif 1 端口上配置 IP 地址。

```
[Huawei-Vlanif1]undo shutdown                          #启用端口
[Huawei-Vlanif1]quit                                   #退出端口配置模式
```

3. 使用 Telnet 登录交换机

Telnet 在出厂时是关闭的，使用时需要打开，操作命令如下：

```
[Huawei]telnet server enable                           #打开 Telnet 功能
```

使用 Telnet 登录交换机，用户界面对应设备的 VTY 端口，不同设备支持的 VTY 端口总数可能不同。用户在登录设备时，系统会根据用户的登录方式，自动分配一个当前空闲且编号

最小的端口。VTY 有 15 个端口，在默认情况下开启了其中的 5 号，第一个为 VTY 0、第二个为 VTY1，以此类推。进入端口的操作命令如下：

```
[Huawei]user-interface vty 0 4                #进入用户虚拟终端端口模式
[Huawei-ui-vty0-4]authentication-mode ?       #查看密码方式
  aaa       AAA authentication
  none      Login without checking
  password  Authentication through the password of a user terminal interface
```

在 authentication-mode 身份验证模式下，aaa 模式需要验证用户名和密码，不同的用户可以设置不同的权限；password 模式只需验证用户密码，不区分用户；none 指无须密码，可以直接连上。

```
[Huawei-ui-vty0-4]authentication-mode aaa     #配置VTY用户界面的验证方式为aaa
[Huawei-ui-vty0-4]protocol inbound telnet     #配置VTY用户界面支持的协议为Telnet
```

使用 idle-timeout 设置超时时间，其操作命令如下：

```
[Huawei-ui-vty0-4]idle-timeout 15 30          #设置超时时间为15分30秒
```

设备管理员可以设置用户级别，一定级别的用户可以使用对应级别的命令行。用户级别分为 0～15 级。0 级用户执行 0 级命令；1 级用户执行 0 级和 1 级命令；2 级用户执行 0～2 级命令；3～15 级用户执行 0～3 级命令。通过 Console 端口默认配置交换机的用户级别为 3 级，通过 Telnet 端口默认配置交换机的用户级别为 0 级。使用命令可以更改用户配置界面的默认级别，其操作命令如下：

```
[Huawei]aaa
#创建名为 admin 的本地用户，设置其登录密码为 test
[Huawei-aaa]local-user admin password cipher test
[Huawei-aaa]local-user admin privilege level 15    #配置用户级别为15级
[Huawei-aaa]local-user admin service-type telnet   #配置接入类型为telnet，即telnet用户
[Huawei-aaa]quit
```

任务实现

（1）配置交换机的管理 IP 地址。

```
<Huawei> system-view
[Huawei] sysname Switch
[Switch] vlan batch 10
[Switch] interface Vlanif 10
[Switch-Vlanif10] ip address 10.2.2.10 24
[Switch-Vlanif10] quit
[Switch] interface GigabitEthernet1/0/1
[Switch-GigabitEthernet1/0/1] port link-type access
[Switch-GigabitEthernet1/0/1] port default vlan 10
[Switch-GigabitEthernet1/0/1] quit
```

（2）开启 Telnet 服务功能。

```
[Switch] telnet server enable
```

（3）配置 VTY 用户界面的验证方式为 aaa。

```
[Switch] user-interface maximum-vty 15
[Switch] user-interface vty 0 14
[Switch-ui-vty0-14] authentication-mode aaa
[Switch-ui-vty0-14] protocol inbound telnet
[Switch-ui-vty0-14] quit
```

（4）配置 aaa 本地验证。

```
[Switch] aaa
[Switch-aaa] local-user user1 password irreversible-cipher Huawei@1234
[Switch-aaa] local-user user1 service-type telnet
[Switch-aaa] local-user user1 privilege level 15
Warning: This operation may affect online users, are you sure to change the user privilege level ?[Y/N] y
[Switch-aaa] quit
```

（5）验证配置结果。

管理员在 PC 上的"开始"菜单中选择"运行"命令，在打开的"运行"对话框中输入"cmd"，进入 Windows 的命令行提示符窗口，执行"telnet"命令，并输入用户名"user1"和密码"Huawei@1234"，结果显示，通过 Telnet 方式登录设备成功。

2.1.4 使用 eNSP 网络仿真平台模拟演练

任务描述

由于设备的限制，用户在学习交换机和路由器的配置命令时可使用 eNSP 网络仿真平台。eNSP 主要对企业网交换机和路由器等设备进行软件仿真，完美呈现真实设备实景。本书所有的命令操作都是在 eNSP 下配置完成的。

通过本节的学习，读者可掌握以下内容：
- 安装 eNSP 的步骤；
- 在 eNSP 环境下简单配置交换机的方法。

必备知识

1. 认识 eNSP

eNSP（Enterprise Network Simulation Platform）是一个由华为提供的免费的、可扩展的、图形化操作的网络仿真平台，主要对企业网路由器、交换机等设备进行软件仿真，完美呈现真实设备实景，支持大型网络模拟，让广大用户有机会在没有华为真实设备的情况下模拟演练，学习网络技术。其特点主要有以下几项。

（1）图形化操作：eNSP 提供便捷的图形化操作界面，让复杂的组网操作变得更简单，并且支持一键获取帮助和在华为网站查询设备资料，用户可以直观感受设备形态；

（2）高仿真度：按照真实设备特性情况进行模拟，模拟的设备形态多，支持功能全面，模拟程度高。

（3）可与真实设备对接：支持与真实网卡的绑定，可实现模拟设备与真实设备的对接，组网更灵活。

（4）分布式部署：eNSP 不仅支持单机部署，还支持 Server 端分布式部署，可部署在多台服务器上，在分布式部署环境下能够支持更多设备组成复杂的大型网络。

2. 安装 eNSP

（1）在安装 eNSP 前，需要在计算机上提前安装 Wireshark、WinPcap、VirtualBox 软件，如果没有这些软件，用户可在 eNSP 的安装包中直接安装。

（2）根据操作系统要求，选择 32 位或 64 位的软件安装包，以下操作基于 Windows 10 的 64 位操作系统。双击打开 eNSP 安装包，在弹出的界面中依次单击"下一步"按钮，选择正确的路径进行安装即可。

（3）在弹出图 2-6 所示的界面时，如果计算机上已安装界面中所示的软件，则用户可直接单击"下一步"按钮，如果没有安装，则选择相应的选项，安装完成后会继续安装 eNSP，直到安装完成。

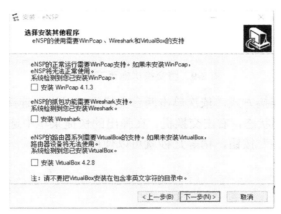

图 2-6　eNSP 安装界面

（4）安装完成后，会在桌面上生成图 2-7 所示的图标，双击打开就可以使用了。

图 2-7　eNSP 图标

任务实现

（1）eNSP 的操作界面如图 2-8 所示。

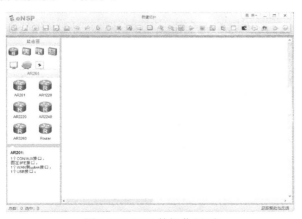

图 2-8　eNSP 的操作界面

（2）单击交换机图标，将出现可使用的交换机型号，在单击 S3700 型号图标的同时按住鼠标左键可将该交换机拖至工作区域（此处拖入了两台交换机），如图 2-9 所示。

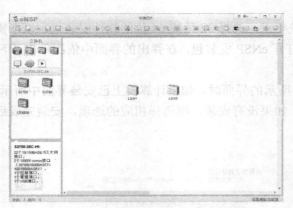

图 2-9　将交换机拖至工作区域

（3）选择自动线缆连接方式，依次单击两台交换机，可进行连接，如图 2-10 所示。在默认情况下，设备处于关闭状态，右击交换机，在弹出的快捷菜单中选择"启动"命令，或者单击工具栏上的"开启设备"按钮，稍等几秒就可以使用了。

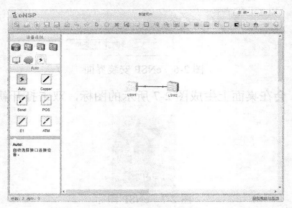

图 2-10　连接交换机

（4）在默认情况下，交换机接口标签不显示，单击工具栏上的"设置"按钮，在弹出的界面中勾选"总显示接口标签"复选框，如图 2-11 所示，即可显示交换机接口标签，如图 2-12 所示。

图 2-11　显示交换机接口标签的设置

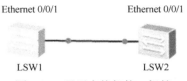

图 2-12　显示交换机接口标签

（5）双击交换机，打开配置界面，即可对交换机进行配置，如图 2-13 所示。

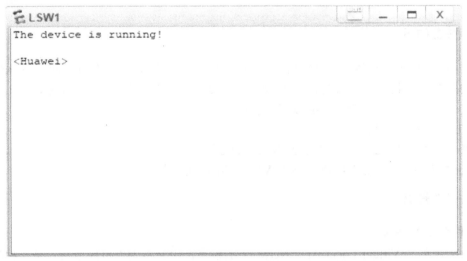

图 2-13　交换机配置界面

（6）交换机的三种视图分别为用户视图、系统视图和接口视图。三种视图之间的切换命令如下：

```
<Huawei>system-view                    #进入系统视图
[Huawei]interface Ethernet 0/0/1       #进入接口视图
[Huawei-Ethernet0/0/1]quit             #返回系统视图
[Huawei-Ethernet0/0/1]return           #返回用户视图
```

用户也可按 Ctrl+Z 快捷键直接返回用户视图。

任务小结

通过本任务的学习，我们认识了交换机，掌握了通过 Console 端口和 Telnet 方式登录交换机并对其进行配置的方法，同时了解了使用 eNSP 网络仿真平台模拟演练、学习网络技术的方法。下面通过几个习题来回顾一下所学的内容：

1. 根据网络构成，交换机可以分为哪几种类型？
2. 双绞线分为哪两种？不同种类的网络设备之间的互连应该使用哪种双绞线？
3. 进入交换机 Console 端口的命令是什么？
4. 用于传递核心层交换机和接入层交换机信息的是哪种交换机？

任务 2　搭建部门网络

2.2.1　按部门划分 VLAN 实现办公网络的隔离

➡ 任务描述

某公司有经理部和销售部，经理部有 2 台计算机，销售部有 10 台计算机，为保障两个部门数据的安全，需将它们划分为两个 VLAN，现要在网络设备上实现这一目标。

通过本节的学习，读者可掌握以下内容：
- VLAN 技术的概念；
- 在一台交换机上基于端口划分 VLAN 的方法；
- 创建 VLAN、删除 VLAN、查看 VLAN 信息的方法。

➡ 必备知识

1. 什么是 VLAN

VLAN 是英文 Virtual Local Area Network 的缩写，中文名为虚拟局域网，是一种将局域网（LAN）设备从逻辑上划分成一个个网段，从而实现虚拟工作组的数据交换技术。它对应于 OSI 参考模型的第二层，通过将企业网络划分为 VLAN，可以增强网络管理和网络安全，控制不必要的广播。利用 VLAN 技术，管理员可根据实际应用需求，把同一物理局域网内的不同用户按逻辑划分成不同的广播域，每个 VLAN 都包含一组有着相同需求的计算机工作站，与物理上形成的局域网有相同的属性。由于它是从逻辑上划分，而不是从物理上划分的，所以同一个 VLAN 内的各个工作站没有限制在同一个物理范围内，即这些工作站可以在不同的物理局域网内。

由 VLAN 的特点可知，VLAN 具有逻辑隔离性，有如下几个优点。

（1）阻止广播风暴。

局域网是一个广播域，采用 VLAN 技术，管理员可以将网络划分为多个 VLAN，一个 VLAN 的广播不会扩散到其他 VLAN，因此端口不会接收其他 VLAN 的广播，这样就可以减少广播流量，释放带宽给用户应用，减少广播的泛洪，从而有效地阻止广播风暴。

（2）简化网络管理流程，降低成本。

当 VLAN 中的用户位置发生变化时，不需要或只需要对少量的用户重新进行布线、配置和调试，因此简化了网络管理流程，降低了成本。同时网络管理员能借助 VLAN 技术轻松地管理整个网络。

（3）提高网络的安全性。

借助 VLAN 技术，管理员能控制广播组的大小和位置，甚至能锁定某台设备的 MAC 地址。由于 VLAN 之间不能直接通信，通信流量被限制在 VLAN 内，因此可以减少网络上不必要的流量并提高网络的安全性。

（4）增加网络连接的灵活性。

借助 VLAN 技术，管理员能将不同地点、不同网络、不同用户组合在一起，形成一个虚拟的网络环境，就像使用本地局域网一样方便、灵活、有效。

2．VLAN 的划分方法

在交换机上划分 VLAN 的方法有很多种，可以基于端口、MAC 地址、网络层和 IP 组播等来划分。

1）基于端口划分 VLAN

基于端口划分 VLAN 是使用最普遍的一种 VLAN 划分方法，也最为有效，目前绝大多数使用 VLAN 协议的交换机可提供这种 VLAN 划分方法。它是根据以太网交换机的端口来划分的，将 VLAN 交换机上的物理端口和 VLAN 交换机内部的 PVC（永久虚电路）端口分成若干个组，每个组构成一个虚拟网，相当于一台独立的 VLAN 交换机。例如，一台交换机的 1~3 端口被定义为 VLAN 10，4~6 端口被定义为 VLAN 20，这样 VLAN 10 和 VLAN 20 内的计算机之间不能通信，只有通过路由器或三层交换机才可以通信。同时该划分方法允许跨越多台交换机的多个不同端口，不同交换机上的若干个端口可以组成同一个虚拟网。

这种划分方法的优点是在定义 VLAN 成员时非常简单，只要将所有的端口都定义为相应的 VLAN 组即可，适用于任何大小的网络。它的缺点是如果某个用户离开了原来的端口，连接到一台新的交换机的某个端口，就必须重新进行定义。

2）基于 MAC 地址划分 VLAN

基于 MAC 地址划分 VLAN 的方法是根据每台主机的 MAC 地址来划分，即对每台配置了 MAC 地址的主机配置它所属的组。

这种划分方法的优点是当用户的物理位置发生改变，即从一台交换机换到其他的交换机时，VLAN 不用重新配置。它的缺点是在初始化时，所有的用户都必须进行配置，如果有几百个甚至上千个用户，则工作量将非常大，所以这种划分方法通常适用于小型局域网。

3）基于网络层划分 VLAN

基于网络层划分 VLAN 的方法是根据每台主机的网络层地址或协议类型来划分，而不是根据路由划分，一般适用于广域网，基本不用于局域网。

这种划分方法的优点是当用户的物理位置发生改变时，不需要重新配置其所属的 VLAN，还可以减少网络的通信量。它的缺点是效率低，检查每个数据包的网络层地址都需要消耗处理时间。

4）根据 IP 组播划分 VLAN

IP 组播实际上是一种 VLAN 的定义，即一个组播组就是一个 VLAN，这种划分方法将 VLAN 扩大到了广域网。

这种划分方法的优点是具有较大的灵活性，容易通过路由器进行扩展。它的缺点是效率低，不适用于局域网。

3．VLAN 配置命令

（1）创建 VLAN，其操作命令如下：

```
<Huawei>system-view                    //进入系统视图
[Huawei]sysname test                   //将交换机命名为"test"
[test]vlan 2                           //创建编号为"2"的 VLAN
```

VLAN 1 是默认 VLAN，不用创建。

(2) 批量创建 VLAN，其操作命令如下：

```
[test]vlan batch 3 to 5                       //批量创建 VLAN，分别为 VLAN 3、VLAN 4、VLAN 5
```

(3) 命名 VLAN，其操作命令如下：

```
[Huawei-vlan2]description jishubu              //将 VLAN 2 命名为 "jishubu"
```

(4) 查看 VLAN 信息，其操作命令如下：

```
[Huawei]display vlan                           //显示 VLAN 信息
```

(5) 查看 VLAN 摘要信息，其操作命令如下：

```
display vlan summary
```

(6) 删除 VLAN，其操作命令如下：

```
[test]undo vlan 2                              //删除 VLAN 2
[test]undo batch vlan 3 4 5                    //批量删除 VLAN 3、VLAN 4、VLAN 5
```

(7) 将一个端口加入 VLAN 中，其操作命令如下：

```
[Huawei]interface Ethernet 0/0/1               //进入交换机的 1 号端口
[Huawei-Ethernet0/0/1]port link-type access    //将端口设置成 access 模式
[Huawei-Ethernet0/0/1]port default vlan 2      //将端口加入 VLAN 2 中
```

(8) 将端口批量加入 VLAN 中，其操作命令如下：

```
[Huawei]port-group 1                                   //创建端口组 1
[Huawei-port-group-1]group-member e0/0/2 to e0/0/4     //将 2~4 号端口加入端口组 1
[Huawei-Ethernet0/0/1]port link-type ?                 //查看端口类型
  access          Access 端口
  dot1q-tunnel    QinQ 端口
  hybrid          Hybrid 端口
  trunk           Trunk 类型端口
[Huawei-port-group-1]port link-type access             //将端口设置成 access 模式
[Huawei-port-group-1]port default vlan 3               //将端口组 1 加入 VLAN 3 中
```

任务实现

(1) 根据任务描述，绘制图 2-14 所示的拓扑结构，其中，CLIENT1 和 CLIENT2 属于经理部，被划分到 VLAN 2 中，CLIENT3～CLIENT12 属于销售部，被划分到 VLAN 3 中。

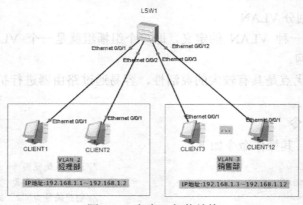

图 2-14 任务 2 拓扑结构

(2) 在交换机上创建 VLAN 2 和 VLAN 3，并分别命名为 "jinglibu" 和 "xiaoshoubu"。

```
<Huawei>system-view
```

```
[Huawei]vlan 2
[Huawei-vlan2]description jinglibu
[Huawei-vlan2]quit
[Huawei]vlan 3
[Huawei-vlan3]description xiaoshoubu
[Huawei-vlan3]quit
```

(3) 将交换机的 1 号和 2 号端口分别加入 VLAN 2 中。

```
[Huawei]interface Ethernet 0/0/1
[Huawei-Ethernet0/0/1]port link-type access
[Huawei-Ethernet0/0/1]port default vlan 2
[Huawei-Ethernet0/0/1]quit
[Huawei]interface Ethernet 0/0/2
[Huawei-Ethernet0/0/2]port link-type access
[Huawei-Ethernet0/0/2]port default vlan 2
[Huawei-Ethernet0/0/2]quit
```

(4) 将交换机的 3~12 号端口批量加入 VLAN 3 中。

```
[Huawei]port-group 1
[Huawei-port-group-1]group-member e0/0/3 to e0/0/12
[Huawei-port-group-1]port link-type access
[Huawei-Ethernet0/0/3]port link-type access
[Huawei-Ethernet0/0/4]port link-type access
[Huawei-Ethernet0/0/5]port link-type access
[Huawei-Ethernet0/0/6]port link-type access
[Huawei-Ethernet0/0/7]port link-type access
[Huawei-Ethernet0/0/8]port link-type access
[Huawei-Ethernet0/0/9]port link-type access
[Huawei-Ethernet0/0/10]port link-type access
[Huawei-Ethernet0/0/11]port link-type access
[Huawei-Ethernet0/0/12]port link-type access
[Huawei-port-group-1]port default vlan 3
[Huawei-Ethernet0/0/3]port default vlan 3
[Huawei-Ethernet0/0/4]port default vlan 3
[Huawei-Ethernet0/0/5]port default vlan 3
[Huawei-Ethernet0/0/6]port default vlan 3
[Huawei-Ethernet0/0/7]port default vlan 3
[Huawei-Ethernet0/0/8]port default vlan 3
[Huawei-Ethernet0/0/9]port default vlan 3
[Huawei-Ethernet0/0/10]port default vlan 3
[Huawei-Ethernet0/0/11]port default vlan 3
[Huawei-Ethernet0/0/12]port default vlan 3
[Huawei-port-group-1]quit
```

(5) 查看 VLAN 信息。

```
[Huawei]display vlan
```

VLAN 信息如图 2-15 所示，可以看到，1 号和 2 号端口被划分到 VLAN 2 中，3~12 号端口被划分到 VLAN 3 中。

图 2-15　VLAN 信息

2.2.2 采用交换机级联实现跨交换机同部门的连通

> **任务描述**

某公司有经理部和销售部，为保障两个部门数据的安全，需将它们划分为两个 VLAN。因业务发展，销售部需要连接到两台交换机中，现要在网络设备上实现这一目标。

通过本节的学习，读者可掌握以下内容：
- 交换机端口模式的配置方法；
- 相同 VLAN 跨交换机通信的配置方法；
- 划分 VLAN 的方法。

> **必备知识**

1. 级联

级联是指两台或两台以上的交换机通过一定的方式相互连接。根据需要，多台交换机可以以多种方式进行级联。在较大的局域网，如园区网（校园网）中，多台交换机按照性能和用途一般可以形成总线型、树状或星型的级联结构。

由于交换机的端口有限，因此可以采用级联的方式来增加端口密度。在连接时，用交叉双绞线把两台交换机的普通端口连接起来就可以了，如图 2-16 所示。

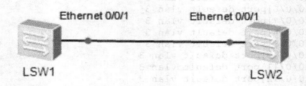

图 2-16 级联拓扑结构

2. 交换机的端口类型

交换机的端口类型有 4 种，即 Access、Trunk、Hybrid 和 dot1q-tunnel。在默认情况下，端口的链路类型为 Hybrid。

Access 类型的端口主要用来连接用户主机，一般用于接入链路，且接入链路上通过的帧为不带 Tag 标记的以太网帧。如果 Access 端口配置了默认 VLAN，在该报文上加上 Tag 标记，并将 Tag 标记中的 VID 字段的值设置为端口所属的默认 VLAN 编号，则此时接入链路上允许与默认 VLAN Tag 标记匹配的以太网帧通过。

Trunk 类型的端口主要用来连接其他交换机设备，一般用于干道链路。Trunk 端口允许多个 VLAN 的帧通过。

Hybrid 类型的端口既可以用来连接用户主机也可以用来连接其他交换机设备，既可以用于接入链路也可以用于干道链路。Hybrid 端口允许多个 VLAN 的帧通过，并可以配置在出端口方向是否将 VLAN 帧的 Tag 标记剥掉。

dot1q-tunnel 类型的端口用来连接其他交换机设备，并且能够处理携带双层 Tag 标记的

VLAN 的帧。

Trunk 端口和 Hybrid 端口在接收数据时的处理方法是一样的，唯一不同之处在于，Hybrid 端口允许多个 VLAN 的报文在发送时不打标签，而 Trunk 端口只允许默认 VLAN 的报文在发送时不打标签。

3．配置交换机端口模式

查看交换机 Ethernet 0/0/1 的端口类型，其操作命令如下：

```
[Huawei-Ethernet0/0/1]port link-type ?              //查看端口类型
 access              Access 端口
 dot1q-tunnel        QinQ 端口
 hybrid              Hybrid 端口
 trunk               Trunk 类型端口
```

配置交换机 1 号端口模式的操作命令如下：

```
[Huawei-Ethernet0/0/1]port link-type access         //将端口设置为 access 模式
[Huawei-Ethernet0/0/1]port link-type trunk          //将端口设置为 trunk 模式
[Huawei-Ethernet0/0/1]port link-type hybrid         //将端口设置为 hybrid 模式
```

当交换机端口需要通过多个 VLAN 时，常用的方法是将端口模式设置为 trunk，并指定允许通过的 VLAN，其操作命令如下：

```
[Huawei-Ethernet0/0/1]port trunk allow-pass VLAN all      //允许所有 VLAN 通过
//指定只允许通过 VLAN 1、VLAN 2、VLAN 3
[Huawei-Ethernet0/0/1]port trunk allow-pass VLAN 1 2 3
```

任务实现

（1）根据任务描述，绘制图 2-17 所示的拓扑结构，其中，VLAN 2 属于经理部，VLAN 3 属于销售部，分别连接在两台二层交换机中，然后配置好各 PC 的 IP 地址。

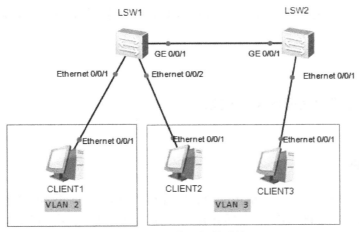

图 2-17　任务 2 拓扑结构

（2）在交换机 LSW1 上创建 VLAN 2 和 VLAN 3，并分别命名为"jinglibu"和"xiaoshoubu"。

```
<Huawei>system-view
[Huawei]sysname LSW1
[LSW1]vlan 2
[LSW1-vlan2]description jinglibu
[LSW1-vlan2]quit
[LSW1]vlan 3
[LSW1-vlan3]description xiaoshoubu
```

```
[LSW1-vlan3]quit
```

(3) 将交换机 LSW1 的 1 号端口加入 VLAN 2 中。

```
[LSW1]interface Ethernet 0/0/1
[LSW1-Ethernet0/0/1]port link-type access
[LSW1-Ethernet0/0/1]port default vlan 2
[LSW1-Ethernet0/0/1]quit
```

(4) 将交换机 LSW1 的 2 号端口加入 VLAN 3 中。

```
[LSW1]interface Ethernet 0/0/2
[LSW1-Ethernet0/0/2]port link-type access
[LSW1-Ethernet0/0/2]port default vlan 3
[LSW1-Ethernet0/0/2]quit
```

(5) 在交换机 LSW2 上创建 VLAN 3,并命名为 "xiaoshoubu"。

```
[Huawei]sysname LSW2
[LSW2]vlan 3
[LSW2-vlan3]description xiaoshoubu
[LSW2vlan3]quit
```

(6) 将交换机 LSW2 的 1 号端口加入 VLAN 3 中。

```
[LSW2]interface Ethernet 0/0/1
[LSW2-Ethernet0/0/1]port link-type access
[LSW2-Ethernet0/0/1]port default vlan 3
[LSW2-Ethernet0/0/1]quit
```

此时,在 CLIENT2 客户机的命令行中 ping CLIENT3 客户机,显示无法 ping 通。

(7) 分别将交换机 LSW1 和 LSW2 的图上为 GE 0/0/1 端口设置为 trunk 模式。

```
[LSW1]int g0/0/1
[LSW1-GigabitEthernet0/0/1]port link-type trunk
[LSW1-GigabitEthernet0/0/1]port trunk allow-pass vlan all
[LSW1-GigabitEthernet0/0/1]quit
[LSW2]int g0/0/1
[LSW2-GigabitEthernet0/0/1]port link-type trunk
[LSW2-GigabitEthernet0/0/1]port trunk allow-pass vlan all
[LSW2-GigabitEthernet0/0/1]quit
```

再次在 CLIENT2 客户机的命令行中 ping CLIENT3 客户机,显示可以连通。

(8) 保存配置信息。

```
<LSW1>save
```

2.2.3 实现不同部门之间的网络连通

任务描述

在 2.2.2 节中,某公司已实现销售部跨交换机的 PC 通信,即不同交换机中同一 VLAN 内的 PC 连通。现要求经理部与销售部之间的网络也要连通,即实现不同 VLAN 间的通信,这需要借助三层交换机的路由功能来实现。

通过本节的学习,读者可掌握以下内容:
- 二层交换机和三层交换机的区别;
- 网关的概念;
- 三层交换机的路由功能;
- 不同 VLAN 间的通信的实现方法。

必备知识

1. 二层交换机和三层交换机

二层交换机工作于 OSI 参考模型的数据链路层，属于数据链路层设备，所以被称为二层交换机。它可以识别帧中的 MAC 地址信息，根据 MAC 地址进行数据转发，并将这些 MAC 地址与对应的端口记录在自己内部的一张地址表中。

三层交换机工作于 OSI 参考模型的网络层，是将路由和交换两种功能有机结合的设备。它在网络层实现了数据包的高速转发，既可实现网络路由功能，又可根据不同网络状况选择最优网络，加快了大型局域网内部的数据交换速度，做到了一次路由，多次转发。简单地说，三层交换技术就是二层交换技术＋三层转发技术。

2. 网关

网关（Gateway）又称网间连接器、协议转换器，在网络层以上实现网络互联，是复杂的网络互联设备，仅用于两个不同高层协议的网络互联场景。其使用范围广泛，既可以用于广域网互联，也可以用于局域网互联。按照不同的分类标准，网关有很多种，而 TCP/IP 协议中的网关是最常用的，本节所讲的"网关"均指 TCP/IP 协议中的网关。

简单地讲，网关是一个网络连接到另一个网络的"关口"。众所周知，从一个房间走到另一个房间，必然要经过一扇门。同样地，从一个网络向另一个网络发送信息，也必须经过一道"关口"，这道关口就是网关。

那么，网关到底是什么呢？网关实质上是一个网络通向其他网络的 IP 地址。例如，现有两个网络 A 和 B，网络 A 的 IP 地址范围为 192.168.1.1～192.168.1.254，子网掩码为 255.255.255.0；网络 B 的 IP 地址范围为 192.168.2.1～192.168.2.254，子网掩码为 255.255.255.0。在没有路由器的情况下，两个网络之间是不能进行 TCP/IP 通信的，即使两个网络连接在同一台交换机上，TCP/IP 协议也会根据子网掩码来判定两个网络中的主机是否处在不同的网络中。而要实现这两个网络之间的通信，就必须通过网关。如果网络 A 中的主机发现数据包的目标主机不在本地网络中，就把数据包转发给它自己的网关，再由自己的网关转发给网络 B 的网关，网络 B 的网关再转发给网络 B 中的某台主机。网络 B 向网络 A 转发数据包的过程也是如此。

一台主机如果找不到可用的网关，就把数据包转发给默认指定的网关，由这个网关来处理数据包。现在主机使用的网关，一般指的都是默认网关。一台主机的默认网关是不可以随便指定的，必须指定正确，否则数据包会被转发给不是指定网关的主机，从而无法与其他网络连通。所以，只有设置好网关的 IP 地址，TCP/IP 协议才能实现不同网络之间的相互通信。

3. 配置三层交换机

三层交换机是将路由和交换两种功能有机结合的设备，所以可以将三层交换机理解成虚拟路由器和交换机的组合。在交换机上有几个 VLAN，在虚拟路由器上就有几个虚拟端口（Vlanif）和这几个 VLAN 相连。比如，在三层交换机上创建两个 VLAN，即 VLAN 2 和 VLAN 3，在虚拟路由器上就有两个虚拟端口 Vlanif 2 和 Vlanif 3，这两个虚拟端口相当于分别接入 VLAN 2 的某个端口和 VLAN 3 的某个端口。此时，要实现路由功能，需要给虚拟端口配置 IP 地址和子网掩码，让其充当 VLAN 的网关，使不同 VLAN 中的计算机能够相互通信。具体配置命令如下：

```
[Huawei]vlan 2
[Huawei-vlan2]quit
[Huawei]vlan 3
[Huawei-vlan3]quit
```

```
[Huawei]interface Vlanif 2                       //进入VLAN 2端口
[Huawei-Vlanif2]ip address 192.168.1.254 255.255.255.0    //为端口2配置IP地址和子网掩码
[Huawei-Vlanif2]quit
[Huawei]interface Vlanif 3                       //进入VLAN 3端口
[Huawei-Vlanif3]ip address 192.168.2.254 255.255.255.0    //为端口3配置IP地址和子网掩码
```

任务实现

（1）根据任务描述，绘制图2-18所示的拓扑结构，其中，VLAN 2属于经理部，VLAN 3属于销售部，使用三层交换机LSW3将两台二层交换机LSW1和LSW2连接起来，实现VLAN 2和VLAN 3的连通。

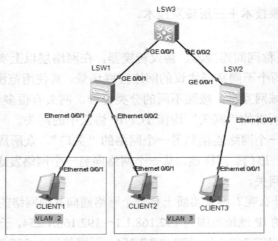

图2-18 任务2拓扑结构

（2）配置二层交换机LSW1。

```
<Huawei>system-view
[Huawei]sysname LSW1
[LSW1]vlan 2
[LSW1-vlan2]quit
[LSW1]vlan 3
[LSW1-vlan3]quit
[LSW1]interface Ethernet 0/0/1
[LSW1-Ethernet0/0/1]port link-type access
[LSW1-Ethernet0/0/1]port default vlan 2
[LSW1-Ethernet0/0/1]quit
[LSW1]interface Ethernet 0/0/2
[LSW1-Ethernet0/0/2]port link-type access
[LSW1-Ethernet0/0/2]port default vlan 3
[LSW1-Ethernet0/0/2]quit
[LSW1]interface GigabitEthernet 0/0/1
[LSW1-GigabitEthernet0/0/1]port link-type trunk
[LSW1-GigabitEthernet0/0/1]port trunk allow-pass vlan all
[LSW1-GigabitEthernet0/0/1]quit
```

（3）配置二层交换机LSW2。

```
<Huawei>system-view
[LSW2]sysname LSW2
[LSW2]vlan 3
[LSW2-vlan3]quit
[LSW2]interface Ethernet 0/0/1
[LSW2-Ethernet0/0/1]port link-type access
[LSW2-Ethernet0/0/1]port default vlan 3
[LSW2-Ethernet0/0/1]quit
[LSW2]interface GigabitEthernet 0/0/1
[LSW2-GigabitEthernet0/0/1]port link-type trunk
```

```
[LSW2-GigabitEthernet0/0/1]port trunk allow-pass vlan all
[LSW2-GigabitEthernet0/0/1]quit
```

（4）配置三层交换机 LSW3。

```
[LSW3]int GigabitEthernet 0/0/1
[LSW3-GigabitEthernet0/0/1]port link-type trunk
[LSW3-GigabitEthernet0/0/1]port trunk allow-pass vlan all
[LSW3-GigabitEthernet0/0/1]quit
[LSW3Huawei]int GigabitEthernet 0/0/2
[LSW3-GigabitEthernet0/0/2]port link-type trunk
[LSW3-GigabitEthernet0/0/2]port trunk allow-pass vlan all
[LSW3-GigabitEthernet0/0/2]quit
[LSW3]vlan batch 2 3
[LSW3]interface Vlanif 2
[LSW3-Vlanif2]ip address 192.168.1.254 255.255.255.0
[LSW3-Vlanif2]quit
[LSW3]interface Vlanif 3
[LSW3-Vlanif3]ip address 192.168.2.254 255.255.255.0
[LSW3-Vlanif3]quit
```

（5）为 PC 配置 IP 地址和网关。

VLAN 2 和 VLAN 3 内的 PC 的 IP 地址属于不同的网段，这里设定 VLAN 2 的 IP 地址网段为 192.168.1.1～192.168.1.254，VLAN 3 的 IP 地址网段为 192.168.2.1～192.168.2.254，同时配置网关。CLIENT1 的 IP 地址、子网掩码和网关如图 2-19 所示。

图 2-19　CLIENT1 的 IP 地址、子网掩码和网关

2.2.4　使用 DHCP 分配 IP 地址

任务描述

某公司有两个部门，即销售部和市场部。销售部的网络使用 192.168.1.0/24 网段，市场部的网络使用 192.168.2.0/24 网段。要为这两个部门的计算机自动分配 IP 地址，需在三层交换机上配置 DHCP 服务，现要在网络设备上实现这一目标。

通过本节的学习，读者可掌握以下内容：
- DHCP 服务的概念；
- DHCP 服务的配置方法。

必备知识

1. DHCP 服务

动态主机配置协议（Dynamic Host Configuration Protocol，DHCP）是一个局域网的网络协议，原理是由服务器控制一段 IP 地址，当客户端登录服务器时就可以自动获得服务器分配的 IP 地址和子网掩码。

连接到互联网上的计算机相互之间想要通信，必须有各自的 IP 地址。由于 IP 地址资源有限，运营商不能做到为每个用户都分配一个固定的 IP 地址，因此要采用 DHCP 方式为互联网用户临时分配 IP 地址。也就是当计算机联网时，DHCP 服务器才从地址池里临时分配一个 IP 地址，每次联网分配的 IP 地址可能不一样，这与 IP 地址资源有关。当计算机断开网络后，DHCP 服务器会把这个 IP 地址分配给其他的计算机使用，这样就可以有效地节省 IP 地址，既保证了网络通信，又提高了 IP 地址的使用率。

客户端从 DHCP 服务器获得 IP 地址的过程叫作 DHCP 的租约过程。IP 地址的有效使用时间段称为租用期，租用期满之前，客户端必须向 DHCP 服务器发送继续租用的请求，服务器接收请求后客户端才能继续使用，否则要无条件放弃。

2. 配置 DHCP 服务

在三层交换机或路由器中配置以下命令：

```
<Huawei>system-view
[Huawei]dhcp enable                   //开启 DHCP 服务
[Huawei]ip pool vlan 2                //为 VLAN 2 创建全局地址池
[Huawei-ip-pool-vlan2]network 192.168.1.0 mask 255.255.255.0   //指定地址池所在的网段
[Huawei-ip-pool-vlan2]gateway-list 192.168.1.254    //指定该网段的网关
[Huawei-ip-pool-vlan2]dns-list 8.8.8.8              //指定 DNS 服务器
[Huawei-ip-pool-vlan2]dns-list 22.22.22.22          //指定第二个 DNS 服务器
[Huawei-ip-pool-vlan2]lease day 0 hour 8 minute 0   //地址租约，允许客户端使用 8 小时
```

DHCP 分配给客户端的 IP 地址等配置信息是有时间限制的（租用期）。如果网络中的计算机变换频繁，则租用期设置得短一些；如果网络中的计算机相对稳定，则租用期设置得长一些。

通常情况下，客户端在租用期过去一半时就会自动找 DHCP 服务器续约。如果到期了，客户端没有找 DHCP 服务器续约，DHCP 就认为该客户端已经不在网络中，该 IP 地址就会被收回，分配给其他计算机使用。

```
[Huawei-ip-pool-vlan2]display this          //查看地址池的配置
[Huawei-ip-pool-vlan2]quit
[Huawei]interface Vlanif 2
[Huawei-Vlanif2]ip address 192.168.1.254 255.255.255.0
[Huawei-Vlanif2]dhcp select global          //配置 Vlanif 2 端口从全局地址池中选择地址
[Huawei]display ip pool                     //查看全局地址池中 IP 地址的使用情况
```

一个网段只能创建一个地址池，如果该网段中有些地址已经被占用，就要在该地址池中排除，以避免 DHCP 分配的地址和其他计算机的地址冲突。

```
//指定排除的地址，即 192.168.1.2～192.168.1.12
[Huawei-ip-pool-vlan2]excluded-ip-address 192.168.1.2 192.168.1.12
```

🔜 任务实现

（1）根据任务描述，绘制图 2-20 所示的拓扑结构。

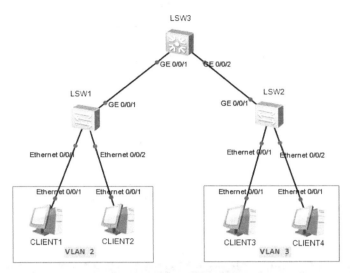

图 2-20　任务 2 拓扑结构

（2）在二层交换机 LSW1 上创建 VLAN 2，在二层交换机 LSW2 上创建 VLAN 3，并将相应的端口加入 VLAN 中，将 GE 0/0/1 端口设置为 trunk 模式，具体操作命令参考前面的描述，此处省略。

（3）配置三层交换机 LSW3。创建 VLAN 2 和 VLAN 3，在 Vlanif 2 端口上配置 IP 地址为 192.168.1.254，在 Vlanif 3 端口上配置 IP 地址为 192.168.2.254，将 GE 0/0/1 和 GE 0/0/2 端口设置为 trunk 模式，允许所有 VLAN 通过，具体操作命令参考前面的描述，此处省略。

（4）在三层交换机 LSW3 中配置 DHCP 服务。

```
<Huawei>system-view
[Huawei]dhcp enable
[Huawei]ip pool vlan 2
[Huawei-ip-pool-vlan2]network 192.168.1.0 mask 255.255.255.0
[Huawei-ip-pool-vlan2]gateway-list 192.168.1.254
[Huawei-ip-pool-vlan2]quit
[Huawei]ip pool vlan 3
[Huawei-ip-pool-vlan3]network 192.168.2.0 mask 255.255.255.0
[Huawei-ip-pool-vlan3]gateway-list 192.168.2.254
[Huawei-ip-pool-vlan3]quit
[Huawei]interface Vlanif 2
[Huawei-Vlanif2]ip address 192.168.1.254 255.255.255.0
[Huawei-Vlanif2]dhcp select global
[Huawei]interface Vlanif 3
[Huawei-Vlanif2] ip address 192.168.2.254 255.255.255.0
[Huawei-Vlanif2]dhcp select global
```

（5）双击 CLIENT1 图标，在打开的"CLIENT1"界面的"基础配置"选项卡的"IPv4 配置"栏中选中"DHCP"单选按钮，然后单击"应用"按钮，如图 2-21 所示。此时 DHCP 服务器已为 CLIENT1 分配 IP 地址。选择"命令行"选项卡，输入 ipconfig 命令可以看到该 PC 分配到的 IP 地址为 192.168.1.252，如图 2-22 所示。

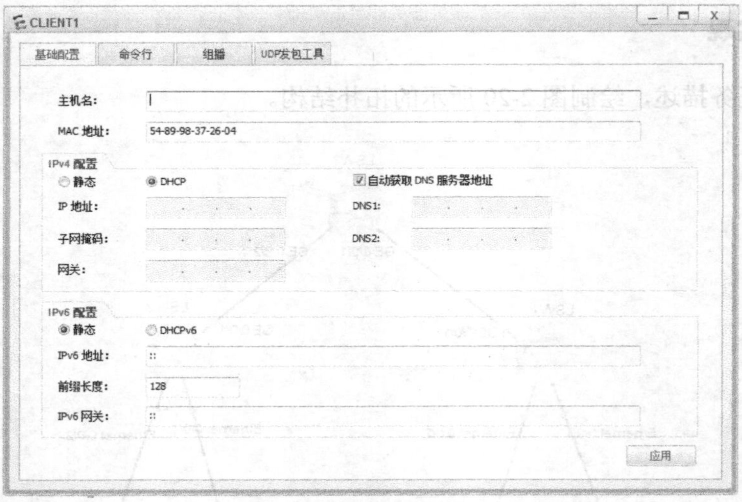

图 2-21 选中"DHCP"单选按钮

图 2-22 查看 PC 分配到的 IP 地址

任务小结

通过本任务的学习,我们掌握了在交换机中创建 VLAN 的方法;学会了设置交换机端口的 trunk 模式,允许多个 VLAN 通过的方法;掌握了配置三层交换机使得 VLAN 之间能够通信的方法;学会了在三层交换机或路由器中配置 DHCP 服务的方法。下面通过几个习题来回顾一下所学的内容:

1. 为什么要在网络中划分 VLAN?
2. 在交换机中创建 VLAN 的命令是什么?
3. 如何设置交换机端口,使得多个 VLAN 通过?
4. 三层交换机有什么功能?
5. 什么是网关?
6. DHCP 的功能是什么?

任务 3　提高网络冗余性

2.3.1　使用端口链路聚合技术提高网络带宽

🠖 任务描述

某公司研发部的计算机连接在两台交换机中，数据传输量大，为解决交换机之间级联造成的数据传输瓶颈，可在两台交换机之间使用链路聚合技术，现要在网络设备上实现这一目标。

通过本节的学习，读者可掌握以下内容：
- 链路聚合技术的概念；
- 链路聚合的配置方法。

🠖 必备知识

1. 链路聚合

以太网链路聚合（Eth-Trunk）简称链路聚合，它通过将多条以太网物理链路捆绑在一起形成一条逻辑链路，达到增加链路带宽的目的。同时，这些捆绑在一起的链路通过相互之间的动态备份，有效地提高了链路的可靠性。

随着网络规模的不断扩大，用户对骨干链路的带宽和可靠性提出了越来越高的要求。在传统技术中，常用更换高速率的接口板或更换支持高速率接口板的设备的方式来增加带宽，但这种方式需要花费高额的费用，而且不够灵活。使用链路聚合技术可以在不进行硬件升级的条件下，通过将多条物理链路捆绑为一个逻辑链路，达到增加链路带宽的目的。在增加带宽的同时，链路聚合采用备份链路的机制，有效地提高了设备之间链路的可靠性，主要有如下优点。

（1）增加带宽。链路聚合接口的最大带宽可以达到各成员接口带宽之和。

（2）提高可靠性。当某条活动链路出现故障时，可以将流量切换到其他可用的成员链路上，从而提高链路聚合接口的可靠性。

（3）负载均衡。把流量均分到所有成员链路中，使得每条成员链路可以最大限度地降低产生流量阻塞链接的风险。

2. 链路聚合的模式

链路聚合共有两种模式：手动负载分担模式与 LACP（Link Aggregation Control Protocol，链路聚合控制协议）模式。

1）手动负载分担模式

在这种模式下，Eth-Trunk 端口的建立、成员端口的加入由管理员手动配置。该模式下的所有活动链路都参与数据的转发，平均分担流量。如果某条活动链路出现故障，则剩余的活动链路自动平均分担流量。

2）LACP 模式

LACP 是一种实现链路动态汇聚的协议，通过 LACPDU（Link Aggregation Control Protocol Data Unit，链路聚合控制协议数据单元）与对端交互信息。激活某端口的 LACP 协议后，该端口将通过发送 LACPDU 向对端通告自己的系统优先级、系统 MAC 地址、端口优先级和端口号。对端收到这些信息后，将这些信息与自己的属性进行比较，选择能够聚合的端口，从而双方可以就端口加入或退出某个动态聚合组达成一致。

在手动负载分担模式下，所有的端口都处于数据转发状态；在 LACP 模式下，有一些链路会充当备份链路。

3．Eth-Trunk 端口

（1）只能删除不包含任何成员端口的 Eth-Trunk 端口。

（2）二层 Eth-Trunk 端口的成员端口必须是二层端口；三层 Eth-Trunk 端口的成员端口必须是三层端口。

（3）一个 Eth-Trunk 端口最多可以加入 8 个成员端口。

（4）加入 Eth-Trunk 的端口类型必须是 Hybrid（Access 与 Trunk 类型的端口无法加入）。

（5）Eth-Trunk 端口不能作为其他 Eth-Trunk 端口的成员端口。

（6）同一个以太网端口只能属于一个 Eth-Trunk 端口。

（7）同一个 Eth-Trunk 端口下的成员端口的类型必须一致。

（8）如果本端设备端口加入了 Eth-Trunk 端口，则与该端口直连的对端端口也必须加入 Eth-Trunk 端口，两端才能正常通信。

（9）如果成员端口的速率不同，则速率低的端口可能会发生拥塞，造成报文的丢失。

（10）成员端口加入 Eth-Trunk 端口后，不再学习 MAC 地址，Eth-Trunk 端口将进行 MAC 地址的学习。

4．Eth-Trunk 端口配置命令

（1）配置交换机的 Eth-Trunk 1 端口，并将相应成员端口加入，其操作命令如下：

```
[Huawei]sysname SLW1                              //进入交换机，将交换机命名为"SLW1"
[SLW1]interface Eth-Trunk 1                       //创建 ID 为"1"的 Eth-Trunk 端口
//在 Eth-Trunk 端口中加入 Ethernet 0/0/1 成员端口
[SLW1-Eth-Trunk1]trunkport Ethernet 0/0/1
```

或者

```
[SLW1]interface Ethernet 0/0/2                    //进入交换机的 2 号端口
[SLW1-Ethernet0/0/2]eth-trunk 1                   //将 Ethernet 0/0/2 端口加入 Eth-Trunk 1 端口中
```

（2）配置 Eth-Trunk 1 端口，允许所有 VLAN 通过，其操作命令如下：

```
[SLW1]interface Eth-Trunk 1
[SLW1-Eth-Trunk1]port link-type trunk
[SLW1-Eth-Trunk1]port trunk allow-pass vlan all
```

（3）配置 Eth-Trunk 1 端口的负载分担方式，其操作命令如下：

```
[SLW1-Eth-Trunk1]load-balance ?                   //查看负载分担的几种方式
  dst-ip          根据目的 IP 地址的哈希算法
  dst-mac         根据目的 MAC 地址的哈希算法
  src-dst-ip      根据源 IP 地址和目的 IP 地址的哈希算法
  src-dst-mac     根据源 MAC 地址和目的 MAC 地址的哈希算法
  src-ip          根据源 IP 地址的哈希算法
```

```
  src-mac         根据源 MAC 地址的哈希算法
//配置 Eth-Trunk 1 端口基于源 MAC 地址与目的 MAC 地址进行负载分担
[SLW1-Eth-Trunk1]load-balance src-dst-mac
```

（4）查看配置结果。从下列信息中可以看出，Eth-Trunk 1 端口中包含两个成员端口，即 Ethernet 0/0/1 和 Ethernet 0/0/2，成员端口的状态都是"Up"，Eth-Trunk 1 端口的 Trunk 状态为"up"。

```
[SLW1]display eth-trunk 1
Eth-Trunk1 的状态信息：
工作模式：手工              哈希方式：依照 SA-XOR-DA
下限阈值：1                 上限阈值：8
Trunk 状态：up              成员口 UP 数目：2
--------------------------------------------------------------
端口                        状态              权重
Ethernet 0/0/1              Up                1
Ethernet 0/0/2              Up                1
```

任务实现

（1）根据任务描述，绘制图 2-23 所示的拓扑结构，分别将两台交换机的 1～3 号端口做链路聚合处理。

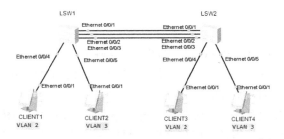

图 2-23　任务 3 拓扑结构

（2）将二层交换机 LSW1 和 LSW2 分别划分到 VLAN 2 和 VLAN 3 中，操作步骤省略。
（3）配置二层交换机 LSW1。

```
[Huawei]sysname LSW1
[LSW1]interface Eth-Trunk 1
[LSW1-Eth-Trunk1]trunkport Ethernet 0/0/1
[LSW1-Eth-Trunk1]trunkport Ethernet 0/0/2
[LSW1-Eth-Trunk1]trunkport Ethernet 0/0/3
[LSW1-Eth-Trunk1]quit
[LSW1]interface Eth-Trunk 1
[LSW1-Eth-Trunk1]port link-type trunk
[LSW1-Eth-Trunk1]port trunk allow-pass vlan all
[LSW1-Eth-Trunk1]load-balance src-dst-mac
[LSW1-Eth-Trunk1]quit
```

（4）配置二层交换机 LSW2。

```
[Huawei]sysname SLW2
[SLW2]interface Eth-Trunk 1
[SLW2-Eth-Trunk1]trunkport Ethernet 0/0/1
[SLW2-Eth-Trunk1]trunkport Ethernet 0/0/2
[SLW2-Eth-Trunk1]trunkport Ethernet 0/0/3
[SLW2-Eth-Trunk1]quit
[SLW2]interface Eth-Trunk 1
[SLW2-Eth-Trunk1]port link-type trunk
[SLW2-Eth-Trunk1]port trunk allow-pass vlan all
[SLW1-Eth-Trunk1]load-balance src-dst-mac
[SLW1-Eth-Trunk1]quit
```

（5）验证链路聚合配置是否正确。配置计算机的 IP 地址，通过 ping 命令验证可以发现，同一 VLAN 中的计算机都是连通的，当短时间内断掉链路聚合中的任意一条连接线后，计算机能够自动连通。

2.3.2 启用生成树协议解决冗余链路引起的环路问题

➡ 任务描述

某公司需要进行冗余备份，因此在设备之间部署了多条物理链路，其中一条作为主用链路，其他链路作为备份。但这样做可能会形成环形网络，引起广播风暴和破坏 MAC 地址表项，而生成树协议可以避免环路，实现负载均衡。

通过本节的学习，读者可掌握以下内容：
- 生成树协议的概念；
- 生成树协议的配置方法。

➡ 必备知识

1．生成树协议

生成树协议（Spanning Tree Protocol，STP）可以避免局域网中的网络环路，解决成环以太网网络的"广播风暴"问题。交换机通过运行 STP 协议，找到网络中的所有链路，并关闭所有的冗余链路，自动生成没有环路的网络拓扑结构。

STP 协议的基本思想是生成"一棵树"。树的根是一个被称为根桥的交换机，根据设置的不同，不同的交换机会被选为根桥，但任意时刻只能有一个根桥。由根桥开始，逐级形成一棵树，根桥定时发送配置报文，非根桥接收配置报文并转发，如果某台交换机能够从两个及两个以上的端口收到配置报文，则说明从该交换机到根桥不止有一条路径，便构成了循环回路，此时交换机根据端口的配置选出一个端口并把其他的端口阻塞，消除循环。当某个端口长时间不能接收配置报文时，交换机认为该端口的配置超时，网络拓扑结构可能已经改变，此时重新计算网络拓扑结构，重新生成一棵树。

2．生成树协议的改进

随着网络的发展，生成树协议在不断更新，从最初的 IEEE 802.1D 中定义的 STP 到 IEEE 802.1W 中定义的 RSTP（Rapid Spanning Tree Protocol，快速生成树协议），再到目前最新的 IEEE 802.1S 中定义的 MSTP（Multiple Spanning Tree Protocol，多生成树协议）。

在生成树协议中，MSTP 协议兼容 RSTP、STP 协议，RSTP 协议兼容 STP 协议。三种生成树协议的比较如表 2-1 所示。

表 2-1 三种生成树协议的比较

生成树协议	特　　点	应 用 场 景
STP	● 形成一棵无环路的树，解决广播风暴问题并实现冗余备份； ● 收敛速度较慢	无须区分用户或业务流量，所有 VLAN 共享一棵生成树

续表

生成树协议	特　点	应 用 场 景
RSTP	● 形成一棵无环路的树，解决广播风暴问题并实现冗余备份； ● 收敛速度快	无须区分用户或业务流量，所有VLAN共享一棵生成树
MSTP	● 形成多棵无环路的树，解决广播风暴问题并实现冗余备份； ● 收敛速度快； ● 多棵生成树在VLAN间实现负载均衡，不同VLAN的流量按照不同的路径转发	需要区分用户或业务流量，并实现负载分担。不同的VLAN通过不同的生成树转发流量，每棵生成树之间相互独立

3．生成树协议的端口状态

1）STP 协议的端口状态

在运行 STP 协议的情况下，为了避免环路的生成，交换机端口会在 5 种状态之间转变。

（1）阻塞（Blocking）。在端口初始化后，一个端口既不能接收或发送数据，也不能向它的地址表中添加 MAC 地址，仅允许接收 BPDU 报文，以便能侦听到其他邻近交换机的信息。

（2）监听（Listening）。在监听状态下，端口不能接收或发送数据帧，但可以接收或发送 BPDU 报文。由于该端口可以通过给其他交换机发送 BPDU 报文来通告端口信息，因此，这个端口最终可能被允许成为一个根端口或指定端口。如果该端口失去根端口或指定端口的地位，那么它将回到阻塞状态。

（3）学习（Learning）。与监听状态相似，在学习状态下，端口仍不能发送数据帧，但是可以学习新的 MAC 地址，并将该地址添加到交换机的地址表中。

（4）转发（Forwarding）。处于转发状态的端口，可以发送并接收所有的数据帧。如果在学习状态结束时，端口仍然是指定端口或根端口，它就会进入转发状态。

（5）禁用（Disabled）。这种状态是比较特殊的，端口实质上是不工作的，它并不是端口正常的 STP 状态的一部分。

2）RSTP 和 MSTP 协议的端口状态

RSTP 和 MSTP 协议的端口状态相同，都在 STP 协议的基础上进行了改进，交换机端口会在 3 种状态之间转变。

（1）转发（Forwarding）。在这种状态下，端口既可以转发用户流量又可以接收和发送 BPDU 报文。

（2）学习（Learning）。这是一种过渡状态。在学习状态下，交换设备会根据收到的用户流量，构建 MAC 地址表，但不转发用户流量，所以叫作学习状态。学习状态的端口接收和发送 BPDU 报文，不转发用户流量。

（3）丢弃（Discarding）。丢弃状态的端口只接收 BPDU 报文。

4．生成树协议的端口角色

（1）根端口。根端口即去往根桥路径最近的端口。根端口负责向根桥方向转发数据，同时负责接收上游设备的 BPDU 报文和用户流量转发。根端口依据根路径开销判定。在一台设备上所有开启 STP 协议的端口中，根路径开销最小者就是根端口。根端口有且只有一个，并且根桥上没有根端口。STP、RSTP、MSTP 协议具有根端口。

（2）指定端口。指定端口存在于根桥和非根桥上。在一般情况下，根桥上的所有交换机端口都是指定端口。STP、RSTP、MSTP 协议具有指定端口。

（3）Alternate 端口。由于学习到其他设备发送的配置 BPDU 报文而阻塞的端口，作为根端口的备份端口，提供了从指定桥到根的另一条可切换路径。RSTP、MSTP 协议具有 Alternate 端口。

（4）Backup 端口。由于学习到自己发送的配置 BPDU 报文而阻塞的端口，指定端口的备份，提供了另外一条从根节点到叶节点的备份通路。RSTP、MSTP 协议具有 Backup 端口。

（5）边缘端口。如果端口位于整个交换区域边缘，不与任何交换设备连接，这种端口叫作边缘端口。边缘端口一般与用户终端设备直接连接。RSTP、MSTP 协议具有边缘端口。

5. 生成树协议的工作过程

生成树协议的工作过程主要分为三个步骤。

（1）选举根桥：在一个给定的网络中，仅有一个根桥。根桥中的所有端口都是指定端口，指定端口通常处于转发状态。

（2）为非根桥交换机选定根端口：生成树协议在每个非根桥上确定一个根端口，这个根端口是从非根桥到根桥的最低开销路径。根端口通常处于转发状态，生成树协议的路径开销是根据带宽计算出来的累计开销。

（3）为每条链路两端连接的端口选定一个指定端口：在每个网段上，生成树协议都会确定一个指定端口，这个指定端口从到达根桥路径开销最低的交换机上选择，指定端口通常处于转发状态，用于为该网段转发流量。

确定了根端口和指定端口后，剩下的端口就是非指定端口，非指定端口处于阻塞状态。

6. 生成树协议的配置命令

（1）启用和关闭生成树协议，其操作命令如下：

```
[LSW1] stp enable          #启用生成树协议，华为交换机生成树协议默认已经启用
[LSW1] stp disable         #关闭生成树协议
```

（2）配置生成树协议工作在 STP 模式下，其操作命令如下：

```
[LSW1] stp mode stp        #将交换机设置为 STP 工作模式
```

（3）配置根桥和备份根桥，其操作命令如下：

```
[LSW1] stp root primary    #配置 LSW1 为根桥
[LSW2] stp root secondary  #配置 LSW2 为备份根桥
```

（4）配置端口路径开销值，实现将该端口阻塞，其操作命令如下：

```
[LSW3] stp pathcost-standard legacy     #配置交换机 LSW3 的端口路径开销计算方法为华为计算方法
[LSW3] interface GigabitEthernet 1/0/1
# 配置交换机 LSW3 的 GigabitEthernet 0/0/1 端口路径开销值为 20000
[LSW3-GigabitEthernet0/0/1] stp cost 20000
[LSW3-GigabitEthernet0/0/1] quit
```

端口路径开销值的取值范围由路径开销计算方法决定，这里选择使用华为计算方法，将被阻塞端口的路径开销值配置为 20 000。同一网络内所有交换设备的端口路径开销应使用相同的计算方法。

（5）将交换机端口配置为边缘端口，其操作命令如下：

```
[LSW1]int GigabitEthernet 0/0/1
[LSW1-GigabitEthernet0/0/1]stp edged-port enable
```

生成树的计算主要发生在交换机互连的链路上，而连接 PC 的端口没有必要参与生成树计算，为了优化网络，降低生成树计算对终端设备的影响，可把交换机连接 PC 的端口配置成边缘端口。

（6）查看配置结果，其操作命令如下：

```
[LSW1] display stp brief
```

结果如下:

```
MSTID    Port                      Role   STP State    Protection
  0      GigabitEthernet 0/0/1     DESI   FORWARDING    NONE
  0      GigabitEthernet 0/0/2     ROOT   FORWARDING    NONE
  0      GigabitEthernet 0/0/3     ALTE   DISCARDING    NONE
```

华为交换机生成树协议默认使用 MSTP 模式,ROOT 表示端口角色为根端口,ALTE 表示端口角色为 Backup 端口;DESI 表示端口角色为指定端口。

从上面的结果可以看出,GigabitEthernet 0/0/1 为指定端口,状态为 FORWARDING(转发);GigabitEthernet 0/0/2 为根端口,状态为 FORWARDING(转发);GigabitEthernet 0/0/3 为 Backup 端口,状态为 DISCARDING(丢弃)。

任务实现

(1)根据任务要求,绘制图 2-24 所示的拓扑结构。三台交换机 LSW1、LSW2 和 LSW3 互连,GigabitEthernet 0/0/3 端口与 PC 连接。

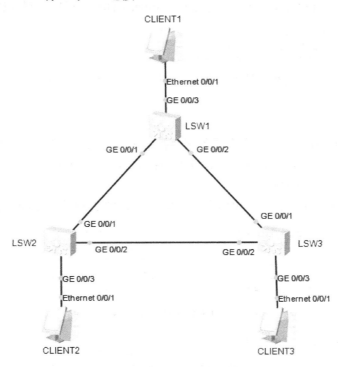

图 2-24　任务 3 拓扑结构

(2)使用 display stp brief 命令分别查看 LSW1、LSW2 和 LSW3 的生成树信息,如图 2-25、图 2-26 和图 2-27 所示。

```
[LSW1]display stp brief
MSTID    Port                      Role   STP State    Protection
  0      GigabitEthernet 0/0/1     ROOT   FORWARDING    NONE
  0      GigabitEthernet 0/0/2     ALTE   DISCARDING    NONE
  0      GigabitEthernet 0/0/3     DESI   FORWARDING    NONE
```

图 2-25　LSW1 的生成树信息(1)

```
[LSW2]display stp brief
 MSTID   Port                           Role   STP State    Protection
   0     GigabitEthernet 0/0/1          DESI   FORWARDING   NONE
   0     GigabitEthernet 0/0/2          DESI   FORWARDING   NONE
   0     GigabitEthernet 0/0/3          DESI   FORWARDING   NONE
```

图 2-26 LSW2 的生成树信息（1）

```
[LSW3]display stp brief
 MSTID   Port                           Role   STP State    Protection
   0     GigabitEthernet 0/0/1          DESI   FORWARDING   NONE
   0     GigabitEthernet 0/0/2          ROOT   FORWARDING   NONE
   0     GigabitEthernet 0/0/3          DESI   FORWARDING   NONE
```

图 2-27 LSW3 的生成树信息（1）

从图 2-26 中可以看出，LSW2 的三个端口都是指定端口，并且都处于转发状态，因此可以判断该交换机为根桥。而三台交换机连接计算机的端口都参与了生成树的计算，为了优化网络，可以把这些端口都配置成边缘端口。

将 LSW1、LSW2 和 LSW3 交换机的 GigabitEthernet 0/0/3 端口设置为边缘端口，以 LSW1 为例，操作命令如下：

```
[LSW1]int GigabitEthernet 0/0/3
[LSW1-GigabitEthernet0/0/3]stp edged-port enable
```

（3）更改 LSW1 的优先级，让其优先成为根桥，操作命令如下：

```
[LSW1]stp enable
[LSW1]stp mode rstp
[LSW1]stp root primary
```

此时使用 display stp brief 命令查看各交换机的生成树信息，会发现 LSW1 已成为根桥，LSW2 为备份的根桥。如果想要将 LSW3 设置为备份的根桥，则操作命令如下：

```
[LSW3]stp root secondary
```

（4）再次查看各交换机的生成树信息，如图 2-28、图 2-29 和图 2-30 所示。

```
[LSW1]display stp brief
 MSTID   Port                           Role   STP State    Protection
   0     GigabitEthernet 0/0/1          DESI   FORWARDING   NONE
   0     GigabitEthernet 0/0/2          DESI   FORWARDING   NONE
   0     GigabitEthernet 0/0/3          DESI   FORWARDING   NONE
```

图 2-28 LSW1 的生成树信息（2）

```
[LSW2]display stp brief
 MSTID   Port                           Role   STP State    Protection
   0     GigabitEthernet 0/0/1          ROOT   FORWARDING   NONE
   0     GigabitEthernet 0/0/2          ALTE   DISCARDING   NONE
   0     GigabitEthernet 0/0/3          DESI   FORWARDING   NONE
```

图 2-29 LSW2 的生成树信息（2）

```
[LSW3]display stp brief
 MSTID   Port                           Role   STP State    Protection
   0     GigabitEthernet 0/0/1          ROOT   FORWARDING   NONE
   0     GigabitEthernet 0/0/2          DESI   DISCARDING   NONE
   0     GigabitEthernet 0/0/3          DESI   DISCARDING   NONE
```

图 2-30 LSW3 的生成树信息（2）

2.3.3 使用堆叠技术提高网络带宽

任务描述

某公司因业务发展,数据中心的数据访问量逐渐增大,并且用户对网络可靠性的要求越来越高,单台交换机已经无法满足需求。通过交换机的堆叠技术能够实现大规模数据转发和提高网络可靠性。本任务要求使用交换机的堆叠技术,扩展接入端口,并将多台交换机连接,实现统一管理与维护,提供更高的互联网带宽。

通过本节的学习,读者可掌握以下内容:
- 交换机的堆叠技术的概念;
- 级联与堆叠的区别。

必备知识

1. 堆叠技术

所谓堆叠,是指把多台支持堆叠特性的单机设备组合在一起,从逻辑上合并为一台整体设备的过程。堆叠设备采用堆叠线缆形成环型或链型拓扑结构,最多可以同时连接 9 台单机设备。9 台单机设备从逻辑上看像一台设备,可以实现报文转发。堆叠在一起的以太网交换机可被看作一台设备,用户通过主交换机可实现对堆叠内所有交换机的管理。

堆叠系统建立之前,每台交换机都是单独的实体,都有自己独立的 IP 地址,对外体现为多台交换机,用户需要单独管理所有的设备。堆叠系统建立之后,堆叠成员对外体现为一个统一的逻辑实体,用户使用一个 IP 地址对堆叠中的所有交换机进行管理和维护,堆叠协议通过选举确定堆叠的主交换机(Master)、备份交换机(Standby)和从交换机(Slave),可以实现主/备份交换机之间的数据备份和主/备份交换机的倒换。

堆叠技术主要具有以下优点。

(1)高可靠性。堆叠技术支持跨设备的链路聚合功能,可实现跨设备的链路冗余备份。

(2)强大的网络扩展能力。通过增加成员设备,可以轻松地扩展堆叠系统的端口数、增加带宽并提高堆叠系统的处理能力;同时支持成员设备热插拔,新加入的成员设备自动同步主设备的配置。

(3)简化配置和管理。堆叠系统形成后,多台物理设备被虚拟成一台设备,用户可以通过任何一台成员设备登录堆叠系统,对堆叠系统所有成员设备进行统一配置和管理。

2. 基本概念

1)角色

堆叠系统的不同设备主要承担三种角色,即主交换机、备份交换机、从交换机,这些设备都是堆叠成员,都属于成员设备。

(1)主交换机负责管理整个堆叠系统。堆叠系统中只有一台主交换机。

(2)备份交换机是主交换机的备份交换机。堆叠系统中只有一台备份交换机。

(3)从交换机。除主交换机、备份交换机外,堆叠系统中的所有交换机都是从交换机。

2）堆叠 ID

堆叠 ID，即成员编号（Member ID），用来标识和管理成员设备。堆叠系统中所有成员设备的堆叠 ID 都是唯一的。

3）堆叠优先级

堆叠优先级是成员设备的一个属性，主要用于在角色选举过程中确定成员设备的角色。优先级的数字越大，优先级越高，当选为主交换机的可能性越大。

3．级联与堆叠的区别

1）对设备的要求不同

级联可通过一条双绞线在任何网络设备厂家的交换机之间或者交换机与集线器之间实现。而堆叠只有在自己厂家的设备之间、并且该设备必须具有堆叠功能才可实现。

2）对连接介质的要求不同

级联只需一条跳线，而堆叠需要专用的堆叠模块和堆叠线缆，并且堆叠模块是需要另外订购的。

3）最大连接数不同

交换机之间的级联，在理论上没有级联数的限制，而叠堆内可容纳的交换机数量，各厂家都会明确地进行限制。

4）管理方式不同

堆叠后的数台交换机在逻辑上是一台设备，用户可以对所有交换机进行统一的配置与管理，而级联的交换机在逻辑上是各自独立的，用户必须依次对其进行配置和管理。

任务实现

（1）堆叠线缆如图 2-31 所示。堆叠线缆两端插头需佩戴防静电防护帽。

图 2-31　堆叠线缆

（2）堆叠连线。图 2-32 和图 2-33 所示的堆叠连线示意图选用产品子系列中固定的一款设备作为示例，与用户选择产品时指定型号的外观可能不同。示意图主要用于展示相同子系列设备可以用作堆叠端口的位置，以及介绍用户在使用不同的连线方式时如何连接设备上的端口。因此，即使使用不同外观的设备，其端口位置及使用方法也是一样的。

注意　eNSP 无法模拟堆叠，需在华为交换机中进行操作。

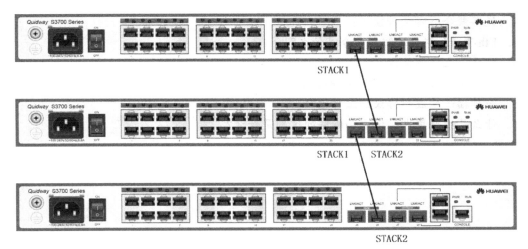

图 2-32 堆叠连线示意图（链型拓扑结构）

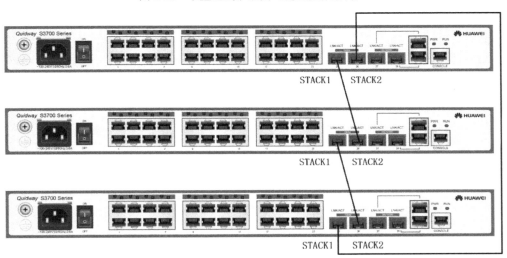

图 2-33 堆叠连线示意图（环型拓扑结构）

（3）配置命令。
①执行 system-view 命令，进入系统视图。
②执行 stack slot slot-id renumber new-slot-id 命令，配置设备的堆叠 ID。
③执行 stack slot slot-id priority priority 命令，配置成员设备的堆叠优先级。
（4）查看堆叠状态。通过命令行查看堆叠系统是否组建成功。
①登录堆叠系统。
②使用 display stack 命令查看堆叠信息，如果堆叠拓扑结构正确，并且堆叠系统的成员设备数量符合实际，则表示堆叠系统组建成功。

任务小结

通过本任务的学习，我们知道了交换机之间级联造成的数据传输瓶颈可以使用链路聚合技术来解决，并掌握了如何配置链路聚合；掌握了生成树协议及其工作过程；了解了堆叠技术，以及堆叠和级联的区别。下面通过几个习题来回顾一下所学的内容：

1. 链路聚合有哪两种模式?
2. Eth-Trunk 端口的配置命令是什么?
3. 什么是生成树协议?
4. 生成树协议的端口有哪 5 种状态?
5. 简单描述生成树协议的工作过程。
6. 什么是堆叠技术？堆叠和级联的区别是什么?

项目 3

搭建园区网络

项目介绍

路由器是互联网的主要节点设备,已成为园区网络搭建中使用非常普遍的设备。它的性能直接影响园区网络的互联质量。因此,在企业网搭建中,路由器处于核心地位。本项目通过配置路由器,实现园区网络的互联并提高网络的可靠性。

任务安排

任务 1　路由器基础知识
任务 2　使用静态路由实现园区网络的互联
任务 3　使用 VRRP 技术提高网络的可靠性

学习目标

◇ 了解路由器及其子接口
◇ 了解和掌握静态路由及实现方法
◇ 了解和掌握 VRRP 技术及实现方法

任务 1　路由器基础知识

3.1.1　认识路由器

任务描述

路由器是一种计算机网络设备,能将数据包通过一个个网络传送至目的地。认识路由器并掌握其基本操作,是搭建企业网的关键。

通过本节的学习,读者可掌握以下内容:
- 路由器的概念;
- 路由器的外观及接口信息;
- 添加路由器接口卡的方法。

必备知识

1．路由器

路由器（Router）又称路径器，是连接 Internet 中各局域网、广域网的设备。它具有判断网络地址和选择 IP 地址路径的功能，能在多网络互联环境中，建立灵活的连接，可用完全不同的数据分组和介质访问方法连接各种子网。接入路由器可以使家庭和小型企业连接到某个ISP；企业网中的路由器可以连接一个校园或企业内成千上万台计算机；骨干网上的路由器终端系统通常是不能直接访问的，它们可以连接长距离骨干网上的 ISP 和企业网。

在实际应用中，为了提高通信能力，很多路由器把交换机的功能组合在一起，使得路由器既具备路由功能（可作为网络中继系统），又具备交换功能。

2．路由器的外观

路由器有很多种类型，外观稍微有些不同，现以 AR1220E 为例进行介绍。它是面向中小型企业的多合一路由器，提供包括有线和无线的 Internet 接入、专线接入、融合通信及安全等功能，广泛部署于中小型园区网出口、中小型企业总部或分支等场景。它的机箱前后面板如图 3-1 所示。

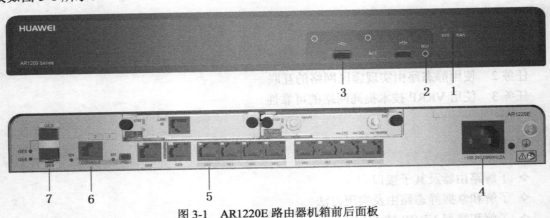

图 3-1　AR1220E 路由器机箱前后面板

各编号表示的内容如下。
- 1 表示 SYS/WAN 指示灯。
  - SYS 指示灯：绿色慢闪表明系统处于正常运行状态。
  - WAN 指示灯：绿色常亮表明 GE 端口处于正常运行状态。
- 2 表示 RST 按钮，即复位按钮，用户按动该按钮可手动复位设备的 CPU 系统。
- 3 表示 USB 端口，用于 U 盘开局。
- 4 表示电源接口，用于连接电源线，给设备提供电源。
- 5 表示 GE 电端口（LAN），通过以太网线接入局域网。
- 6 表示 Console 端口，首次登录设备时使用，用于对设备进行基本配置和管理。
- 7 表示 GE Combo 端口（WAN），通过以太网线或光纤+光模块接入广域网。

3．路由器的管理方式

路由器的管理方式与交换机相同，包括带内管理和带外管理，这里不再详细阐述。

任务实现

（1）路由器的命名规则，以 AR1200 系列中的 AR1220VW 路由器命名规则为例，如图 3-2 所示。

图 3-2　路由器的命名规则

- A：产品名称，比如 AR 指应用&接入路由器。
- B：硬件平台系列编号，目前有"1""2""3"三个系列，数字越大，性能越高。
- C：硬件平台类别，2 表示传统路由器，6 表示 x86 开放平台路由器。
- D：主机支持的最大槽位数信息。

在 AR1200 系列中，D 表示支持最大的 SIC 槽位数量。

在 AR2200/AR3200/AR3670 系列中，传统路由器的 D 表示支持最大的 XSIC 槽位数量；x86 开放平台路由器中的 D 表示支持最大的 WSIC 槽位数量。

- E：主机固化上行口，0 表示路由器上没有固化上行口，1 表示 FE/GE，2 表示 E1/SA，4 表示支持 4 个 SIC 槽位。
- F（可选）：主机系列编号及其他接口信息，其中，F 表示 F 系列，L 表示 L 系列，E 表示 E 系列，C 表示 C 系列，V 表示主机固有支持语音功能，W 表示主机固有支持 Wi-Fi 接入。

（2）添加路由器的模块。

①AR1220 路由器机箱前后面板如图 3-3 所示。

图 3-3　AR1220 路由器机箱前后面板

②路由器支持的接口卡有很多种，如 1ADSL-B/J、5G-100、4GECS、8FE1GE 等，如图 3-4 所示。

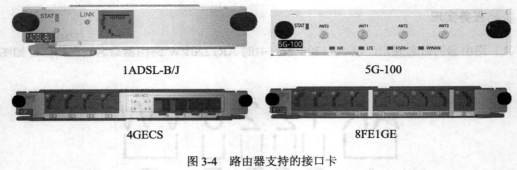

图 3-4 路由器支持的接口卡

③路由器只有在断电时才可以添加接口卡。

3.1.2 配置路由器子接口实现 VLAN 间的通信

任务描述

某公司的两个部门间通过三层交换机实现网络的连通,但现在公司的三层交换机出现故障,需用路由器代替,现要在网络设备上实现这一目标。

通过本节的学习,读者可掌握以下内容:
- 子接口的概念;
- 路由器子接口的配置方法。

必备知识

1. 子接口

子接口(Subinterface)是由一个物理接口虚拟出来的多个逻辑接口。在虚拟局域网中,通常是一个物理接口对应一个 VLAN。在多个虚拟局域网中,无法使用单台路由器的一个物理接口实现 VLAN 间的通信,同时路由器有其物理局限性,不可能带有大量的物理接口,而管理员可以通过将一台路由器的单个物理接口划分为多个子接口的方式,实现多个 VLAN 间的路由通信。

相对子接口而言,这个物理接口被称为主接口。从功能、作用上来说,每个子接口与每个物理接口是没有任何区别的。子接口的出现解决了每台设备的物理接口数量有限的问题。在路由器中,一个子接口的取值范围是 0~4095,共 4096 个,当然受主接口物理性能的限制,实际中无法完全达到 4096 个,数量越多,各子接口的性能越差。

2. 配置子接口

```
[Huawei]interface Ethernet 0/0/0.1                    //进入子接口
[Huawei-Ethernet0/0/0.1]dot1q termination vid 10      //处理 VLAN ID 为 "10" 的报文
//将子接口的 IP 地址配置为 VLAN 10 对应的网关地址
[Huawei-Ethernet0/0/0.1]ip address 10.10.10.1 255.255.255.0
[Huawei-Ethernet0/0/0.1]quit
```

任务实现

（1）根据任务描述，绘制图 3-5 所示的拓扑结构，其中，CLIENT1 和 CLIENT2 属于 VLAN 2，CLIENT3 属于 VLAN 3。

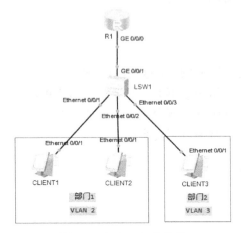

图 3-5　任务 1 拓扑结构

（2）配置各部门计算机的 IP 地址、子网掩码和网关。其中，部门 1 的网关为 192.168.1.254；部门 2 的网关为 192.168.2.254。

（3）配置交换机。创建 VLAN 2 和 VLAN 3，分别将 CLIENT1 和 CLIENT2 划分到 VLAN 2 中，将 CLIENT3 划分到 VLAN 3 中，并将 GE 0/0/1 端口设置为 trunk 模式，具体操作命令省略。

（4）配置路由器。

```
<Huawei>system-view
[Huawei]sysname R1
[R1]interface GigabitEthernet 0/0/0.1
[R1-GigabitEthernet0/0/0.1]dot1q termination vid 2
[R1-GigabitEthernet0/0/0.1]ip address 192.168.1.254 255.255.255.0
[R1-GigabitEthernet0/0/0.1]quit
[R1]interface GigabitEthernet 0/0/0.2
[R1-GigabitEthernet0/0/0.2]dot1q termination vid 3
[R1-GigabitEthernet0/0/0.2]ip address 192.168.2.254 255.255.255.0
[R1-GigabitEthernet0/0/0.2]return
```

（5）验证配置结果。VLAN 2 中的 CLIENT1 和 CLIENT2 可以与 VLAN 3 中的 CLIENT3 ping 通。

除了配置路由器的子接口，还可配置 Vlanif 端口实现 VLAN 间的通信，操作命令和在三层交换机中配置 Vlanif 端口的命令相同，可参考 2.2.3 节中的命令，此处省略操作过程。

任务小结

通过本任务的学习，我们认识了路由器，了解了路由器的命名规则，掌握了通过配置路由器子接口实现 VLAN 间通信的方法。下面通过几个习题来回顾一下所学的内容：

1. 路由器的作用是什么？
2. 什么是子接口？
3. 子接口的作用是什么？
4. 如何配置路由器子接口实现 VLAN 间的通信？

任务2 使用静态路由实现园区网络的互联

3.2.1 使用静态路由实现网络互联

➡ 任务描述

某公司因业务需要划分了不同网段，这些网段分布在多台路由器上，现在不同网段的用户要实现互相访问。由于公司网络规模不大，且要求网络简单、安全、可靠及转发效率高即可，因此可采用静态路由实现组网中任意两台主机之间的互通，现要在网络设备上实现这一目标。

通过本节的学习，读者可掌握以下内容：
- 路由的概念；
- 静态路由的配置方法；
- 路由表的概念。

➡ 必备知识

1. 路由和路由表

路由（Routing）是指通过互联的网络把信息从源地址传输到目的地址的活动。路由发生在OSI参考模型的网络层。路由引导封包转送，经过一些中间的节点后，到达目的地，作成硬件则称为路由器。

路由器通过转发数据包来实现网络互联，而转发分组的关键是路由表。每台路由器中都保存了一张路由表，表中每条路由项都指明了分组到某子网或某主机应通过路由器的哪个物理端口发送，然后分组就可到达该路径的下一台路由器，或者不再经过其他的路由器而传送到直接相连的网络中的目标主机。

根据路由表生成方式的不同，路由可分为静态路由和动态路由。

2. 静态路由

静态路由是指由用户或网络管理员手动配置的路由信息。当网络的拓扑结构或链路的状态发生变化时，网络管理员需要手动修改路由表中相关的静态路由信息。静态路由信息在默认情况下是私有的，不会传递给其他的路由器。网络管理员可以通过对路由器进行设置，使静态路由信息可以被共享。

静态路由一般适用于比较简单的网络环境。在这样的环境中，网络管理员可以清楚地了解网络的拓扑结构，便于设置正确的路由信息。大型和复杂的网络环境通常不宜采用静态路由。一方面，网络管理员难以全面地了解整个网络的拓扑结构；另一方面，当网络的拓扑结构和链路状态发生变化时，需要大范围地调整路由器中的静态路由信息，该工作的难度和复杂程度非常高。

3. 静态路由的参数

静态路由有5个主要的参数：目的地址、掩码、出接口、下一跳和优先级。

1）目的地址和掩码

IPv4的目的地址为点分十进制格式，掩码可以用点分十进制表示，也可用掩码长度（即掩码中连续"1"的位数）表示。当目的地址和掩码都为零时，表示静态默认路由。

2）出接口和下一跳

在配置静态路由时，根据不同的出接口类型，指定出接口和下一跳。

（1）点到点类型的接口，只需指定出接口。因为指定发送接口即隐含指定了下一跳，这时认为与该接口相连的对端接口地址就是路由的下一跳。

（2）NBMA（Non Broadcast Multiple Access）类型的接口（如 ATM 接口）需要配置下一跳。因为这类接口支持点到多点网络，除了配置静态路由，还需要在链路层建立 IP 地址到链路层地址的映射。在这种情况下，不需要指定出接口。

（3）广播类型的接口（如以太网接口）和 VT（Virtual-template）接口，必须指定通过该接口发送时对应的下一跳。因为以太网接口是广播类型的接口，而 VT 接口可以关联多个虚拟访问接口（Virtual Access Interface），这都会导致出现多个下一跳，从而无法唯一确定下一跳。

3）优先级

管理员可以为不同的静态路由配置不同的优先级，优先级的数字越小，优先级越高。例如，配置到达相同目的地的多条静态路由，如果指定相同优先级，则可实现负载分担；如果指定不同优先级，则可实现路由备份。

4．配置静态路由

在配置静态路由之前，先要为路由器连接的各端口配置 IP 地址和子网掩码，即实现直连路由。

```
[Huawei]sysname R1
[R1] interface GigabitEthernet 0/0/0
[R1-GigabitEthernet0/0/0]ip address 10.1.1.1 255.255.255.0   //配置端口的IP地址和子网掩码
```

配置静态路由的操作命令如下：

```
//配置 R1 到不同网段的静态路由，指定下一跳
[R1]ip route-static 10.1.2.0 255.255.255.0 10.1.4.2
//配置 R1 到不同网段的静态路由，指定本地出接口
[R1]ip route-static 10.1.3.0 255.255.255.0 G0/0/0
[R1]display ip routing-table                                 //查看路由表信息
```

➡ 任务实现

（1）根据任务要求，绘制图 3-6 所示的拓扑结构。其中，CLIENT1 和 CLIENT2 分别与路由器 R1 和路由器 R2 相连，CLIENT1 在 192.168.1.0 网段中，CLIENT2 在 192.168.2.0 网段中，两台路由器连接的网段为 192.168.3.0。

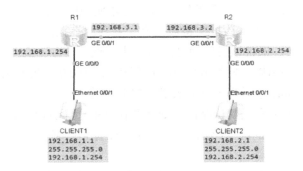

图 3-6　任务 2 拓扑结构

（2）按要求分别配置 CLIENT1 和 CLIENT2 的 IP 地址、子网掩码和网关。
（3）配置 R1 路由器。

```
[Huawei]sysname R1
[R1]interface g0/0/0
[R1-GigabitEthernet0/0/0]ip address 192.168.1.254 255.255.255.0
[R1-GigabitEthernet0/0/0]quit
[R1]interface g0/0/1
[R1-GigabitEthernet0/0/1]ip address 192.168.3.1 255.255.255.0
[R1-GigabitEthernet0/0/1]quit
[R1]ip route-static 192.168.2.0 255.255.255.0 192.168.3.2
```

（4）配置 R2 路由器。

```
[Huawei]sysname R2
[R2]interface g0/0/0
[R2-GigabitEthernet0/0/0]ip address 192.168.2.254 255.255.255.0
[R2-GigabitEthernet0/0/0]quit
[R2]interface g0/0/1
[R2-GigabitEthernet0/0/1]ip address 192.168.3.2 255.255.255.0
[R2-GigabitEthernet0/0/1]quit
[R2]ip route-static 192.168.1.0 255.255.255.0 192.168.3.1
```

（5）验证结果。用 ping 命令查看，CLIENT1 和 CLIENT2 是连通的。

3.2.2 使用默认路由实现全网互联

➡ 任务描述

默认路由是指路由器没有明确路由可用时采纳的路由。默认路由不是路由器自动产生的，需要管理员手动配置。它是一种特殊的静态路由。现要求通过配置默认路由，实现全网互联。
通过本节的学习，读者可掌握以下内容：
● 默认路由的概念；
● 默认路由的配置方法。

➡ 必备知识

1. 默认路由

默认路由是目的地址全零的特殊路由，可以由路由协议自动生成，也可以由管理员手动配置生成。手动配置默认路由，可以简化网络的配置过程，称为静态默认路由。如果报文的目的地址不能与路由表中的任何目的地址相匹配，路由器将选择默认路由来转发报文。简单来说，默认路由是没有在路由表中找到匹配的路由信息时才使用的路由。如果没有默认路由且报文的目的地址不在路由表中，那么该报文将被丢弃，并向源端返回一个 ICMP（Internet Control Messages Protocol）报文，报告该目的地址或网络不可达。

在路由表中，默认路由以到网络 0.0.0.0（掩码也为 0.0.0.0）的路由形式出现。用户可通过命令 display ip routing-table 查看当前是否设置了默认路由。

如图 3-7 所示，如果不配置默认路由，则需要在 AR1 上配置到网络 3、4、5 的静态路由，在 AR2 上配置到网络 1、5 的静态路由，在 AR3 上配置到网络 1、2、3 的静态路由才能实现网络的互通。

因为 AR1 发往网络 3、4、5 的报文下一跳都是 AR2，所以在 AR1 上只需配置一条默认路由，即可代替通往网络 3、4、5 的 3 条静态路由。同理，AR3 也只需配置一条到 AR2 的默认路由，即可代替通往网络 1、2、3 的 3 条静态路由。

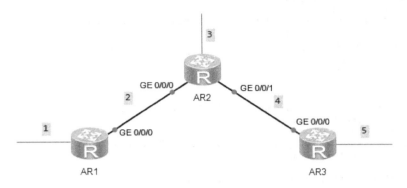

图 3-7　组网示意图

2．配置默认路由

配置默认路由的命令如下：

```
[AR1] ip route-static 0.0.0.0 0.0.0.0 192.168.2.1          #配置默认路由
```

其中，0.0.0.0 0.0.0.0 表示任意地址和任意掩码，192.168.2.1 表示下一跳。

查看路由表信息的命令如下：

```
[AR1] display ip routing-table          //查看路由表信息
```

任务实现

（1）根据任务要求，绘制图 3-8 所示的拓扑结构。

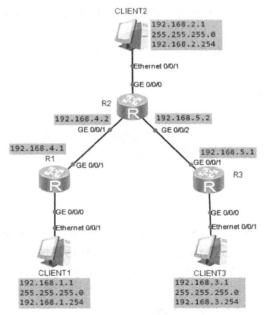

图 3-8　任务 2 拓扑结构

（2）按要求分别配置 CLIENT1 和 CLIENT2 的 IP 地址、子网掩码和网关。

（3）配置 R1 路由器。

```
[Huawei]sysname R1
[R1]interface g0/0/0
[R1-GigabitEthernet0/0/0]ip address 192.168.1.254 255.255.255.0
[R1-GigabitEthernet0/0/0]quit
[R1]interface g0/0/1
[R1-GigabitEthernet0/0/1]ip address 192.168.4.1 255.255.255.0
[R1-GigabitEthernet0/0/1]quit
[R1]ip route-static 0.0.0.0 0.0.0.0 192.168.4.2
```

（4）配置 R2 路由器。

```
[Huawei]sysname R2
[R2]interface g0/0/0
[R2-GigabitEthernet0/0/0]ip address 192.168.1.254 255.255.255.0
[R2-GigabitEthernet0/0/0]quit
[R2]interface g0/0/1
[R2-GigabitEthernet0/0/1]ip address 192.168.4.2 255.255.255.0
[R2-GigabitEthernet0/0/1]quit
[R2]interface g0/0/2
[R2-GigabitEthernet0/0/2]ip address 192.168.5.2 255.255.255.0
[R2-GigabitEthernet0/0/2]quit
[R2]ip route-static 192.168.1.0 255.255.255.0 192.168.4.1
[R2]ip route-static 192.168.3.0 255.255.255.0 192.168.5.1
```

（5）配置 R3 路由器。

```
[Huawei]sysname R3
[R3]interface g0/0/0
[R3-GigabitEthernet0/0/0]ip address 192.168.3.254 255.255.255.0
[R3-GigabitEthernet0/0/0]quit
[R3]interface g0/0/1
[R3-GigabitEthernet0/0/1]ip address 192.168.5.1 255.255.255.0
[R3-GigabitEthernet0/0/1]quit
[R1]ip route-static 0.0.0.0 0.0.0.0 192.168.5.2
```

任务小结

通过本任务的学习，我们掌握了静态路由的概念、静态路由的 5 个主要参数及静态路由的配置方法；了解了在什么情况下可使用默认路由。下面通过几个习题来回顾一下所学的内容：

1. 什么是路由？
2. 静态路由有哪 5 个主要参数？
3. 什么是默认路由？
4. 如何配置默认路由？

任务 3 使用 VRRP 技术提高网络的可靠性

任务描述

某公司采用 VRRP 技术实现网关冗余备份，在 RouterA 和 RouterB 上配置了 VRRP 备份组。其中，在 RouterA 上配置较高优先级和 20s 抢占时延，使其作为 Master 设备承担流量转发；在 RouterB 上配置较低优先级，使其作为备用路由器，实现网关冗余备份。现要在网络设备上实现这一目标。

通过本节的学习，读者可掌握以下内容：

● VRRP 的概念；
● VRRP 的配置方法；

- VRRP 主备备份和负载分担的概念。

必备知识

1. VRRP

VRRP（Virtual Router Redundancy Protocol，虚拟路由冗余协议）是通过把几台路由设备组成一台虚拟路由设备，然后将虚拟路由设备的 IP 地址作为用户的默认网关实现与外网通信的协议。当网关发生故障时，VRRP 机制能够选举新的网关承担数据流量，从而保障网络的可靠通信。

随着网络的快速普及和相关应用的日益深入，各种增值业务（如 IPTV、视频会议等）已经开始被广泛部署，基础网络的可靠性日益成为用户关注的焦点，保证网络传输不中断对于终端用户非常重要。通常，同一网段内的所有主机上都设置一条相同的、以网关作为下一跳的默认路由。主机发往其他网段的报文将通过默认路由发往网关，再由网关进行转发，从而实现主机与外网的通信。当网关发生故障时，本网段内所有以网关为默认路由的主机将无法与外网通信。增加出口网关是提高系统可靠性的常见方法，此时如何在多个出口之间进行选路就成为需要解决的问题。

VRRP 的出现很好地解决了这个问题。VRRP 能够在不改变组网的情况下，将多台路由设备组成一台虚拟路由设备，通过将虚拟路由设备的 IP 地址配置为默认网关，实现默认网关的备份。

2. VRRP 主备备份

主备备份是 VRRP 提供备份功能的基本方式，如图 3-9 所示。该方式需要建立一台虚拟路由器，该虚拟路由器包括一台 Master 设备和若干台 Backup 设备。

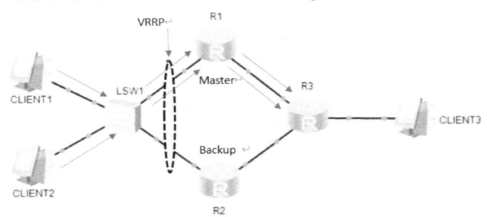

图 3-9 VRRP 主备备份示意图

在正常情况下，R1 为 Master 设备并承担业务转发任务，R2 为 Backup 设备且不承担业务转发任务。R1 定期发送 VRRP 通告报文来通知 R2 自己正在正常工作。如果 R1 发生故障，则 R2 会被选举为新的 Master 设备，继续为主机转发数据，实现网关备份的功能。

R1 故障恢复后，在抢占方式下，将被重新选举为 Master 设备；在非抢占方式下，将保持 Backup 状态。

3. VRRP 负载分担

负载分担是指多个 VRRP 备份组同时承担业务，如图 3-10 所示。VRRP 负载分担与 VRRP 主备备份的基本原理和报文协商过程都是相同的。同样地，每个 VRRP 备份组都包含一台 Master 设备和若干台 Backup 设备。与主备备份方式的不同之处在于，负载分担方式需要建立多个 VRRP 备份组，各备份组的 Master 设备可以不同；同一台 VRRP 设备可以加入多个备份组，在不同的备份组中具有不同的优先级。通过创建多个带虚拟 IP 地址的 VRRP 备份组，为不同的用户指定不同的 VRRP 备份组作为网关，实现负载分担。

如图 3-10 所示，配置两个 VRRP 备份组。

VRRP 备份组 1：R1 为 Master 设备，R2 为 Backup 设备。

VRRP 备份组 2：R2 为 Master 设备，R1 为 Backup 设备。

一部分用户将 VRRP 备份组 1 作为网关，另一部分用户将 VRRP 备份组 2 作为网关。这样既可以实现对业务流量的负载分担，又可以起到相互备份的作用。

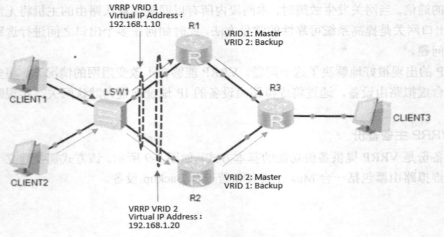

图 3-10 多网关负载分担示意图

任务实现

（1）根据任务要求，绘制图 3-11 所示的拓扑结构。

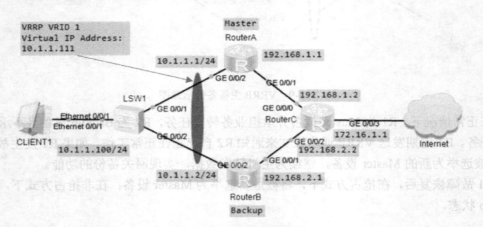

图 3-11 任务 3 拓扑结构

（2）如图 3-11 所示，CLIENT1 通过 LSW1 分别归属到 RouterA 和 RouterB。实现目标：在正常情况下，主机以 RouterA 作为默认网关接入 Internet，当 RouterA 发生故障时，RouterB 接替 RouterA 作为网关继续进行工作，实现网关的冗余备份。当 RouterA 故障恢复后，可以重新成为网关。

（3）RouterA 的配置文件如下，其中，OSPF 协议可参考项目 4 的任务 2 中的内容：

```
#
sysname RouterA
#
interface GigabitEthernet 0/0/1
 ip address 192.168.1.1 255.255.255.0
#
interface GigabitEthernet 0/0/2
 ip address 10.1.1.1 255.255.255.0
 vrrp vrid 1 virtual-ip 10.1.1.111
 vrrp vrid 1 priority 120
 vrrp vrid 1 preempt-mode timer delay 20
#
ospf 1
 area 0.0.0.0
  network 192.168.1.0 0.0.0.255
  network 10.1.1.0 0.0.0.255
#
Return
```

（4）RouterB 的配置文件如下：

```
#
sysname RouterB
#
interface GigabitEthernet 0/0/1
 ip address 192.168.2.1 255.255.255.0
#
interface GigabitEthernet 0/0/2
 ip address 10.1.1.2 255.255.255.0
 vrrp vrid 1 virtual-ip 10.1.1.111
#
ospf 1
 area 0.0.0.0
  network 192.168.2.0 0.0.0.255
  network 10.1.1.0 0.0.0.255
#
Return
```

（5）RouterC 的配置文件如下：

```
#
sysname RouterC
#
interface GigabitEthernet 0/0/1
 ip address 192.168.1.2 255.255.255.0
#
interface GigabitEthernet 0/0/2
 ip address 192.168.2.2 255.255.255.0
#
interface GigabitEthernet 0/0/3
 ip address 172.16.1.1 255.255.255.0
#
ospf 1
 area 0.0.0.0
  network 172.16.1.0 0.0.0.255
  network 192.168.1.0 0.0.0.255
  network 192.168.2.0 0.0.0.255
#
return
```

> **任务小结**

通过本任务的学习，我们掌握了 VRRP 技术；了解了 VRRP 主备备份和负载分担两种方式；学会了使用 VRRP 技术来提高网络的可靠性。下面通过几个习题来回顾一下所学的内容：
1. 什么是 VRRP 技术？
2. 什么是 VRRP 主备备份？
3. 什么是 VRRP 负载分担？
4. 如何使用 VRRP 技术提高网络的可靠性？

项目 4

实现区域网络互联

项目介绍

区域网络是指由一系列网络设备互连,并通过运行相应的路由协议使区域中的各类网络设备及终端设备能够互相通信的网络。本项目通过配置路由器,学习常见路由协议的基本配置方法,并通过路由配置实现区域网络互联。

任务安排

任务 1 使用 RIP 协议实现区域网络互联
任务 2 使用 OSPF 协议实现区域网络互联
任务 3 使用路由重分布实现多路由协议之间的网络互联

学习目标

- ✧ 了解和掌握 RIP 协议及其实现方法
- ✧ 了解和掌握 OSPF 协议及其实现方法
- ✧ 了解和掌握 RIP 与 OSPF 协议的路由双向重分布技术
- ✧ 了解和掌握直连路由和静态路由重分布到 OSPF 协议的方法

任务 1 使用 RIP 协议实现区域网络互联

4.1.1 认识 RIP 协议

任务描述

某公司因业务需要划分了不同网段,这些网段分布在多台路由器上,现在不同网段的用户要实现互相访问。由于公司规模较大,网络设备较多,内网较为复杂,因此可采用 RIP 动态路由协议实现组网中任意两台主机之间的互通,现要在网络设备上实现这一目标。

通过本节的学习,读者可掌握以下内容:
- 动态路由协议的概念;

- RIP 协议的概念；
- RIP 协议的配置方法。

必备知识

1. 动态路由协议

项目 3 的任务 2 介绍了使用静态路由实现网络互联的配置方法。静态路由作为一种手动配置的路由，它的网络安全保密性高，一般适用于设备较少、拓扑结构比较简单且固定的网络。

当网络规模较大、拓扑结构比较复杂且经常发生变化时，静态路由的配置和路由表的维护将耗费网络管理员大量的时间和精力，所以在这种情况下，我们一般采用动态路由协议来让路由器自己"找路由"。

动态路由是网络中的路由器设备通过某种协议相互通信，传递路由信息，利用收到的路由信息更新路由表的过程。它能实时地适应网络拓扑结构的变化。如果网络拓扑结构发生变化，路由选择软件就会重新计算路由，并发出新的路由更新信息。这些信息通过各个网络，引起各路由器重新启动其路由算法，并更新各自的路由表以动态地反映网络拓扑结构的变化。动态路由适用于网络规模大、拓扑结构复杂的网络。

2. 动态路由协议的分类

ISP 的大型网络可能含有上千台路由器，而小型网络通常只有十几台路由器。每个 ISP 负责管理自己的内网，一般称为一个自治系统（Autonomous System，AS）。当前，Internet 被划分为多个自治系统，每个自治系统可以制定自己的路由策略。动态路由协议按照其作用的自治系统来划分，分为内部网关协议（Interior Gateway Protocol，IGP）和外部网关协议（Exterior Gateway Protocol，EGP），如图 4-1 所示。

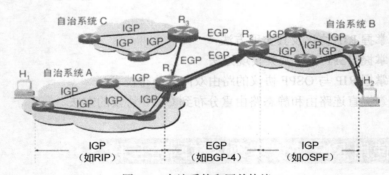

图 4-1　自治系统和网关协议

IGP 协议作用于自治系统内部，路由器通过域内路由协议交换路由信息，常见的 IGP 协议包含 RIP、OSPF 和 IS-IS；自治系统边界路由器通过 EGP 协议交换路由信息，BGP 是目前唯一使用的一种 EGP 协议，也是 Internet 域间路由协议的事实标准。

根据路由协议的工作原理，IGP 协议可以进一步分为距离矢量路由协议和链路状态路由协议。距离矢量路由协议的典型代表是 RIP 协议，链路状态路由协议主要有 OSPF 和 IS-IS。本任务将重点介绍 RIP 和 OSPF 两种协议。

3. RIP 协议

RIP 是英文 Routing Information Protocol 的缩写，中文名为路由信息协议，是一种基于距离矢量的内部网关协议,目前被广泛应用于小型网络中。在 RIP 协议中,路由器到达目的网段的距离以"跳"为单位,其含义为中间经过的路由器的个数。

下面以图 4-2 为例来介绍 RIP 协议的工作原理。

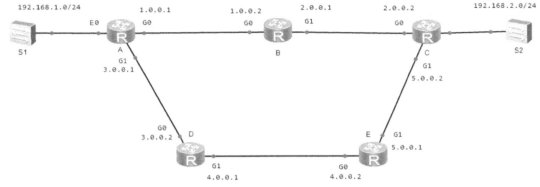

图 4-2 RIP 协议的工作原理

A、B、C、D、E 5 台路由器搭建了一个环形网络,每台路由器上都运行了 RIP 协议。我们以路由器 A 连接的 192.168.1.0/24 网段为例来看下其他 4 台路由器是如何通过 RIP 协议学习到这个网段并写入路由表的。

路由器 A 的 E0 接口连接 192.168.1.0/24 网段,路由器 A 的路由表里会产生一条到达该网段的直连路由,距离为 0,下一跳为 E0 接口。

路由器 A 每隔 30s 会把自己 RIP 协议发布的网段通过广播地址 255.255.255.255 通告出去,路由器 B 就会收到路由器 A 通过 G0 接口(1.0.0.1)发送的 RIP 路由信息,并将 192.168.1.0/24 网段写入自己的路由表,距离为 1(在原来路由距离 0 的基础上+1),下一跳为 1.0.0.1。

同时,路由器 B 会将学到的这条路由信息通过 G1 接口(2.0.0.1)通告出去,路由器 C 收到路由器 B 通告的路由信息后,就会把 192.168.1.0/24 网段写入自己的路由表,距离为 2(在原来路由距离 1 的基础上+1),下一跳为 2.0.0.1。

由于该网络的结构为环形,因此 192.168.1.0/24 网段的路由还会通过路由器 D、E 传递到路由器 C,通过计算我们可以得知该路径的距离为 3,比原来通过路由器 B 通告获得的路由信息距离要长,路由器 C 就会抛弃该通告信息。

这就是 RIP 协议的工作原理,这种计算最短路径的方法就是距离矢量算法。

4.RIP 协议的配置命令

(1)创建 RIP 进程并宣告网段,其操作命令如下:

```
[Huawei]rip 1                              //启动代号为"1"的 RIP 进程,可运行多个进程
[Huawei-rip-1]version 1                    //配置 RIP 版本为"1",可选版本为"1"和"2"
[Huawei-rip-1]network 192.168.1.0          //宣告 192.168.1.0 网段参与 RIP 1 进程
[Huawei-rip-1]network 10.0.0.0             //宣告 10.0.0.0 网段参与 RIP 1 进程
```

路由器通过宣告网段(network 命令)来指定参与 RIP 协议的接口,其他路由器就可以通过 RIP 协议学习到这些路由信息。如果该路由器直连的某些网段的路由信息不希望被其他路由器学习,那么就不需要宣告这些网段。

在 RIP 进程下,network 命令后面宣告的网段是不带子网掩码的,在这种情况下该网段的子网掩码信息是严格按照有类网络的划分来决定的。如果是 A 类网络,子网掩码就是 255.0.0.0;如果是 B 类网络,子网掩码就是 255.255.0.0;如果是 C 类网络,子网掩码就是 255.255.255.0。

如图 4-3 所示，路由器 AR1 连接了三个网络，当要通过 RIP 协议宣告这些网段时，由于 10.1.0.0/24 和 10.2.0.0/24 同属于 10.0.0.0/8 这个 A 类网络，因此在使用 network 命令宣告时只需要宣告 10.0.0.0 和 172.16.0.0。

```
[Huawei-rip-1]network 10.0.0.0
[Huawei-rip-1]network 172.16.0.0
```

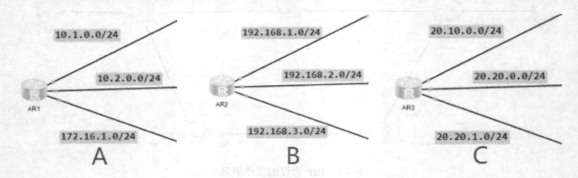

图 4-3　通过 RIP 协议宣告网段

如图 4-3 所示，路由器 AR2 连接的三个网段 192.168.1.0/24、192.168.2.0/24 和 192.168.3.0/24 属于三个不同的 C 类网络，在使用 network 命令宣告时，需要分别宣告。

```
[Huawei-rip-1]network 192.168.1.0
[Huawei-rip-1]network 192.168.2.0
[Huawei-rip-1]network 192.168.3.0
```

如图 4-3 所示，路由器 AR3 连接的三个网段 20.10.0.0/24、20.20.0.0/24 和 20.20.1.0/24 同属于 20.0.0.0/8 这个 A 类网络，在使用 network 命令宣告时，只需要宣告 20.0.0.0。

```
[Huawei-rip-1]network 20.0.0.0
```

（2）查看 RIP 1 进程下的配置命令，其操作命令如下：

```
[Huawei-rip-1]display this
```

（3）查看通过 RIP 协议学习到的路由信息，其操作命令如下：

```
[Huawei]display ip routing-table protocol rip
```

（4）显示运行 RIP 协议的接口，其操作命令如下：

```
[Huawei]display rip 1 interface
```

（5）删除 RIP 进程下的某个网段，其操作命令如下：

```
[Huawei-rip-1]undo network 192.168.1.0   //删除 RIP 1 进程下的 192.168.1.0 网段
```

（6）删除某个 RIP 进程，其操作命令如下：

```
[Huawei]undo network rip 1 //删除 RIP 1 进程
```

任务实现

（1）根据任务描述，绘制图 4-4 所示的拓扑结构，其中，PC1 和 PC2 分别与路由器 AR1 和 AR2 相连，PC1 在 172.16.1.0/24 网段中，PC2 在 172.17.1.0/24 网段中，两台路由器连接的网段为 192.168.1.0/24。

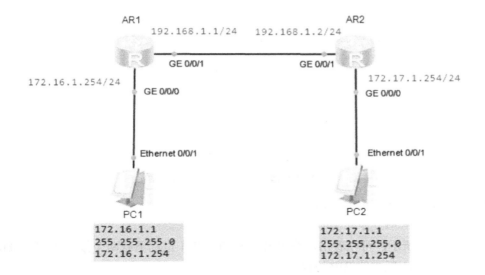

图 4-4 任务 1 拓扑结构

（2）按要求分别配置 PC1 和 PC2 的 IP 地址、子网掩码和网关。
（3）配置 AR1 路由器。

```
<Huawei>system-view
[Huawei]sysname AR1
[AR1]interface g0/0/0
[AR1-GigabitEthernet0/0/0]ip address 172.16.1.254 24
[AR1-GigabitEthernet0/0/0]quit
[AR1]interface g0/0/1
[AR1-GigabitEthernet0/0/1]ip address 192.168.1.1 24
[AR1-GigabitEthernet0/0/1]quit
[AR1]rip 1
[AR1-rip-1]version 1
[AR1-rip-1]network 172.16.0.0   //172.16.1.254 在 172.16.0.0 这个 B 类网络中
[AR1-rip-1]network 192.168.1.0  //192.168.1.1 在 192.168.1.0 这个 C 类网络中
```

（4）配置 AR2 路由器。

```
<Huawei>system-view
[Huawei]sysname AR2
[AR2]interface g0/0/0
[AR2-GigabitEthernet0/0/0]ip address 172.17.1.254 24
[AR2-GigabitEthernet0/0/0]quit
[AR2]interface g0/0/1
[AR2-GigabitEthernet0/0/1]ip address 192.168.1.2 24
[AR2-GigabitEthernet0/0/1]quit
[AR2]rip 1
[AR2-rip-1]version 1
[AR2-rip-1]network 172.17.0.0      //172.17.1.254 在 172.17.0.0 这个 B 类网络中
[AR2-rip-1]network 192.168.1.0     //192.168.1.2 在 192.168.1.0 这个 C 类网络中
```

（5）验证结果。用 ping 命令查看，PC1 和 PC2 是连通的。
（6）查看路由器 AR1 通过 RIP 协议学习到的路由信息。

```
[AR1-rip-1]display ip routing-table protocol rip
```

结果如图 4-5 所示，可以看出，路由器 AR1 通过 RIP 协议学习到了一条 172.17.0.0/16 网段的路由信息，下一跳为 192.168.1.2。

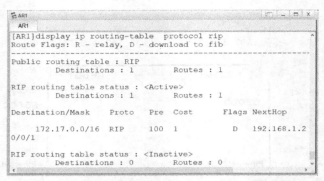

图 4-5　AR1 通过 RIP 协议学习到的路由信息

（7）查看运行 RIP 协议的接口。

`[AR1-rip-1]display rip 1 interface`

结果如图 4-6 所示，可以看出，路由器 AR1 在 RIP 1 进程下有两个接口（GE 0/0/0 和 GE 0/0/1）运行了 RIPv1 版本的 RIP 协议。

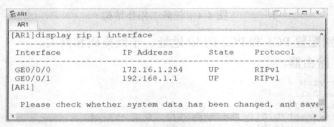

图 4-6　运行 RIP 协议的接口

4.1.2　使用 RIP 协议实现区域网络互通

🡆 任务描述

某公司因业务需要划分了不同网段，这些网段分布在多台路由器上，现在不同网段的用户要实现互相访问。通过采用 RIPv2 版本的 RIP 协议实现网络互通，正常访问的数据流量能够避开低质量链路，且网络链路能够提供冗余备份，路由器之间的链路出现中断后能进行路由切换。现要在网络设备上实现这一目标。

通过本节的学习，读者可掌握以下内容：
- 度量值的概念；
- RIPv1 和 RIPv2 版本的区别；
- 路由环路的概念；
- RIPv2 协议的配置方法。

🡆 必备知识

1．度量值

度量值（Metric）用来描述到达目的网段的距离。每种路由算法在产生路由表时会为每条去往目的网段的路径生成一个度量值，度量值越小，路径越优。度量值的计算需要考虑路径的特性，包括带宽、时延、可靠性等，每种路由协议的度量值的计算方式都不一样。RIP 协议以跳数（Hop Count）作为度量值，也就是数据包中间经过路由转发的路由器数量，设备与直连网段的跳数为 0，中间每经过一台路由器转发，跳数+1。RIP 协议规定度量值的取值范围为 0～15 的整数，大于或等于 16 的跳数被定义为无穷大，即目标网络不可达，所以 RIP 协议比较适用于中小型网络的组网。

在图 4-4 中，路由器 AR1 到达 172.17.0.0/24 网段需要经过 AR2 路由器转发，所以度量值应该为 1，而华为设备在显示时以开销（cost）值来显示，如图 4-5 所示，这里的 cost 值也就是度量值的含义。RIP 协议支持等价路由，如果去往一个目的网段有多条路径，且它们的跳数相等，那么这些路径就是等价路由，被同时写入路由表。

2．RIPv1 和 RIPv2 版本的区别

RIP 协议分为 RIPv1 和 RIPv2 两个版本，由于 RIPv1 版本在实际使用过程中有较大的缺点和局限性，因此我们通常采用 RIPv2 版本，这两个版本具体的区别如表 4-1 所示。

表 4-1　RIPv1 和 RIPv2 版本具体的区别

版　本	区　　别			
RIPv1	有类路由协议，路由更新不携带子网掩码	不支持 VLSM 和 CIDR	采用广播（255.255.255.255）报文更新	不支持验证功能
RIPv2	无类路由协议，路由更新携带子网掩码	支持 VLSM 和 CIDR，并且支持路由汇总功能	采用组网（224.0.0.9）报文更新	提供明文和 MD5 验证方式

3．路由环路

路由环路是数据包在一系列路由器之间不断传输却始终无法到达其预期目标网络的一种现象。当两台或多台路由器的路由信息中存在错误地指向不可达目标网络的有效路径时，就可能发生路由环路。当发生路由环路时，路由器会占用大量链路带宽来反复发送流量，导致 CPU 不堪重负，从而严重影响网络正常运行，所以避免路由环路是管理员在设计和配置网络时必须考虑的一个非常重要的因素。

距离矢量路由协议由于其自身的简易特性，容易出现路由环路现象；RIP 协议在防范路由环路方面主要提供了以下三种功能。

（1）水平分割。

水平分割（Split Horizon）是保证不产生路由环路的最基本的措施。它可以保证每台路由器的接口收到 RIP 路由信息之后记录下路由信息的来源，且不会将该条路由信息从这个接口转发出去。华为路由器默认所有接口都开启此功能。

（2）毒性逆转。

毒性逆转（Poison Reverse）的原理是 RIP 路由器从某个接口学到路由后，从原接口发回邻居路由器，并将该路由的度量值设置为 16（即指明该路由不可达）。利用这种方式，可以清除对方路由表中的无用路由。毒性逆转和水平分割功能重叠，华为路由器如果在接口上开启了毒性逆转功能，那么水平分割功能会被自动关闭。

（3）触发更新。

RIP 协议默认的路由更新周期为 30s，也就是当路由信息发生变化时，RIP 协议会在更新

周期时间到后才会把更新后的路由传递给邻居路由器。而触发更新（Triggered Update）功能则可以保证路由器在路由信息发生变化后，直接将更新后的路由信息发送给邻居路由器，而不需要等待一定的时间，这种方式可以有效地降低路由更新期间产生路由环路的可能性。

4．RIP 接口的路由 metric 值的配置

RIP 协议以跳数作为度量值，在正常情况下，路由器到达目的网段的 metric 值等于数据包在中间经过路由转发的路由器个数，但是管理员可以通过配置链路所在接口的路由 metric 值来人为地增加 metric 值，以达到路由优化，相关配置命令如下：

```
[AR1]interface GigabitEthernet 0/0/1            //进入需要修改 metric 值的接口
[AR1-GigabitEthernet0/0/1]rip metricin 4        //修改为从该接口收到的路由 metric 值增加 4
[AR1-GigabitEthernet0/0/1]rip metricout 4       //修改为从该接口发送出的路由 metric 值增加 4
```

其中，rip metricin 命令影响 AR1 本端设备接收的路由 metric 值，而 rip metricout 命令影响远端设备接收的从该接口转发出去的路由 metric 值。在实际应用中，如果要使双向流量全部避开某一条链路，那么需要在该链路关联的其中一个接口上配置这两条命令，而后面跟的增加值可以根据实际情况进行调整。

➡ 任务实现

（1）根据任务描述，绘制图 4-7 所示的拓扑结构，其中，PC1 在 192.168.1.0/24 网段中，PC2 在 192.168.2.0/24 网段中，三台路由器 AR1、AR2、AR3 成环连通。现要求路由器运行 RIP 协议，使 PC1 和 PC2 能够互通，同时提供冗余保护，其中任意一条路由器对接链路的中断都不会影响 PC1 和 PC2 之间的通信。

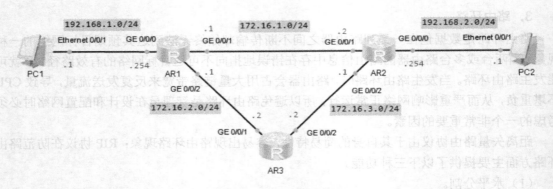

图 4-7　任务 1 拓扑结构

（2）按要求分别配置 PC1 和 PC2 的 IP 地址、子网掩码和网关，同时配置三台路由器的基础信息和接口 IP 地址，详细过程省略，配置完成后读者可以通过下面这条命令

```
[AR1-rip-1] display ip interface brief
```

来确认接口的所有 IP 地址是否配置正确（以 AR1 路由器为例），如图 4-8 所示。

项目 4　实现区域网络互联

```
[AR1]display ip interface brief
*down: administratively down
^down: standby
(l): loopback
(s): spoofing
The number of interface that is UP in Physical is 4
The number of interface that is DOWN in Physical is 0
The number of interface that is UP in Protocol is 4
The number of interface that is DOWN in Protocol is 0

Interface                 IP Address/Mask    Physical   Protocol
GigabitEthernet0/0/0      192.168.1.254/24   up         up
GigabitEthernet0/0/1      172.16.1.1/24      up         up
GigabitEthernet0/0/2      172.16.2.1/24      up         up
NULL0                     unassigned         up         up(s)
```

图 4-8　查询接口的所有 IP 地址

（3）配置 RIPv2 协议。

配置 AR1：

```
[AR1]rip 1
[AR1-rip-1]version 2
[AR1-rip-1]network 192.168.1.0      //192.168.1.254 在 192.168.1.0 这个 C 类网络中
//172.16.1.1 和 172.16.2.1 这两个地址在 172.16.0.0 这个 B 类网络中
[AR1-rip-1]network 172.16.0.0
```

配置 AR2：

```
[AR2]rip 1
[AR2-rip-1]version 2
[AR2-rip-1]network 192.168.2.0      //192.168.2.254 在 192.168.2.0 这个 C 类网络中
//172.16.1.2 和 172.16.3.1 这两个地址在 172.16.0.0 这个 B 类网络中
[AR2-rip-1]network 172.16.0.0
```

配置 AR3：

```
[AR3]rip 1
[AR3-rip-1]version 2
//172.16.2.2 和 172.16.3.2 这两个地址在 172.16.0.0 这个 B 类网络中
[AR3-rip-1]network 172.16.0.0
```

（4）验证结果。用 ping 命令查看，PC1 和 PC2 是连通的。

（5）AR1 的路由表如图 4-9 所示，可以发现，AR1 通过 RIPv2 协议学习到了两条路由信息，与 RIPv1 协议相比，这次的目的网段掩码信息是精确的/24 掩码。同时可以发现，去往 172.16.3.0/24 目的网段的路由下一跳有两个，分别指向 172.16.1.2 和 172.16.2.2，也就是 AR2 和 AR3 的接口地址。从图 4-9 中可以看出，这两条路由都需要经过一台路由器转发，它们的开销值都是 1，所有这两条路由为等价路由，RIP 协议全部将其写入路由表。

```
[AR1]dis ip routing-table protocol rip
Route Flags: R - relay, D - download to fib
--------------------------------------------------
Public routing table : RIP
         Destinations : 2        Routes : 3

RIP routing table status : <Active>
         Destinations : 2        Routes : 3

Destination/Mask        Proto   Pre  Cost   Flags NextHop        Interface
     172.16.3.0/24      RIP     100  1         D  172.16.2.2     GigabitEthernet
0/0/2
                        RIP     100  1         D  172.16.1.2     GigabitEthernet
0/0/1
     192.168.2.0/24     RIP     100  1         D  172.16.1.2     GigabitEthernet
0/0/1

RIP routing table status : <Inactive>
         Destinations : 0        Routes : 0
```

图 4-9　AR1 的路由表

同时从图 4-9 中可以看出，AR1 路由器去往 192.168.2.0/24 网段会把数据包转发到 AR2 路由器，而不会选择 AR3 这条路径，原因在于如果从 AR3 转发，需要经过两台路由器跳转，也就是cost=2。同样的道理，AR2路由器去往192.168.1.0/24网段也会把数据包直接转发给AR1。

（6）如果AR1和AR2路由器的直连链路质量较差，且运行不稳定，那么管理员需要通过修改路由metric值让数据经过AR3中转，将AR1和AR2的直连链路作为备用，配置命令如下。

AR1的配置命令如下：

```
[AR1]interface GigabitEthernet 0/0/1            //进入需要修改路由metric值的接口
[AR1-GigabitEthernet0/0/1]rip metricin 4        //修改为从该接口收到的路由metric值增加4
[AR1-GigabitEthernet0/0/1]rip metricout 4       //修改为从该接口发送出的路由metric值增加4
```

（7）完成之后，再次查询路由表，发现AR1去往192.168.2.0/24目的网段的数据包和AR2去往192.168.1.0/24目的网段的数据包都会经过AR3路由器转发，而不是直接经过AR1和AR2的直连链路，如图4-10所示。

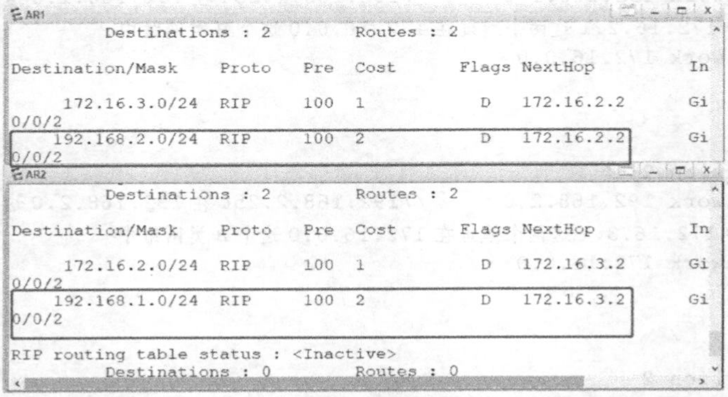

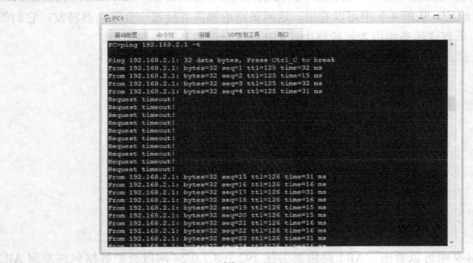

图4-10 AR1和AR2通过RIP协议学习到的路由信息

（8）测试网络的稳定性。在PC1上对PC2进行长ping（ping 192.168.2.1 -t）操作，在其中某一时刻将AR1和AR3路由器对接的链路删除，发现在丢失了10个ping包之后，PC1和PC2又能够互通，如图4-11所示。原因在于，RIP协议默认的路由更新周期为30s，链路中断时更新时间没有到，所以需要等待一段时间之后才会进行路由切换。

图4-11 PC1 ping PC2

🔸 任务小结

通过本任务的学习，我们认识了动态路由协议的基本原理和作用；熟悉了 RIP 协议这种距离矢量路由协议的原理和配置方法；掌握了通过 RIP 协议实现区域网络互通的配置方法，同时可通过修改接口 cost 值来优化区域网络。下面通过几个习题来回顾一下所学的内容：

1. 动态路由协议按照自治系统划分为哪两种？每一种包括哪些协议？
2. RIP 协议属于距离矢量路由协议还是链路状态路由协议？它以什么作为度量值？
3. RIP 协议在配置时如何宣告网段，是否需要携带掩码信息？
4. 运行 RIP 协议的接口如何修改 cost 值？

任务 2　使用 OSPF 协议实现区域网络互联

4.2.1　认识 OSPF 协议

🔸 任务描述

某公司因业务需要划分了不同网段，这些网段分布在多台路由器上，现在不同网段的用户要实现互相访问。由于公司规模较大，网络设备较多，内网较为复杂，因此可采用 OSPF 动态路由协议实现组网中任意两台路由器的互通。采用 OSPF 协议，网络链路能够提供冗余备份，路由器之间的链路出现中断后能进行路由切换，现要在网络设备上实现这一目标。

通过本节的学习，读者可掌握以下内容：
- OSPF 协议的概念；
- OSPF 协议的相关术语；
- 单区域 OSPF 协议的配置方法。

🔸 必备知识

1. OSPF 协议

在上一任务中，我们学习了 RIP 协议的原理和配置方法。RIP 协议作为内部网关协议，在较早之前的中小型企业组网中运用较多，然而由于 RIP 是基于距离矢量算法的路由协议，存在收敛慢、路由环路、可扩展性差等问题，因此逐渐被 OSPF 协议取代。

OSPF 是英文 Open Shortest Path First 的缩写，中文名为开放最短路径优先，是 IETF 组织开发的一种基于链路状态的内部网关协议。RIP 协议是通过邻居路由器交换路由表后进行简单的距离叠加来得到目的网段的路由信息的，而 OSPF 协议的工作原理较为复杂，可以理解为一定区域范围内的路由器通过交互各类信息，最后每台路由器都会存储一张"区域地图"，然后路由器根据地图信息计算自己到各个网段的距离，最后形成路由表项存入自己的路由表中。

2. OSPF 协议的相关术语

1）链路

链路（Link）是路由器上的一个接口，可以是实际的物理接口，也可以是虚拟的逻辑接口。在这里指运行在 OSPF 协议进程中的所有接口。

2）链路状态通告

链路状态通告（LSA）是各条链路的状态信息，如接口上的 IP 地址、子网掩码、网络类型、cost 值等，所有这些信息构成了链路状态数据库。OSPF 路由器之间交换的并不是路由表，而是链路状态通告。OSPF 协议通过获得网络中所有的链路状态通告，从而计算出到达每个目标精确的网络路径。

3）区域

区域（Area）是共享链路状态信息的所有路由器的集合。同一个区域内的路由器有相同的链路状态数据库。区域的命名可以采用整数数字，如 0、1、2、3、4，也可以采用 IP 地址的形式，例如，区域 0.0.0.0 等价于区域 0，区域 0.0.0.1 等价于区域 1。

4）Router-ID

Router-ID 是一个与 IP 地址类似的 32 位二进制数，用作一台设备在运行 OSPF 协议时的标识符。网络中的每台 OSPF 路由器都相当于一个人，OSPF 路由器之间相互通告链路状态，就等于是告诉别人可以帮别人的忙，如此一来，如果路由器之间分不清谁是谁，没有办法确定各自的身份，那么通告的链路状态是毫无意义的，所以必须为每台 OSPF 路由器定义一个身份，相当于人的名字，这就是 Router-ID，并且 Router-ID 在同一个 OSPF 网络中绝对不可以重名。Router-ID 的命名采用 IP 地址的形式，如某台路由器的 Router-ID 为 1.1.1.1。

5）邻居

如果两台路由器通过一条公共数据链路互连，并且通过协商 OSPF 协议的 Hello 报文建立连接，它们就形成了邻居（Neighbor）关系。

6）邻接

两台 OSPF 路由器能形成邻居，但并不一定能相互交换 LSA，只要能交换 LSA，就被称为邻接（Adjacency）。邻居之间只能交换 Hello 包，而邻接之间不仅能交换 Hello 包，还能交换 LSA。

7）DR/BDR

当多台 OSPF 路由器连到同一个多路访问网段时，如果每两台路由器之间都相互交换 LSA，那么该网段将充满着众多 LSA 条目，为了能够尽量减少 LSA 的传播数量，可以在多路访问网段中选举出一台核心路由器，被称为 DR（Designated Router）。网段中所有的 OSPF 路由器都和 DR 互换 LSA，这样一来，DR 就会拥有所有的 LSA，并且将所有的 LSA 转发给每一台路由器。DR 就像是该网段的 LSA 中转站，所有的路由器都与该中转站互换 LSA。如果 DR 失效后，就会造成 LSA 的丢失与不完整，所以在多路访问网段中除了选举出 DR，还会选举出一台路由器作为 DR 的备份，称为 BDR（Backup Designated Router），BDR 在 DR 不可用时，代替 DR 的工作，而既不是 DR，也不是 BDR 的路由器被称为 DR other。DR、BDR、DR other 之间的链路关系如图 4-12 所示。事实上，DR other 除了和 DR 交换 LSA，还会和 BDR 交换 LSA。

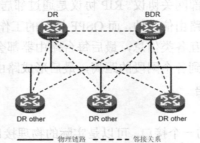

图 4-12　DR、BDR、DR other 之间的链路关系

DR 和 BDR 的选举规则如下。

（1）比较接口优先级，优先级的数字越大，优先级越高，被选举为 DR 的概率越大。次优先级的为 BDR，优先级的范围是 0~255，默认为 1。优先级为 0，表示没有资格选举为 DR 和 BDR。

（2）在接口优先级相同的情况下，比较 Router-ID 的大小，Router-ID 最大的路由器成为 DR，次之为 BDR。

8）OSPF 协议的度量值

OSPF 协议的度量值采用 cost 字段来表示，不同于 RIP 协议采用跳数的方式来计算度量值，OSPF 协议是将去往目的网段的路径所经过的所有链路的 cost 值相加得出度量值，每条链路的 cost 值与该链路的带宽相关，计算方式为 100Mbps 除以实际链路带宽得出的值取整（小于 1 的结果，取 1），比如我们常见的百兆 Ethernet 接口和千兆 GE 接口链路，通过换算得出链路 cost 值为 1，而对于串行链路，其带宽为 1.544Mbps，通过计算得出串行链路 cost 值为 64。

3. OSPF 协议的配置命令

创建 OSPF 进程和区域并宣告网段，其操作命令如下：

```
//启动代号为"1"的OSPF进程，可运行多个进程，同时，指定OSPF路由器的Router-ID为1.1.1.1
[Huawei]ospf 1 router-id 1.1.1.1
[Huawei-ospf-1] area 0.0.0.0                   //创建区域0
//在area 0中宣告属于area 0区域的接口
[Huawei-ospf-1-area-0.0.0.0]network 192.168.1.0 0.0.0.255
```

OSPF 路由器通过宣告网段（network 命令）来指定参与 OSPF 进程的接口，这些路由信息可以通过 OSPF 协议被其他路由器学习到。与 RIP 协议宣告网段的不同之处在于，RIP 协议严格按照有类网络的划分来决定网段的掩码信息，所以在宣告时不需要携带掩码信息；而 OSPF 协议支持无类网络，所以在宣告时必须带上掩码信息，而且采用的是通配符掩码（Wildcard-mask）。

通配符掩码为 32 位的二进制数，其中，0 代表严格匹配，1 代表无须匹配，在上面 OSPF 宣告中，该路由器宣告了 192.168.1.0~192.168.1.255 这 256 个地址，那么只要路由器上的某个接口地址在这个范围中，就会参与到 OSPF 进程中，如图 4-13 所示，AR1 的 GE 0/0/0 接口地址为 192.168.1.1，这个接口就会参与到 OSPF 进程中。

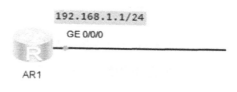

图 4-13　OSPF 宣告

在图 4-13 中，如果要进行精确发布，也就是在宣告时，不是宣告某一段范围内的地址，而是宣告具体的某个接口地址，那么可以写成如下形式：

```
[Huawei-ospf-1-area-0.0.0.0]network 192.168.1.1 0.0.0.0
```

由于通配符掩码中的 0 代表严格匹配，因此只有接口地址是 192.168.1.1 的接口才会加入 OSPF 进程中。

在实际的配置过程中,还会碰到图 4-14 所示的情况,AR1 路由器的三个接口地址都要在 OSPF 进程中进行宣告,那么可以通过一条配置命令实现汇总宣告:

```
[Huawei-ospf-1-area-0.0.0.0]network 192.168.0.0 0.0.255.255
```

这条命令代表该路由器宣告了 192.168.0.0~192.168.255.255 这 65 025 个 IP 地址,而 AR1 路由器的三个接口地址都包含在其中,所以这三个接口都会被加入 OSPF 进程中。

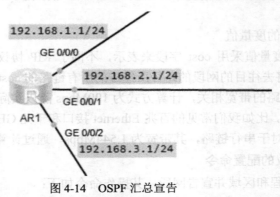

图 4-14　OSPF 汇总宣告

任务实现

(1)根据任务描述,绘制图 4-15 所示的拓扑结构,其中,PC1 在 192.168.1.0/24 网段中,PC2 在 192.168.2.0/24 网段中,五台路由器 AR1~AR5 成环连通,现要求路由器运行 OSPF 协议,使 PC1 和 PC2 能够互通,同时提供冗余保护,其中,任意一条路由器对接链路的中断都不会影响 PC1 和 PC2 之间的通信。具体的 IP 地址参考拓扑结构,AR1~AR5 路由器的 Router-ID 分别为 1.1.1.1、2.2.2.2、3.3.3.3、4.4.4.4、5.5.5.5,且全部加入单一区域 area 0 中。

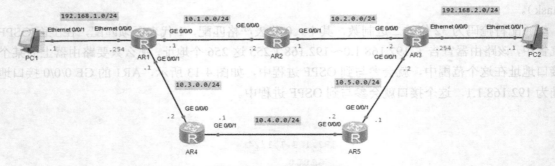

图 4-15　任务 2 拓扑结构

(2)按要求分别配置 PC1 和 PC2 的 IP 地址、子网掩码和网关。

(3)配置 AR1 路由器。

```
<Huawei>system-view
[Huawei]sysname AR1
[AR1]interface eth0/0/0
[AR1-Ethernet0/0/0]ip address 192.168.1.254 24
[AR1-Ethernet0/0/0]quit
[AR1]interface g0/0/0
[AR1-GigabitEthernet0/0/0]ip address 10.1.0.1 24
[AR1-GigabitEthernet0/0/0]quit
[AR1]interface g0/0/1
[AR1-GigabitEthernet0/0/1]ip address 10.3.0.1 24
[AR1-GigabitEthernet0/0/1]quit
```

```
[AR1]ospf 1 router-id 1.1.1.1
[AR1-ospf-1]area 0
[AR1-ospf-1-area-0.0.0.0]network 192.168.1.0 0.0.0.255
[AR1-ospf-1-area-0.0.0.0]network 10.1.0.0 0.0.0.255
[AR1-ospf-1-area-0.0.0.0]network 10.3.0.0 0.0.0.255
```

（4）配置 AR2 路由器。

```
<Huawei>system-view
[Huawei]sysname AR2
[AR2]interface g0/0/0
[AR2-GigabitEthernet0/0/0]ip address 10.1.0.2 24
[AR2-GigabitEthernet0/0/0]quit
[AR2]interface g0/0/1
[AR2-GigabitEthernet0/0/1]ip address 10.2.0.1 24
[AR2-GigabitEthernet0/0/1]quit
[AR2]ospf 1 router-id 2.2.2.2
[AR2-ospf-1]area 0
[AR2-ospf-1-area-0.0.0.0]network 10.1.0.0 0.0.0.255
[AR2-ospf-1-area-0.0.0.0]network 10.2.0.0 0.0.0.255
```

（5）配置 AR3 路由器。

```
<Huawei>system-view
[Huawei]sysname AR3
[AR3]interface eth0/0/0
[AR3-Ethernet0/0/0]ip address 192.168.2.254 24
[AR3-Ethernet0/0/0]quit
[AR3]interface g0/0/0
[AR3-GigabitEthernet0/0/0]ip address 10.2.0.2 24
[AR3-GigabitEthernet0/0/0]quit
[AR3]interface g0/0/1
[AR3-GigabitEthernet0/0/1]ip address 10.5.0.2 24
[AR3-GigabitEthernet0/0/1]quit
[AR3]ospf 1 router-id 3.3.3.3
[AR3-ospf-1]area 0
[AR3-ospf-1-area-0.0.0.0]network 192.168.2.0 0.0.0.255
[AR3-ospf-1-area-0.0.0.0]network 10.2.0.0 0.0.0.255
[AR3-ospf-1-area-0.0.0.0]network 10.5.0.0 0.0.0.255
```

（6）配置 AR4 路由器。

```
<Huawei>system-view
[Huawei]sysname AR4
[AR4]interface g0/0/0
[AR4-GigabitEthernet0/0/0]ip address 10.3.0.2 24
[AR4-GigabitEthernet0/0/0]quit
[AR4]interface g0/0/1
[AR4-GigabitEthernet0/0/1]ip address 10.4.0.1 24
[AR4-GigabitEthernet0/0/1]quit
[AR4]ospf 1 router-id 4.4.4.4
[AR4-ospf-1]area 0
[AR4-ospf-1-area-0.0.0.0]network 10.3.0.0 0.0.0.255
[AR4-ospf-1-area-0.0.0.0]network 10.4.0.0 0.0.0.255
```

（7）配置 AR5 路由器。

```
<Huawei>system-view
[Huawei]sysname AR5
[AR5]interface g0/0/0
[AR5-GigabitEthernet0/0/0]ip address 10.4.0.2 24
[AR5-GigabitEthernet0/0/0]quit
[AR5]interface g0/0/1
[AR5-GigabitEthernet0/0/1]ip address 10.5.0.1 24
[AR5-GigabitEthernet0/0/1]quit
[AR5]ospf 1 router-id 5.5.5.5
[AR5-ospf-1]area 0
[AR5-ospf-1-area-0.0.0.0]network 10.4.0.0 0.0.0.255
[AR5-ospf-1-area-0.0.0.0]network 10.5.0.0 0.0.0.255
```

（8）验证结果。用 ping 命令查看，PC1 和 PC2 是连通的。

（9）查看路由器 AR1 通过 OSPF 协议学习到的路由信息。

```
[AR1-rip-1]display ip routing-table protocol ospf
```

显示结果如图 4-16 所示。

```
[AR1]display ip routing-table protocol ospf
Route Flags: R - relay, D - download to fib
------------------------------------------------------------------------------
Public routing table : OSPF
         Destinations : 4        Routes : 5

OSPF routing table status : <Active>
         Destinations : 4        Routes : 5

Destination/Mask    Proto   Pre  Cost      Flags NextHop         Interface

       10.2.0.0/24  OSPF    10   2           D   10.1.0.2        GigabitEthernet
0/0/0
       10.4.0.0/24  OSPF    10   2           D   10.3.0.2        GigabitEthernet
0/0/1
       10.5.0.0/24  OSPF    10   3           D   10.1.0.2        GigabitEthernet
0/0/0
                    OSPF    10   3           D   10.3.0.2        GigabitEthernet
0/0/1
    192.168.2.0/24  OSPF    10   3           D   10.1.0.2        GigabitEthernet
0/0/0

OSPF routing table status : <Inactive>
         Destinations : 0        Routes : 0
```

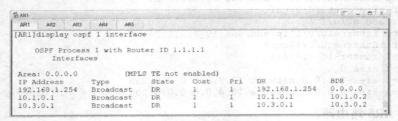

图 4-16　AR1 路由器通过 OSPF 协议学习到的路由信息（1）

路由器 AR1 通过 OSPF 协议学习到了四条路由信息，其中，到 192.168.2.0/24 目的网段的下一跳为 10.1.0.2，也就是经过 AR2 路由器。从拓扑结构中可以看出，AR1 到这个目的网段的路径有 2 条，分别经过 AR2 和 AR4，在路由器链路状态质量相同的情况下，显然通过 AR2 路由器到达 192.168.2.0/24 目的网段的开销更小，所以到 192.168.2.0/24 目的网段的数据包会被 AR1 路由器通过 GE 0/0/0 接口转发给 AR2 进行处理。

（10）查看运行 OSPF 协议的接口。

```
[AR1-rip-1]display ospf 1 interface
```

显示结果如图 4-17 所示。路由器 AR1 在 OSPF 1 进程下有三个接口（Ethernet 0/0/0、GE 0/0/0 和 GE 0/0/1）运行了 OSPF 协议。

```
[AR1]display ospf 1 interface

     OSPF Process 1 with Router ID 1.1.1.1
         Interfaces

 Area: 0.0.0.0            (MPLS TE not enabled)
 IP Address      Type       State    Cost    Pri    DR              BDR
 192.168.1.254   Broadcast  DR       1       1      192.168.1.254   0.0.0.0
 10.1.0.1        Broadcast  DR       1       1      10.1.0.1        10.1.0.2
 10.3.0.1        Broadcast  DR       1       1      10.3.0.1        10.3.0.2
```

图 4-17　运行 OSPF 协议的接口

（11）查看 OSPF 邻居。

```
[AR1-rip-1]display ospf neighbor
```

显示结果如图 4-18 所示。路由器 AR1 在 area 0 区域中有两个邻居，分别是 Router-ID 为 2.2.2.2 的 AR2 路由器和 Router-ID 为 4.4.4.4 的 AR4 路由器。

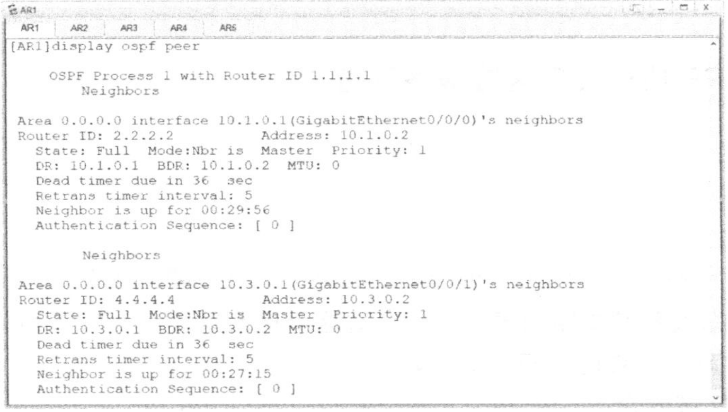

图 4-18 AR1 路由器的 OSPF 邻居

（12）测试网络的稳定性。在 PC1 上对 PC2 进行长 ping（ping 192.168.2.1 -t）操作，在其中某一时刻将 AR1 和 AR2 路由器对接的链路删除，发现在丢失一个 ping 包之后，PC1 和 PC2 又能够互通，如图 4-19 所示。

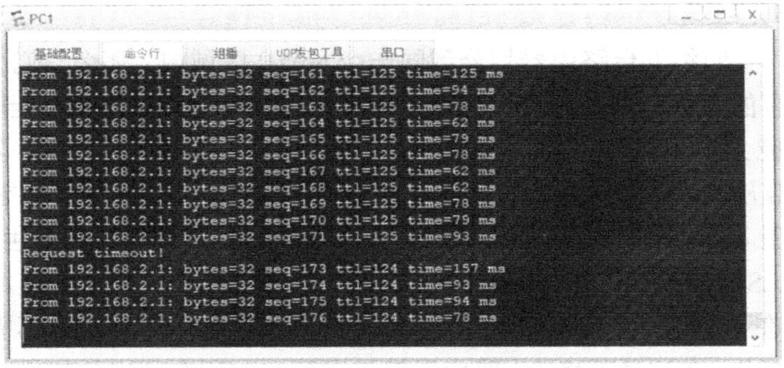

图 4-19 PC1 长 ping PC2

同时查看 AR1 现在通过 OSPF 协议学习到的路由信息，发现到达 192.168.2.0/24 目的网段的下一跳切换到了 10.3.0.2，也就是对应的 AR4 路由器，如图 4-20 所示，说明 AR1 和 AR2 之间的链路中断后，路由器通过 OSPF 协议重新学习到了新的路由信息并写入路由表中，这个切换速度非常快，从而保证了网络的稳定性。

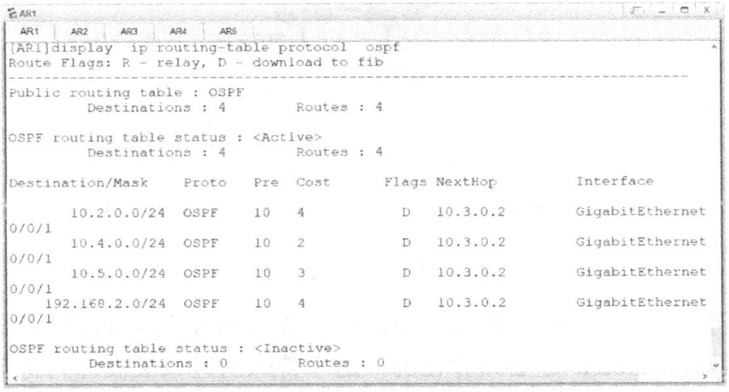

图 4-20 AR1 路由器通过 OSPF 协议学习到的路由信息（2）

4.2.2 使用 OSPF 协议实现区域网络互通

➡ 任务描述

某公司使用多台路由器组成了一个较大的网络，采用 OSPF 协议实现了网络互通，为了降低 OSPF 计算的复杂度和减少路由表项，现在对这个自治系统进行区域划分并设置 stub 区域。

通过本节的学习，读者可掌握以下内容：
- OSPF 划分区域的含义；
- OSPF 路由器类型、LSA 类型、路由类型、区域类型等相关概念；
- OSPF 多区域配置和 stub 区域配置的方法。

➡ 必备知识

1．OSPF 划分区域

在上一节中，我们将五台路由器划分到同一个 area 0 区域中，那么它们会通过 OSPF 协议报文相互交换所有的 LSA 并计算路由，最终生成路由表项写入路由表中。当网络规模较大时，LSA 将形成一个庞大的数据库，势必会增加 OSPF 计算的复杂度。为了能够降低 OSPF 计算的复杂度，缓解计算压力，OSPF 协议采用分区域计算，将网络中的所有 OSPF 路由器划分到不同的区域中，如图 4-21 所示，每个区域负责各自区域中的 LSA 传递与路由计算（精确），然后将一个区域的 LSA 简化和汇总之后转发到另一个区域，这样一来，在区域内部，拥有网络精确的 LSA，而在不同区域，则传递简化的 LSA。一个区域内的路由器不需要了解它们所在区域外部的拓扑细节。在这种环境下，路由器仅仅需要和它所在区域的其他路由器具有相同的链路状态数据库，链路状态数据库的减少也就意味着 OSPF 将处理较少的 LSA，大量的 LSA 泛洪被限制在一个区域里面。

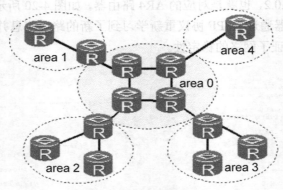

图 4-21　OSPF 划分区域

如图 4-21 所示，若干台路由器组成一个自治系统（AS），运行 OSPF 协议，同时进行区域划分，在划分区域时，area 0 是必须存在的，这个特殊的区域又被称为骨干区域（Backbone Area），而其他区域则被称为常规区域（Normal Area）。在理论上，所有的常规区域应该直接和骨干区域相连。

2. OSPF 路由器类型

OSPF 区域是基于路由器的接口进行划分，而不是基于整台路由器进行划分的，也就是说，如果一台路由器的某些接口被划分到一个区域中，其他接口被划分到另一个区域中，这台路由器就属于多个区域。根据这个原则，OSPF 路由器可分为以下 4 类，如图 4-22 所示。

（1）区域内部路由器。

如果一台路由器的所有接口都属于同一个区域，那么这台路由器被称为区域内部路由器（Internal Router，IR）。

（2）区域边界路由器。

如果一台路由器的接口不只属于一个区域，也就是从属于多个区域，那么这台路由器被称为区域边界路由器（Area Border Router，ABR）。

（3）骨干路由器。

如果一台路由器至少有一个接口属于骨干区域，那么这台路由器被称为骨干路由器（Backbone Router）。

（4）自治系统边界路由器。

如果一台路由器将外部路由协议引入 OSPF 自治区域，那么这台路由器被称为自治系统边界路由器（Autonomous System Boundary Router，ASBR），这种路由引入的方式又被称为路由重分布，后续会进行详细讲解。

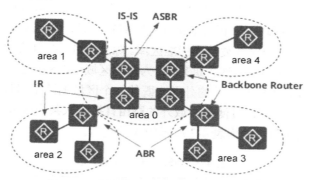

图 4-22 多区域 OSPF 路由器的 4 种类型

3. OSPF LSA 类型

4.2.1 节提到了运行 OSPF 协议的路由器之间交换的是链路状态通告，包含网络类型、IP 地址、子网掩码、cost 值等。OSPF 协议常见的 LSA 类型有 6 种，每种 LSA 的类型代码、名称和作用如表 4-2 所示。

表 4-2 LSA 的类型代码、名称和作用

类型代码	名称	作用
类型 1	路由器 LSA（Router-LSA）	每台设备都会产生，描述了设备的链路状态和开销，在所属的区域内传播
类型 2	网络 LSA（Network-LSA）	由 DR 产生，描述了本网段的链路状态，在所属的区域内传播
类型 3	网络汇总 LSA（Network-summary-LSA）	由 ABR 产生，描述了区域内某个网段的路由，并通告给发布或接收此 LSA 的其他 OSPF 区域

续表

类型代码	名称	作用
类型 4	ASBR 汇总 LSA（ASBR-summary-LSA）	由 ABR 产生，描述了到 ASBR 的路由，通告给除 ASBR 所在区域外的其他相关区域
类型 5	外部 LSA（AS-external-LSA）	由 ASBR 产生，描述了到 AS 外部的路由，通告给除 stub 区域和 NSSA 区域外的其他区域
类型 6	NSSA 外部 LSA（NSSA LSA）	由 ASBR 产生，描述了到 AS 外部的路由，仅在 NSSA 区域内传播

4．OSPF 路由类型

路由器通过接收 LSA 并运行最短路径算法计算得到其他网段的路由信息，并写入路由表中。根据目的网段的区域特征，OSPF 路由可分为自治系统内部路由和自治系统外部路由，其中，自治系统内部路由又分为区域内（Intra Area）路由和区域外（Inter Area）路由，这些路由描述了自治系统内部的网络构造；自治系统外部路由又分为第一类外部（Type1 External）路由和第二类外部（Type2 External）路由，这些路由都是由 ASBR 从自治系统外部引入并传递给自治系统内部的其他路由。

5．OSPF 区域类型

在一个运行 OSPF 协议的自治系统中，如果存在多个区域，那么骨干区域是必须存在的，除了骨干区域，如果一个区域可以正常地接收链路更新信息、相同区域的路由、区域间的路由及外部 AS 的路由，那么这个区域被称为标准区域。除此之外，在自治系统的一个末梢区域中，许多路由信息是多余的，并不需要通告进来，因为末梢区域中的路由器可以通过该区域的 ABR 去往其他 OSPF 区域或者 OSPF 以外的外网。既然一个区域的路由器只要知道去往 ABR，就能去往区域外的网络，那么可以过滤掉区域外的路由直接进入某个区域。根据区域发布和引入路由的区别，末梢区域又可以分为表 4-3 所示的 4 种类型。

表 4-3　OSPF 末梢区域类型

区域类型	接收区域间路由	ABR 是否发送默认路由	是否可以重分布外部路由
末节区域（Stub Area）	是	是	否
完全末节区域（Totally Stub Area）	否	是	否
次末节区域（NSSA）	是	否	是
完全次末节区域（Totally NSSA）	否	是	是

6．OSPF 末节区域的配置命令

进入路由器 OSPF 进程中的某个区域，并将其设置为末节区域，其操作命令如下：

```
[Huawei]ospf 1                          //进入 OSPF 1 进程
[Huawei-ospf-1]area 1                   //进入要配置成 stub 区域的 area 1
[Huawei-ospf-1-area-0.0.0.1]stub        //将该区域设置成 stub 区域
```

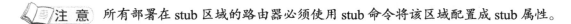

> **注意** 所有部署在 stub 区域的路由器必须使用 stub 命令将该区域配置成 stub 属性。

任务实现

（1）根据任务描述，绘制图 4-23 所示的拓扑结构，其中，AR1～AR6 这 6 台路由器组成一个自治系统，运行 OSPF 协议，AR1 和 AR2 组成骨干区域，AR1、AR3、AR4 组成 area 1 区域，AR2、AR5、AR6 组成 area 2 区域且被设置成 stub 属性，同时要求尽可能地精简该 stub 区域内部路由器 AR5 和 AR6 的路由表项。

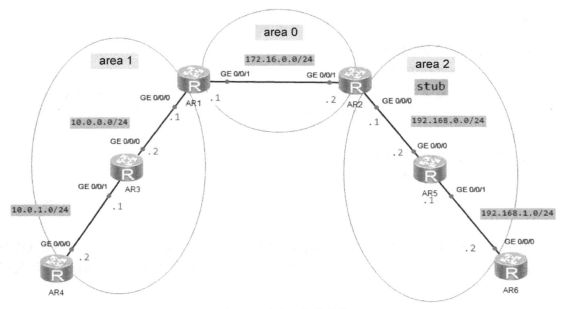

图 4-23 任务 2 拓扑结构

（2）按要求分别配置 6 台路由器的名称、接口 IP 地址等信息，详细过程省略。
（3）配置 6 台路由器的 OSPF 进程并在相应的区域中宣告网段。

AR1 路由器配置命令如下：

```
[AR1]ospf 1 router-id 1.1.1.1
[AR1-ospf-1]area 0
[AR1-ospf-1-area-0.0.0.0]network 172.16.0.0 0.0.0.255    //GE 0/0/1 接口加入 area 0
[AR1-ospf-1-area-0.0.0.0]quit
[AR1-ospf-1]area 1
[AR1-ospf-1-area-0.0.0.1]network 10.0.0.0 0.0.0.255    // GE 0/0/0 接口加入 area 1
[AR1-ospf-1-area-0.0.0.1]quit
[AR1-ospf-1]quit
```

AR2 路由器配置命令如下：

```
[AR2]ospf 1 router-id 2.2.2.2
[AR2-ospf-1]area 0
[AR2-ospf-1-area-0.0.0.0]network 172.16.0.0 0.0.0.255    //GE 0/0/1 接口加入 area 0
[AR2-ospf-1-area-0.0.0.0]quit
[AR2-ospf-1]area 2
[AR2-ospf-1-area-0.0.0.2]network 192.168.0.0 0.0.0.255    // GE 0/0/0 接口加入 area 2
[AR2-ospf-1-area-0.0.0.2]quit
[AR2-ospf-1]quit
```

AR3 路由器配置命令如下：

```
[AR3]ospf 1 router-id 3.3.3.3
[AR3-ospf-1]area 1
[AR3-ospf-1-area-0.0.0.1]network 10.0.0.0 0.0.0.255   //GE 0/0/0 接口加入 area 1
[AR3-ospf-1-area-0.0.0.1]network 10.0.1.0 0.0.0.255   //GE 0/0/1 接口加入 area 1
[AR3-ospf-1-area-0.0.0.1]quit
[AR3-ospf-1]quit
```

AR4 路由器配置命令如下：

```
[AR4]ospf 1 router-id 4.4.4.4
[AR4-ospf-1]area 1
[AR4-ospf-1-area-0.0.0.1]network 10.0.1.0 0.0.0.255   //GE 0/0/0 接口加入 area 1
[AR4-ospf-1-area-0.0.0.1]quit
[AR4-ospf-1]quit
```

AR5 路由器配置命令如下：

```
[AR5]ospf 1 router-id 5.5.5.5
[AR5-ospf-1]area 2
[AR5-ospf-1-area-0.0.0.2]network 192.168.0.0 0.0.0.255   //GE 0/0/0 接口加入 area 2
[AR5-ospf-1-area-0.0.0.2]network 192.168.1.0 0.0.0.255   //GE 0/0/1 接口加入 area 2
[AR5-ospf-1-area-0.0.0.2]quit
[AR5-ospf-1]quit
```

AR6 路由器配置命令如下：

```
[AR6]ospf 1 router-id 6.6.6.6
[AR6-ospf-1]area 2
[AR6-ospf-1-area-0.0.0.2]network 192.168.1.0 0.0.0.255   //GE 0/0/0 接口加入 area 2
[AR6-ospf-1-area-0.0.0.2]quit
[AR6-ospf-1]quit
```

（4）所有路由器的 OSPF 协议的基础配置完成之后，我们可以通过 ping 命令来测试整个自治系统内网的连通性，以 AR6 ping AR4 的接口地址为例，如图 4-24 所示，根据显示结果可以确认整个网络是连通的。

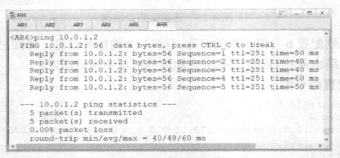

图 4-24　AR6 ping AR4 的接口地址

同时可以查看各台路由器的 OSPF 路由表，确认是否都已经通过 OSPF 协议学习到了路由信息，以 AR6 为例：

```
[AR6]display ospf routing
```

显示结果如图 4-25 所示，其中，192.168.0.0/24 和 192.168.1.0/24 两个网段的路由类型为 Transit，其含义等价于区域内路由，而 10.0.0.0/24、10.0.1.0/24 和 172.16.0.0/24 三个网段的路由类型为 Inter-area，也就是区域外路由。

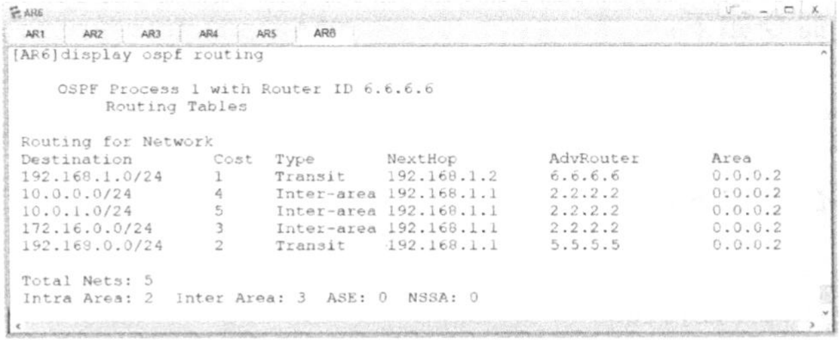

```
[AR6]display ospf routing
    OSPF Process 1 with Router ID 6.6.6.6
           Routing Tables

Routing for Network
Destination        Cost  Type       NextHop       AdvRouter      Area
192.168.1.0/24     1     Transit    192.168.1.2   6.6.6.6        0.0.0.2
10.0.0.0/24        4     Inter-area 192.168.1.1   2.2.2.2        0.0.0.2
10.0.1.0/24        5     Inter-area 192.168.1.1   2.2.2.2        0.0.0.2
172.16.0.0/24      3     Inter-area 192.168.1.1   2.2.2.2        0.0.0.2
192.168.0.0/24     2     Transit    192.168.1.1   5.5.5.5        0.0.0.2

Total Nets: 5
Intra Area: 2  Inter Area: 3  ASE: 0  NSSA: 0
```

图 4-25　AR6 的 OSPF 路由表

同时，可通过 display ip routing-table protocol ospf 命令查看路由器通过 OSPF 协议写入路由表的路由信息，以 AR6 为例：

```
[AR6]display ip routing-table protocol ospf
```

显示结果如图 4-26 所示。

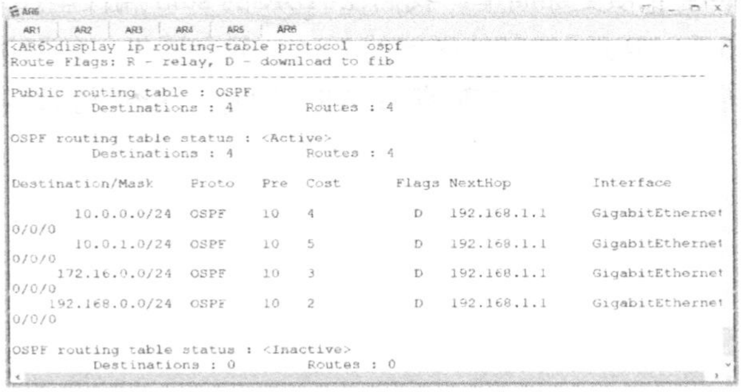

```
<AR6>display ip routing-table protocol ospf
Route Flags: R - relay, D - download to fib
------------------------------------------------------------
Public routing table : OSPF
        Destinations : 4    Routes : 4

OSPF routing table status : <Active>
        Destinations : 4    Routes : 4

Destination/Mask       Proto  Pre  Cost  Flags NextHop      Interface
    10.0.0.0/24        OSPF   10   4      D    192.168.1.1  GigabitEthernet
0/0/0
    10.0.1.0/24        OSPF   10   5      D    192.168.1.1  GigabitEthernet
0/0/0
    172.16.0.0/24      OSPF   10   3      D    192.168.1.1  GigabitEthernet
0/0/0
    192.168.0.0/24     OSPF   10   2      D    192.168.1.1  GigabitEthernet
0/0/0

OSPF routing table status : <Inactive>
        Destinations : 0    Routes : 0
```

图 4-26　AR6 通过 OSPF 协议写入路由表的路由信息

从图 4-26 中可以发现，有 4 条 OSPF 协议学习到的路由信息写入了路由表，对比图 4-25 可以发现，192.168.1.0/24 网段并未通过 OSPF 协议写入路由表，原因在于，该网段同样可以通过直连路由的方式获得，而直连路由的可信度更高，所以最终该网段被直连路由写入路由表。用户可以通过 display ip routing-table 命令查询所有路由信息来确认 192.168.1.0/24 网段是否被写入路由表，如图 4-27 所示。

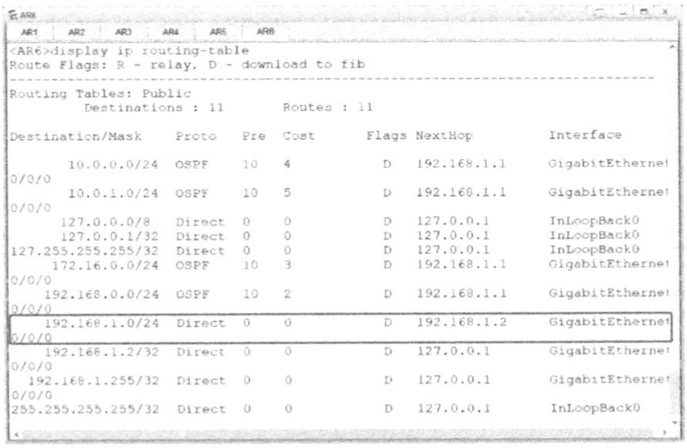

```
<AR6>display ip routing-table
Route Flags: R - relay, D - download to fib
------------------------------------------------------------
Routing Tables: Public
        Destinations : 11   Routes : 11

Destination/Mask       Proto   Pre  Cost  Flags NextHop      Interface
    10.0.0.0/24        OSPF    10   4      D    192.168.1.1  GigabitEthernet
0/0/0
    10.0.1.0/24        OSPF    10   5      D    192.168.1.1  GigabitEthernet
0/0/0
    127.0.0.0/8        Direct  0    0      D    127.0.0.1    InLoopBack0
    127.0.0.1/32       Direct  0    0      D    127.0.0.1    InLoopBack0
127.255.255.255/32     Direct  0    0      D    127.0.0.1    InLoopBack0
    172.16.0.0/24      OSPF    10   3      D    192.168.1.1  GigabitEthernet
0/0/0
    192.168.0.0/24     OSPF    10   2      D    192.168.1.1  GigabitEthernet
0/0/0
    192.168.1.0/24     Direct  0    0      D    192.168.1.2  GigabitEthernet
0/0/0
    192.168.1.2/32     Direct  0    0      D    127.0.0.1    GigabitEthernet
    192.168.1.255/32   Direct  0    0      D    127.0.0.1    GigabitEthernet
255.255.255.255/32     Direct  0    0      D    127.0.0.1    InLoopBack0
```

图 4-27　AR6 的路由表

（5）区域 area 2 作为一个末梢区域，区域内的路由器并不需要很多的路由表项，特别是外部区域和外部自治系统的路由，所以可以通过将路由器的 area 2 区域设置为 stub 区域来减少区域内部路由器获得的路由表项，提高路由器的运行效率。

AR5 路由器配置命令如下：

```
[AR5]ospf 1
[AR5-ospf-1]area 2
[AR5-ospf-1-area-0.0.0.2]stub
```

AR6 路由器配置命令如下：

```
[AR6]ospf 1
[AR6-ospf-1]area 2
[AR6-ospf-1-area-0.0.0.2]stub
```

AR2 路由器配置命令如下：

```
[AR2]ospf 1
[AR2-ospf-1]area 2
[AR2-ospf-1-area-0.0.0.2]stub no-summary
```

对 AR2 设置 stub 属性时，我们在属性后面跟了 no-summary 字段，其含义在于，对于 area 2 区域来说，AR2 作为 ABR 会把 area 0 和 area 1 的类型 3 的网络汇总为 LSA 通告给 AR5 和 AR6，为了让 AR5 和 AR6 的路由表项更加简单，我们在 ABR 的 stub 属性里加入 no-summary 字段，这样，ABR 就不会给 AR5 和 AR6 通告其他区域的 LSA，只会通告一条默认路由指向 ABR。

完成上述配置之后，我们可以重新查看 AR6 通过 OSPF 协议学习到的路由信息，如图 4-28 所示。

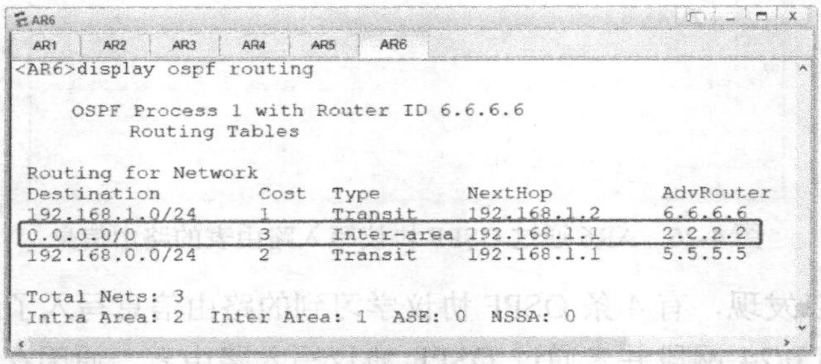

图 4-28 AR6 通过 OSPF 协议学习到的路由信息

对比图 4-25，可以发现，在图 4-28 所示的路由信息里多条区域外路由被一条指向 ABR 路由器 AR2（2.2.2.2）的默认路由取代，同时，查看整张路由表，发现这条默认路由通过 OSPF 协议写入了路由表，如图 4-29 所示。

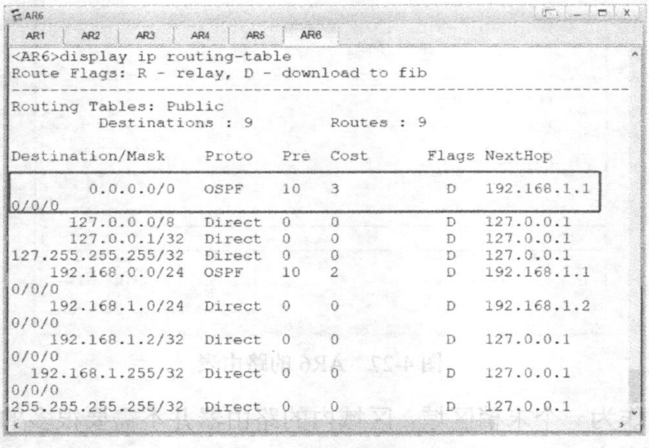

图 4-29 AR6 的路由表

通过设置区域的 stub 属性，在不影响网络连通的前提下将 stub 区域内的路由器的路由表项做了精简，从而减少了路由器的路由计算量并减轻了运行负荷，提高了网络运行的稳定性。

任务小结

通过本任务的学习，我们熟悉了 OSPF 协议的原理；了解了多区域 OSPF 自治系统中各类型的路由器、LSA 等的定义和作用；掌握了通过单区域和多区域 OSPF 协议实现区域网络互联的配置方法；同时了解了通过设置区域的 stub 属性可提高网络运行的稳定性。下面通过几个习题来回顾一下所学的内容：

1. 如何计算 OSPF 协议的 cost 值？10Mbps、100Mbps 和 1000Mbps 接口的 cost 值分别是多少？
2. OSPF 协议在宣告网段时通配符掩码的作用是什么？如何进行汇总宣告？
3. 在多区域 OSPF 协议中，哪个区域必须存在？ABR 和 ASBR 路由器有何不同？
4. 末梢区域有哪 4 种类型？为什么要设置区域的 stub 属性？

任务 3　使用路由重分布实现多路由协议之间的网络互联

4.3.1　RIP 与 OSPF 协议的路由双向重分布

任务描述

某公司的规模比较庞大，因网络结构和历史原因，在内网中存在两种路由协议，分别是 RIPv2 协议和 OSPF 协议，现需要在各自协议中引入其他协议的路由信息来实现区域网络互通，下面在网络设备上实现这一目标。

通过本节的学习，读者可掌握以下内容：
- 路由重分布的概念；
- 路由优先级的概念；
- RIP 与 OSPF 协议的路由双向重分布的配置方法。

必备知识

1. 路由重分布

在大型企业和运营商网络中，管理员往往会采用多种路由协议组网。为了实现全网互通，路由器需要在一种路由协议中引入其他协议的路由信息，这种方式叫作路由重分布（Route Redistribution）。如果只在一种路由协议中引入另一种协议的路由信息，那么这种路由重分布是单向的；如果两种路由协议互相接收对方的路由信息，那么这种路由重分布是双向的。执行路由重分布的路由器往往位于两个或者多个自治系统的边界，且运行了两种或者两种以上的路由协议，这样的路由器被称为边界路由器。

2. 路由优先级

路由优先级也被称为路由的"管理距离"，是指一种路由协议的路由可信度，每种路由协议都有自己的路由优先级。当一台路由器通过同一种路由协议学习到目的网段的多条路由信息时，路由器会通过比较度量值来确定最优路径；当一台路由器通过多种路由协议学习到目的网段的多条路由信息时，路由器会通过比较每种路由协议的路由优先级来确定最优路径，谁的路由优先级小，谁的路径就越优先。直连路由的路由优先级为 0，也就是自己的接口信息是最可信的；其他路由协议的路由优先级各不相同，常用的路由协议的路由优先级如表 4-4 所示。需要注意的是，表 4-4 是以华为设备默认的路由优先级为例的，而每个厂家设备的优先级不尽相同，比如思科路由器的 RIP 协议的路由优先级为 120，静态路由的路由优先级为 1，所以读者在实际配置中一定要注意。同时除直连路由的优先级不可以修改以外，其他所有协议的路由优先级都可以手动进行修改。

表 4-4 常用的路由协议的路由优先级

路 由 类 型	路由优先级
直连路由	0
OSPF 内部路由	10
IS-IS 路由	15
静态路由	60
RIP 路由	100
OSPF ASE 路由（外部引入）	150
BGP 路由（IBGP/EBGP）	255

3. 重分布的度量值

当一种协议引入另一种路由时，引入路由的度量值会发生相应的变化，不同厂家的不同协议发生的变化各不相同。

这里以华为设备为例，当 RIP 协议引入其他路由时，默认外部所有网络直接与边界路由器相连，也就是 cost=0，所以实际 cost 值就等于 RIP 设备到达边界路由器的跳数（在计算跳数时需要将边界路由器计算在内）。

而 OSPF 协议在引入其他路由时，同样默认外网直接与边界路由器相连，由于 OSPF 协议计算的 cost 值与链路相关，因此边界路由器到达外网的 cost 值默认为 1。OSPF 协议在计算到外网的 cost 值时，如果引入的路由作为第一类外部路由，则实际 cost 值=OSPF 设备到自治系统边界路由器（ASBR）的开销+ASBR 到外网的开销（默认值为 1）；如果引入的路由作为第二类外部路由，则实际 cost 值= ASBR 到外网的开销（默认值为 1）。

需要注意的是，不管是哪种协议，在引入其他路由时，外网到边界路由器的度量值（也就是 cost 值）都可以根据实际网络情况进行修改。

4. 重分布的配置命令

（1）RIP 协议重分布的配置命令。

```
[Huawei]rip 1                                          //进入 RIP 1 进程
[Huawei-rip-1]import-route ?
  bgp     Border Gateway Protocol (BGP) routes
  direct  Direct routes
  isis    Intermediate System to Intermediate System (ISIS) routes
  ospf    Open Shortest Path First (OSPF) routes
  rip     Routing Information Protocol (RIP) routes
  static  Static routes
  unr     User Network Route
//import-route 是引入路由的命令，后面跟要引入的路由协议，以引入 OSPF 路由为例
```

```
//引入OSPF 1进程路由，同时将外网到达边界路由器的cost值改为2，默认为0
[Huawei-rip-1]import-route ospf 1 cost 2
```

（2）OSPF协议重分布的配置命令，与RIP协议类似，唯一不同之处在于，在引入其他路由时，它需要根据实际网络需求和网络拓扑结构定义引入的路由是作为第一类外部路由还是作为第二类外部路由，在默认情况下，引入的路由作为第二类外部路由。

```
[Huawei]ospf 1                                    //进入OSPF 1进程中
//引入RIP 1进程路由，将外网到达边界路由器的cost值改为3（默认为1），同时设置引入的路由作为第一类
//外部路由
[Huawei-ospf-1]import-route rip 1 cost 3 type 1
```

任务实现

（1）根据任务描述，绘制图4-30所示的拓扑结构，其中，AR1、AR2、AR3三台路由器运行RIPv2协议，AR1、AR4、AR5三台路由器运行OSPF协议，对应的Router-ID分别为1.1.1.1、4.4.4.4、5.5.5.5，同时在AR1路由器上进行RIP协议和OSPF协议的双向重分布，以实现左右两个区域路由器的相互访问。

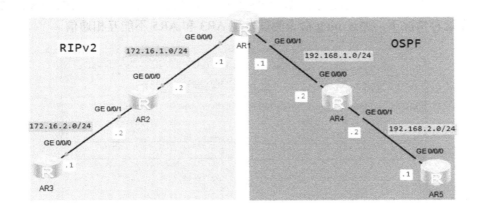

图4-30 任务3拓扑结构

（2）按要求分别配置五台路由器的名称、接口IP地址等信息，详细过程省略。
（3）配置五台路由器的路由协议。

AR1路由器配置命令如下：

```
[AR1]rip 1
[AR1-rip-1] version 2
[AR3-rip-1]network 172.16.0.0                     //GE 0/0/0接口加入RIP 1进程中
[AR3-rip-1]quit
[AR1]ospf 1 router-id 1.1.1.1
[AR1-ospf-1]area 0
[AR1-ospf-1-area-0.0.0.0]network 192.168.1.0 0.0.0.255 //GE 0/0/1接口加入OSPF 1进程中
[AR1-ospf-1-area-0.0.0.0]quit
[AR1-ospf-1]quit
```

AR2路由器配置命令如下：

```
[AR2]rip 1
[AR2-rip-1] version 2
[AR2-rip-1]network 172.16.0.0           //GE 0/0/0和GE 0/0/1接口加入RIP 1进程中
```

AR3 路由器配置命令如下：

```
[AR3]rip 1
[AR3-rip-1] version 2
[AR3-rip-1]network 172.16.0.0        //GE 0/0/0 接口加入 RIP 1 进程中
```

AR4 路由器配置命令如下：

```
[AR4]ospf 1 router-id 4.4.4.4
[AR4-ospf-1]area 0
[AR4-ospf-1-area-0.0.0.0]network 192.168.1.0 0.0.0.255 //GE 0/0/0 接口加入 OSPF 1 进程中
[AR4-ospf-1-area-0.0.0.0]network 192.168.2.0 0.0.0.255 //GE 0/0/1 接口加入 OSPF 1 进程中
[AR4-ospf-1-area-0.0.0.0]quit
[AR4-ospf-1]quit
```

AR5 路由器配置命令如下：

```
[AR5]ospf 1 router-id 5.5.5.5
[AR5-ospf-1]area 0
[AR5-ospf-1-area-0.0.0.0]network 192.168.2.0 0.0.0.255 //GE 0/0/0 接口加入 OSPF 1 进程中
[AR5-ospf-1-area-0.0.0.0]quit
[AR5-ospf-1]quit
```

（4）配置完成之后，查看 AR3 和 AR5 的路由表，如图 4-31 所示，发现 AR3 通过 RIP 协议只学习到了 172.16.1.0/24 网段的信息，AR5 通过 OSPF 协议只学习到了 192.168.1.0/24 网段的信息，在这种情况下，通过 ping 命令测试发现 AR3 和 AR5 不能互相通信。

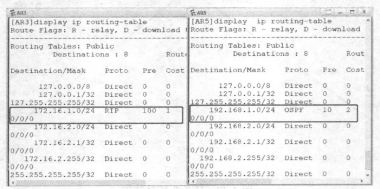

图 4-31 AR3 和 AR5 的路由表（1）

（5）在 AR1 边界路由器上配置 RIP 协议和 OSPF 协议的双向重分布。

```
[AR1]rip 1
//在 RIP 1 进程中引入 OSPF 1 进程路由，并将边界路由器到外网的 cost 值设为 4
[AR1-rip-1]import-route ospf 1 cost 4
[AR3-rip-1]quit
[AR1]ospf 1
//在 OSPF 1 进程中引入 RIP 1 进程路由作为第二类外部路由，并将边界路由器到外网的 cost 值设为 4
[AR1-ospf-1] import-route rip 1 cost 4 type 2
```

配置完成之后，重新查询 AR3 和 AR5 的路由表，如图 4-32 所示，发现 AR3 通过 RIP 协议学习到了 192.168.1.0/24 和 192.168.2.0/24 网段的信息，路由优先级为 100，cost 值为 6（设置的 cost 值+AR3 到边界路由器的跳数）；AR5 通过 O_ASE 协议（也就是 OSPF 外部路由）学习到了 172.16.1.0/24 和 172.16.2.0/24 网段的信息，路由优先级为 150，cost 值为 4（设置的 cost 值）。

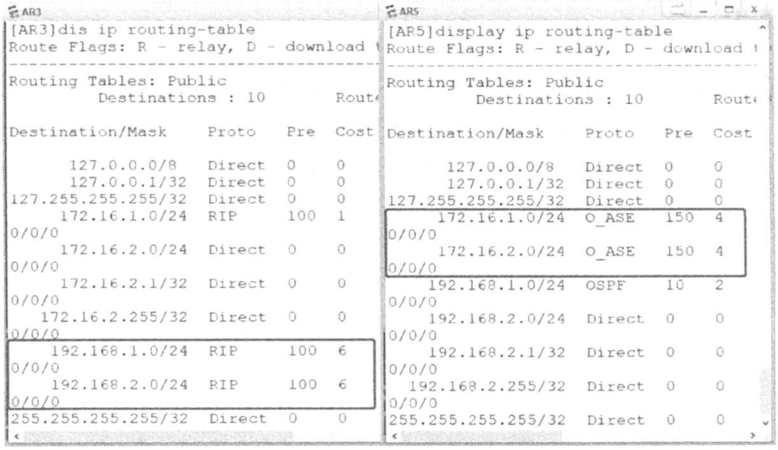

项目 4　实现区域网络互联

图 4-32　AR3 和 AR5 的路由表（2）

（6）验证结果。在 AR3 上用 ping 命令（ping 192.168.2.1）测试它与 AR5 的连通性，测试结果是连通的。

4.3.2　直连路由和静态路由重分布到 OSPF 协议

任务描述

某温州企业在中国有三个分公司，分别部署在北京、温州和青岛，三个分公司的路由器通过 OSPF 协议互通。同时在英国伦敦有一个分公司，伦敦的路由器只与北京的路由器对接，且不运行 OSPF 协议，所以需要在北京的路由器上通过 OSPF 协议引入直连路由和静态路由，以实现整个公司的全网互通。现要在网络设备上实现这一目标。

通过本节的学习，读者可掌握以下内容：
- 直连路由和静态路由重分布的作用；
- 直连路由和静态路由重分布到 OSPF 协议的配置方法。

必备知识

（1）直连路由、静态路由重分布到 OSPF 协议的配置命令如下：

```
[AR]ospf 1            //进入 OSPF 1 进程中
//在 OSPF 进程中引入直连路由作为第二类外部路由，同时定义外网到边界路由器的 cost 值为 4
[AR-ospf-1]import-route direct type 2 cost 4
//在 OSPF 进程中引入静态路由作为第一类外部路由，同时定义外网到边界路由器的 cost 值为 2
[AR-ospf-1]import-route static type 1 cost 2
```

（2）直连路由、静态路由重分布到 RIP 协议的配置命令如下：

```
[AR]rip 1             //进入 RIP 1 进程中
//在 RIP 进程中引入直连路由，同时定义外网到边界路由器的 cost 值为 4
[AR-rip-1]import-route direct cost 4
//在 RIP 进程中引入静态路由，同时定义外网到边界路由器的 cost 值为 2
[AR-rip-1]import-route static cost 2
```

任务实现

（1）根据任务描述，绘制图 4-33 所示的拓扑结构，其中，温州、青岛、北京这三台路由器运行 OSPF 协议，全部加入 area 0 区域，Router-ID 分别为 1.1.1.1、2.2.2.2、3.3.3.3；对温州、青岛和伦敦分公司的办公区域的网络拓扑结构做了简化；用 PC1、PC2、PC3 这三台计算机测试网络的互通性。

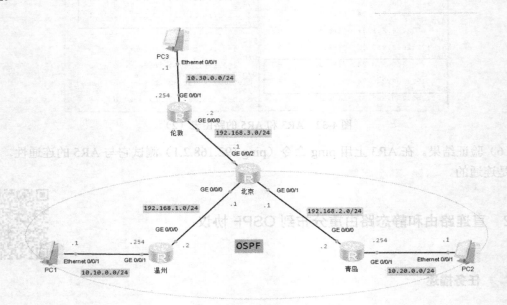

图 4-33　任务 3 拓扑结构

（2）按要求分别配置三台计算机的 IP 地址，以及四台路由器的名称、接口 IP 地址等信息，详细过程省略。

（3）配置温州、青岛、北京这三台路由器的 OSPF 协议基础信息并宣告网段。

温州路由器配置命令如下：

```
[WZ]ospf 1 router-id 1.1.1.1
[WZ-ospf-1]area 0
[WZ-ospf-1-area-0.0.0.0]network 192.168.1.0 0.0.0.255  //GE 0/0/0 接口加入 OSPF 1 进程中
[WZ-ospf-1-area-0.0.0.0]network 10.10.0.0 0.0.0.255    //GE 0/0/1 接口加入 OSPF 1 进程中
[WZ-ospf-1-area-0.0.0.0]quit
[WZ-ospf-1]quit
```

青岛路由器配置命令如下：

```
[QD]ospf 1 router-id 2.2.2.2
[QD-ospf-1]area 0
[QD-ospf-1-area-0.0.0.0]network 192.168.2.0 0.0.0.255  //GE 0/0/0 接口加入 OSPF 1 进程中
[QD-ospf-1-area-0.0.0.0]network 10.20.0.0 0.0.0.255    //GE 0/0/1 接口加入 OSPF 1 进程中
[QD-ospf-1-area-0.0.0.0]quit
[QD-ospf-1]quit
```

北京路由器配置命令如下：

```
[BJ]ospf 1 router-id 3.3.3.3
[BJ-ospf-1]area 0
[BJ-ospf-1-area-0.0.0.0]network 192.168.1.0 0.0.0.255  //GE 0/0/0 接口加入 OSPF 1 进程中
[BJ-ospf-1-area-0.0.0.0]network 192.168.2.0 0.0.0.255  //GE 0/0/1 接口加入 OSPF 1 进程中
[BJ-ospf-1-area-0.0.0.0]quit
[BJ-ospf-1]quit
```

在这里要注意，北京路由器不能把 GE 0/0/2 接口发布在 OSPF 1 进程中，因为对端的伦敦路由器并没有运行 OSPF 协议，所以北京路由器不能通过 OSPF 协议从 GE 0/0/2 接口学习到伦敦路由器的路由信息。

OSPF 协议基础信息配置完成后，可以通过查看路由表来确认 OSPF 协议是否运行正常，以温州路由器为例，如图 4-34 所示，温州路由器通过 OSPF 协议学习到了青岛路由器的路由信息。

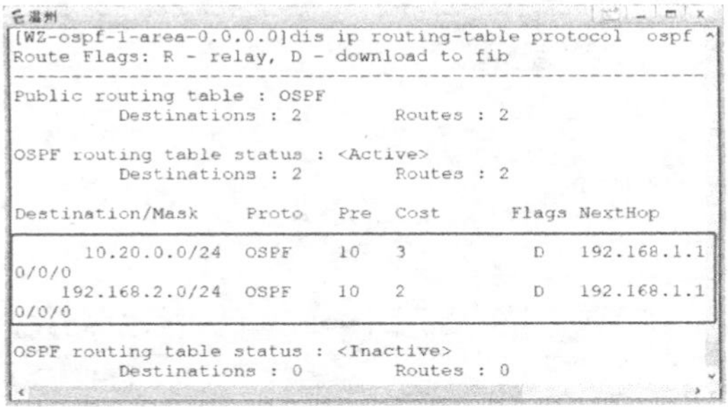

图 4-34　温州路由器的 OSPF 路由表（1）

（4）配置北京路由器指向伦敦的静态路由。

```
[BJ]ip route-static 10.30.0.0 255.255.255.0 192.168.3.2
```

配置伦敦路由器指向北京的默认路由。

```
[LD]ip route-static 0.0.0.0 0.0.0.0 192.168.3.1
```

配置完成后，北京路由器就能正常访问伦敦分公司了，如图 4-35 所示。

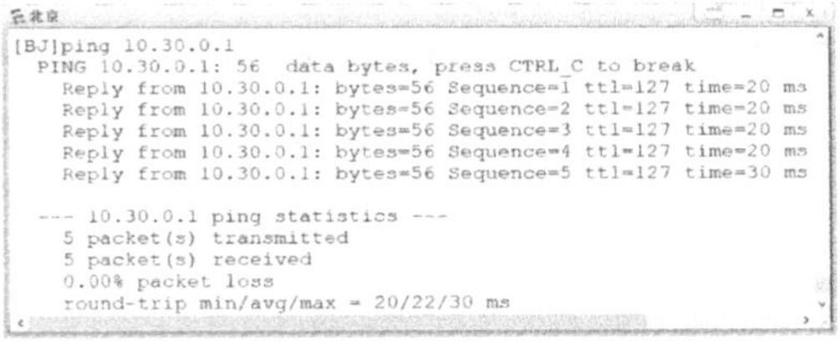

图 4-35　北京路由器 ping 伦敦局域网

（5）在当前情况下，温州路由器和青岛路由器还没有学习到伦敦分公司的路由信息，所以接下来通过配置路由重分布来实现这一目标。

将北京路由器到伦敦的直连路由重分布进 OSPF 协议。

```
[BJ]ospf 1
//在 OSPF 进程中引入直连路由作为第一类外部路由，同时定义外网到边界路由器的 cost 值为 1
[BJ-ospf-1]import-route direct type 1 cost 1
```

配置完成后，再次查询温州路由器的 OSPF 路由表，如图 4-36 所示。

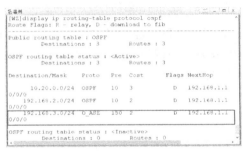

图 4-36　温州路由器的 OSPF 路由表（2）

从图 4-36 中可以发现，温州路由器已经通过 OSPF 协议学习到了一条自治系统外部路由（O_ASE），该路由信息为北京与伦敦的直连路由，这时候就可以通过温州 PC1 计算机访问伦敦的路由器，如图 4-37 所示。

图 4-37　PC1 ping 伦敦路由器的接口地址

（6）虽然现在温州计算机可以访问伦敦路由器，但不能访问伦敦分公司局域网的 10.30.0.0/24 网段，也就是 PC1 ping 不通 PC3，所以最后需要在北京路由器上把通往伦敦局域网的静态路由也发布在 OSPF 协议中。

```
[BJ]ospf 1
//在 OSPF 进程中引入静态路由作为第一类外部路由，同时定义外网到边界路由器的 cost 值为 2
[BJ-ospf-1]import-route static type 1 cost 2
```

配置完成之后，再次查询温州路由器的 OSPF 路由表，如图 4-38 所示。

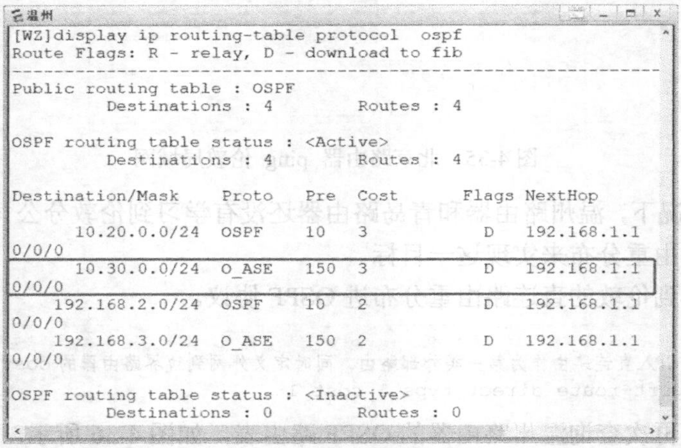

图 4-38　温州路由器的 OSPF 路由表（3）

从图 4-38 中可以发现，温州路由器已经通过 OSPF 协议学习到了一条自治系统外部路由（O_ASE），该路由信息为伦敦分公司局域网 10.30.0.0/24 网段，这时候就可以通过温州 PC1 计算机访问伦敦 PC3 计算机，如图 4-39 所示。

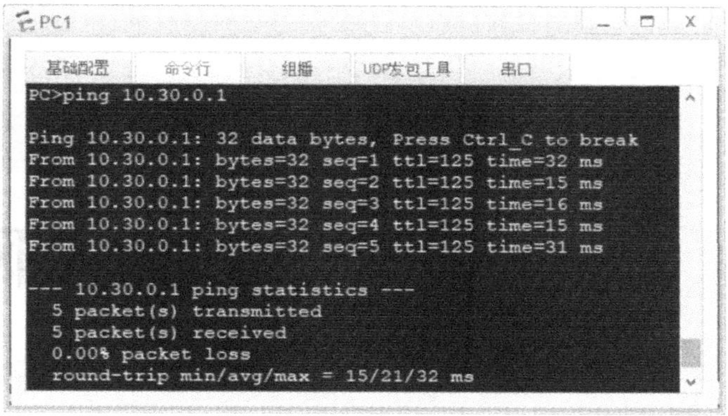

```
 PC1                                              _  □  X
 基础配置    命令行    组播    UDP发包工具    串口
 PC>ping 10.30.0.1

 Ping 10.30.0.1: 32 data bytes, Press Ctrl_C to break
 From 10.30.0.1: bytes=32 seq=1 ttl=125 time=32 ms
 From 10.30.0.1: bytes=32 seq=2 ttl=125 time=15 ms
 From 10.30.0.1: bytes=32 seq=3 ttl=125 time=16 ms
 From 10.30.0.1: bytes=32 seq=4 ttl=125 time=15 ms
 From 10.30.0.1: bytes=32 seq=5 ttl=125 time=31 ms

 --- 10.30.0.1 ping statistics ---
   5 packet(s) transmitted
   5 packet(s) received
   0.00% packet loss
   round-trip min/avg/max = 15/21/32 ms
```

图 4-39   PC1 ping PC3

图 4-33 所示的拓扑结构采用了 OSPF 协议并在 OSPF 协议中引入直连路由和静态路由来实现网络互通。用户也可以采用 RIP 协议并在 RIP 协议中引入直连路由和静态路由来实现网络互通，有兴趣的同学可以在课后进行组网搭建配置实验。

任务小结

通过本任务的学习，我们熟悉了路由重分布的原理；了解了路由优先级、度量值在区域网络中的作用；掌握了通过路由重分布实现不同协议之间的网络互联的配置方法。下面通过几个习题来回顾一下所学的内容：

1. 路由优先级和度量值有什么区别和联系？去往同一网段的多条路径先比较什么？
2. OSPF 协议引入的外部路由有几类，它们有什么区别？
3. 引入直连路由和静态路由分别有什么作用？

项目 5

Internet 接入及网络安全

项目介绍

现阶段，网络飞速发展，网络安全已经成为世界各国共同关注的焦点。网络安全是防范计算机网络偶然或蓄意被破坏、篡改、窃听、假冒、泄露、非法访问等，并同时保护网络系统持续有效工作的重要手段。网络安全应该整体部署和考虑，行之有效的安全策略和安全手段是保证企业网络安全和稳定运行的前提。

企业园区网络搭建完毕之后，管理员需要进行网络安全相关内容的部署和实施，以确保园区网络安全运行并安全地接入 Internet。比如，通过访问控制列表（ACL）技术对网络数据进行合理的过滤和管控，实现访问控制；通过防火墙和网络地址转换（NAT）技术精确地管理内外网。

任务安排

任务 1　访问控制列表
任务 2　防火墙和 NAT
任务 3　VPN 技术及应用

学习目标

◇ 了解和掌握访问控制列表技术及其实现方法
◇ 了解防火墙和 NAT 技术及其配置方法
◇ 了解和掌握 VPN 技术及应用

任务 1　访问控制列表

5.1.1 访问控制列表基础配置

 任务描述

某公司有财务部和销售部，财务部和销售部分别有若干台计算机，同时公司有一台财务数据服务器,为保障财务数据安全,财务部计算机可以访问财务数据服务器,而销售部计算机则不能访问该服务器。现要在网络设备上实现这一目标。

通过本节的学习,读者可掌握以下内容:
- 访问控制列表技术;
- 在正常运行的网络中创建、配置和查看基本 ACL 的方法;
- 根据需要在网络设备中选择合适的端口并运用配置好的基本 ACL,实现网络流量控制的方法。

必备知识

1. 什么是 ACL

ACL 的全称为 Access Control List,中文名为访问控制列表,是控制网络访问的一种有力工具。它是一张表,是一个有序的、规则的集合,通过匹配报文中的信息与规则中的参数来对数据包进行分类,并执行规则对应的动作(Permit/Deny)。一条 ACL 规则主要由五部分构成,包括报文的协议类型、报文的源地址、报文的目的地址、源端口号、目的端口号。通常,我们将这五部分称为 ACL 五元组。ACL 本身只能用于报文的匹配和区分,而无法实现对报文的过滤。ACL 所匹配的报文的过滤功能,需要特定的机制来实现(例如,在交换机的端口上使用 traffic-filter 命令调用 ACL 来进行报文过滤)。ACL 只是一个用于匹配的工具,除了能够对报文进行匹配,还能够对路由进行匹配。ACL 是一个应用非常广泛的基础工具,能够被各种应用或命令调用,并决定数据包是否能够通过,从而达到访问控制的目的。

ACL 的应用范围非常广泛,可以实现以下典型功能。
(1)限制网络流量以提高网络性能。
(2)提供基本的网络访问安全。
(3)控制路由更新的内容。
(4)在 QoS 中对数据包进行分类。
(5)定义 IPSec VPN 的感兴趣流。

2. ACL 的分类

图 5-1 所示是一个数字型 ACL,ACL 编号为 2000。这类似于人类的身份证号,用于唯一地标识自己的身份。当然,身份证上不仅有身份证号,还有每个人自己的名字。ACL 也同样如此。除了数字型 ACL,还有命名型 ACL,它就拥有自己的 ACL 名字。

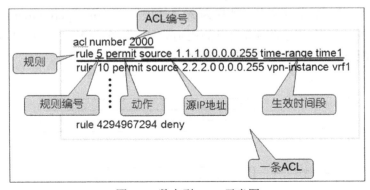

图 5-1 数字型 ACL 示意图

通过名字代替编号来定义 ACL，就像用域名代替 IP 地址一样，可以方便用户记忆，也可以让用户更容易识别此 ACL 的使用目的。命名型 ACL 实际上是"名字+数字"的形式，可以在定义命名型 ACL 的同时指定 ACL 编号。如果不指定编号，则由系统自动分配。图 5-2 所示是一个既有名字"deny-telnet"，又有编号"3000"的 ACL。

```
#
acl name deny-telnet 3000
 rule 5 deny tcp source 10.1.1.0 0.0.0.255 destination 20.0.0.1 0 destination-po
rt eq telnet
 rule 10 deny tcp source 10.222.1.0 0.0.0.255 destination 20.0.0.1 0 destination
-port eq telnet
#
```

图 5-2　"名字+数字"形式的 ACL 示意图

实际上，按照 ACL 规则功能的不同，ACL 可以被划分为基本 ACL、高级 ACL、二层 ACL、用户自定义 ACL 和用户 ACL 五种类型。

1）基本 ACL

基本 ACL 的编号范围为 2000～2999，仅使用报文的源 IP 地址、分片标记和时间段信息来定义规则，只能对 IP 包头中的源 IP 地址进行匹配。

2）高级 ACL

高级 ACL 的编号范围为 3000～3999，既可使用报文的源 IP 地址，也可使用报文的目的 IP 地址、IP 优先级、ToS、DSCP、IP 协议类型、ICMP 协议类型、TCP 源端口/目的端口、UDP 源端口/目的端口等来定义规则，能够针对数据包的源 IP 地址、目的 IP 地址、协议类型、源端口、目的端口元素进行匹配。

3）二层 ACL

二层 ACL 的编号范围为 4000～4999，可根据报文的以太网帧头信息来定义规则，如源 MAC 地址、目的 MAC 地址、以太网帧协议类型等。

4）用户自定义 ACL

用户自定义 ACL 的编号范围为 5000～5999，可根据报文偏移位置和偏移量来定义规则。

5）用户 ACL

用户 ACL 的编号范围为 6000～6999，既可使用 IPv4 报文的源 IP 地址或源 UCL（User Control List）组，也可使用目的 IP 地址或目的 UCL 组、IP 协议类型、ICMP 协议类型、TCP 源端口/目的端口、UDP 源端口/目的端口等来定义规则。

3．ACL 规则

图 5-3 所示为 ACL 的条件语句，被称为 ACL 规则。其中的"permit/deny"被称为 ACL 动作，表示允许/拒绝。每条规则都拥有自己的规则编号，如 5、10、4294967294。这些规则编号可以由用户自行配置，也可以由系统自动分配。

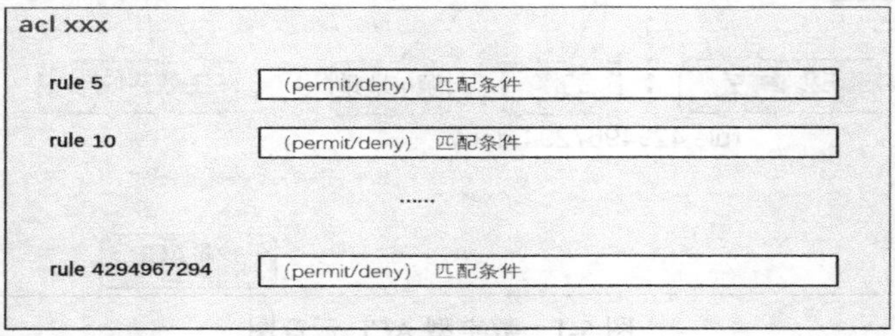

```
acl xxx
    rule 5            (permit/deny)  匹配条件
    rule 10           (permit/deny)  匹配条件
                      ……
    rule 4294967294   (permit/deny)  匹配条件
```

图 5-3　ACL 规则示意图

ACL 规则的编号范围是 0～4294967294，所有规则均按照规则编号从小到大进行排序。所以，从图 5-3 中可以看出，rule 5 排在首位，而规则编号最大的 rule 4294967294 排在末位。系统按照规则编号从小到大的顺序，将规则依次与报文匹配，一旦匹配一条规则就根据规则执行相应动作，然后立即停止匹配。

除了包含 ACL 动作和规则编号，ACL 规则中还定义了源 IP 地址、生效时间段这样的字段。这些字段被称为匹配选项，是 ACL 规则的重要组成部分。其实，ACL 提供了极其丰富的匹配选项。用户可以选择二层以太网帧头信息（如源 MAC 地址、目的 MAC 地址、以太网帧协议类型）作为匹配选项，也可以选择三层报文信息（如源 IP 地址、目的 IP 地址、协议类型）作为匹配选项，还可以选择四层报文信息（如 TCP/UDP 端口）及其他报文信息作为匹配选项。

4．ACL 的通配符

通配符是一个 32 位的数值，用于指示 IP 地址中，哪些位需要严格匹配，哪些位不需要严格匹配。通配符通常采用类似网络掩码的点分十进制形式表示，但是含义与网络掩码完全不同，两者的区别如表 5-1 所示。

表 5-1 网络掩码与通配符的区别

网络掩码	通配符
如 255.255.255.0	如 0.0.0.255
用于指示 IP 地址中，哪些位是网络位，哪些位是主机位	用于指示 IP 地址中，哪些位需要严格匹配，哪些位不需要严格匹配
网络掩码中为 1 的位表示网络位	通配符中为 1 的位表示无须匹配
网络掩码中为 0 的位表示主机位	通配符中为 0 的位表示需要严格匹配

1）一般通配符

0 表示需要严格匹配，1 表示无须匹配。如图 5-4 所示，IP 地址 192.168.1.0 和通配符 0.0.0.255 组合在一起，则表示匹配范围为 192.168.1.0～192.168.1.255。

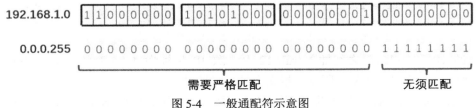

图 5-4 一般通配符示意图

以此类推，192.168.1.0/0.0.0.15，表示匹配范围为 192.168.1.0～192.168.1.15；192.168.1.64/0.0.0.31，表示匹配范围为 192.168.1.64～192.168.1.95；10.10.20.128/0.0.0.127，表示匹配范围为 10.10.20.128～10.10.20.255。

2）特殊通配符

0.0.0.0 表示精确匹配单一 IP 地址。例如，10.10.10.10/0.0.0.0 表示精确匹配 10.10.10.10 这一个 IP 地址。

255.255.255.255 表示匹配所有 IP 地址。例如，0.0.0.0/255.255.255.255 表示匹配所有 IP 地址，即 any 的意思。

5．ACL 的步长

步长是指系统自动为 ACL 规则分配编号时，每个相邻规则编号之间的差值。也就是说，系统是根据步长值自动为 ACL 规则分配编号的。图 5-5 中的 ACL 3000，步长是 5，系统按照 5、10……这样的规律为 ACL 规则分配编号。如果将步长调整为 10，那么规则编号会自动从步长值开始重新排列，变成 10、20……

```
[SWA-acl-adv-deny-telnet]disp acl 3000
Advanced ACL deny-telnet 3000, 2 rules
Acl's step is 5
 rule 5 deny tcp source 10.1.1.0 0.0.0.255 destination 20.0.0.1 0 destination-po
rt eq telnet
 rule 10 deny tcp source 10.222.1.0 0.0.0.255 destination 20.0.0.1 0 destination
-port eq telnet

[SWA-acl-adv-deny-telnet]step 10
[SWA-acl-adv-deny-telnet]disp acl 3000
Advanced ACL deny-telnet 3000, 2 rules
Acl's step is 10
 rule 10 deny tcp source 10.1.1.0 0.0.0.255 destination 20.0.0.1 0 destination-p
ort eq telnet
 rule 20 deny tcp source 10.222.1.0 0.0.0.255 destination 20.0.0.1 0 destination
-port eq telnet
```

图 5-5 ACL 步长示意图

在一条 ACL 语句中，已包含了下面三条规则：rule 5、rule 10、rule 15。

```
rule 5 deny source 1.1.1.1 0                    //表示拒绝源 IP 地址为 1.1.1.1 的报文通过
rule 10 deny source 1.1.1.2 0                   //表示拒绝源 IP 地址为 1.1.1.2 的报文通过
rule 15 permit source 1.1.1.0 0.0.0.255         //表示允许源 IP 地址为 1.1.1.0/24 网段的报文通过
```

如果希望拒绝源 IP 地址为 1.1.1.3 的报文通过，该如何处理呢？由于 ACL 匹配报文时遵循"一旦命中就停止匹配"的原则，因此源 IP 地址为 1.1.1.1 和 1.1.1.2 的报文，会在匹配上编号较小的 rule 5 和 rule 10 后停止匹配，从而被拒绝通过；而源 IP 地址为 1.1.1.3 的报文，则只会命中 rule 15，从而被允许通过。要想让源 IP 地址为 1.1.1.3 的报文也被禁止通过，我们必须为该报文配置一条新的 deny 规则。

```
rule 5 deny source 1.1.1.1 0                    //表示拒绝源 IP 地址为 1.1.1.1 的报文通过
rule 10 deny source 1.1.1.2 0                   //表示拒绝源 IP 地址为 1.1.1.2 的报文通过
rule 12 deny source 1.1.1.3 0                   //表示拒绝源 IP 地址为 1.1.1.3 的报文通过
rule 15 permit source 1.1.1.0 0.0.0.255         //表示允许源 IP 地址为 1.1.1.0/24 网段的报文通过
```

在 rule 10 和 rule 15 之间插入 rule 12 后，源 IP 地址为 1.1.1.3 的报文，就可以先命中 rule 12 而停止继续往下匹配，所以该报文会被拒绝通过。

如果之前这条 ACL 规则的步长不是 5，而是 1（比如 rule 1、rule 2、rule 3……），这时想插入新的规则，只能先删除已有的规则，然后配置新规则，最后将之前删除的规则重新配置回来。所以，通过设置 ACL 步长，为规则之间留下一定的空间，可为后续插入新的规则提供灵活性。

6. ACL 的匹配机制

ACL 匹配流程图如图 5-6 所示，报文与 ACL 规则匹配后，会产生两种匹配结果："匹配"或者"不匹配"。匹配，是指存在 ACL，且在 ACL 中查找到了符合匹配条件的规则，无论匹配的动作是"permit"还是"deny"，都称为"匹配"，而不是只有匹配上"permit"才算"匹配"。不匹配（未命中规则），是指不存在 ACL，或者 ACL 中无规则，又或者在 ACL 中遍历了所有规则都没有找到符合匹配条件的规则，切记以上三种情况，都叫作"不匹配"。

项目 5　Internet 接入及网络安全

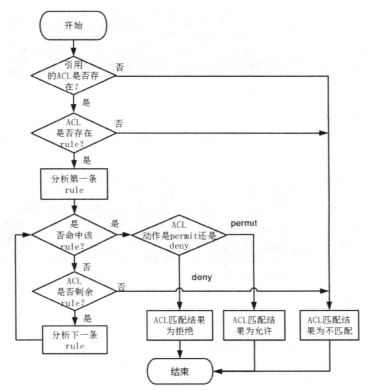

图 5-6　ACL 匹配流程图

1）ACL 的匹配顺序

只要报文未命中规则且仍剩余规则，系统会一直从剩余规则中选择下一条规则与报文进行匹配。

```
rule deny ip destination 1.1.0.0 0.0.255.255  //拒绝目的IP地址为1.1.0.0/16的报文通过
rule permit ip destination 1.1.1.0 0.0.0.255  //允许目的IP地址为1.1.1.0/24网段的报文通过
```

上述 permit 规则与 deny 规则是相互矛盾的。对于目的 IP 地址为 1.1.1.1 的报文，如果系统先将 deny 规则与其匹配，则该报文会被拒绝通过；相反，如果系统先将 permit 规则与其匹配，则该报文会被允许通过。因此，对于规则之间存在重复或矛盾的情况，报文的匹配结果与 ACL 规则匹配顺序是息息相关的。

匹配顺序是指系统按照 ACL 规则编号从小到大的顺序进行报文匹配，规则编号越小，报文越先被匹配。后插入的规则的匹配顺序为如果用户指定的规则编号比之前的更小，那么这条规则可能会先被匹配。自动排序（auto）是指系统使用"深度优先"的原则，将规则按照精确度从高到低的顺序进行报文匹配。规则中定义的匹配项限制越严格，规则的精确度就越高，即优先级越高，该规则的编号就越小，系统越优先匹配。例如，有一条规则的目的 IP 地址匹配项是一台主机地址 2.2.2.2/32，而另一条规则的目的 IP 地址匹配项是一个网段 2.2.2.0/24，前一条规则指定的地址范围更小，所以其精确度更高，系统会优先将报文与前一条规则进行匹配。

2）ACL 的自动排序模式

在自动排序的 ACL 中配置规则，不允许用户自行指定规则编号。系统能自动识别出该规则在这条 ACL 中对应的优先级，并为其分配一个适当的规则编号。ACL 自动排序前的界面如图 5-7 所示。

```
#
acl number 3001  match-order auto
 rule 5 permit ip destination 1.1.1.0 0.0.0.255
 rule 10 deny ip destination 1.1.0.0 0.0.255.255
#
```

图 5-7　ACL 自动排序前的界面

如果在 ACL 3001 中插入 rule 5 deny ip destination 1.1.1.1 0（目的 IP 地址是主机地址，优先级高于图 5-7 中的两条规则），系统将按照规则的优先级关系，重新为各规则分配编号。插入新规则后，新的排序如图 5-8 所示。

```
#
acl number 3001  match-order auto
 rule 5 deny ip destination 1.1.1.1 0
 rule 10 permit ip destination 1.1.1.0 0.0.0.255
 rule 15 deny ip destination 1.1.0.0 0.0.255.255
#
```

图 5-8　插入新规则后的 ACL 自动排序界面

3）ACL 的规则匹配项

源 IP 地址：对于某些特定的源 IP 地址，需要对其网络行为进行特殊处理，比如限制其部分或者全部的网络流量，以达到某种精准控制的目的。

```
rule 5 deny source 1.1.1.1 0                       //表示拒绝源 IP 地址为 1.1.1.1 的报文通过
rule 10 deny source 1.1.1.2 0                      //表示拒绝源 IP 地址为 1.1.1.2 的报文通过
rule 15 permit source 1.1.1.0 0.0.0.255            //表示允许源 IP 地址为 1.1.1.0/24 网段的报文通过
```

7．ACL 的应用范围

ACL 并不能单独地完成控制网络访问行为或者限制网络流量的功能，需要应用到具体的业务模块才能实现这些功能。

1）登录控制

对交换机、路由器的登录权限进行控制，允许合法用户登录，拒绝非法用户登录，从而有效地防止未经授权用户的非法接入，保证网络安全。例如，在一般情况下，交换机只允许管理员登录，不允许非管理员随意登录，这时就可以在 Telnet 中应用 ACL，并在 ACL 中定义哪些用户可以登录，哪些用户不能登录，涉及的业务模块常见的有 Telnet、SNMP、FTP、TFTP、SFTP、HTTP。

2）对转发的报文进行过滤

对转发的报文进行过滤，从而使交换机能够进一步对过滤出的报文进行丢弃、优先级的修改、重定向、IPSec 保护等处理。例如，可以利用 ACL，降低 P2P 下载、网络视频等消耗大量带宽的数据流的服务等级，在网络拥塞时优先丢弃这类流量，减少它们对其他重要流量的影响，常见的应用有 QoS 流策略、NAT、IPSec。

3）对送至 CPU 处理的报文进行过滤

对送至 CPU 处理的报文进行必要的限制，可以避免 CPU 处理过多的协议报文而造成占用率过高、性能下降等。例如，某用户向交换机发送大量的 ARP 攻击报文，造成交换机 CPU 繁忙，引发系统中断，这时就可以在本机防攻击策略的黑名单中应用 ACL，将该用户加入黑名单，使 CPU 丢弃该用户发送的报文。

4）路由过滤

ACL 可以应用在各种动态路由协议中，对路由协议发布和接收的路由信息进行过滤。例如，可以将 ACL 和路由策略配合使用，禁止交换机将某网段路由发给邻居路由器，用以保护特殊网段或者减少不必要的报文交换，提高网络利用率，涉及的业务模块常见的有 BGP、IS-IS、OSPF、RIP、组播协议。

5）出站方向和入站方向

出站方向，即从设备角度观察流量相对设备的流动方向，是从设备内部流向设备外部的，用参数 outbound 表示。入站方向，即从设备角度观察流量相对设备的流动方向，是从设备外部流向设备内部的，用参数 inbound 表示。

8．ACL 相关配置命令

（1）创建基本 ACL，其操作命令如下：

```
<Huawei>system-view            //进入系统视图
[Huawei]sysname SWA            //将交换机命名为"SWA"
[SWA]acl 2000                  //创建基本ACL，编号为2000
```

（2）在创建好的基本 ACL 里，添加对源 IP 地址（段）拒绝和对源 IP 地址（段）允许的规则，其操作命令如下：

```
[SWA-acl-basic-2000]rule 5 deny source 1.1.1.1 0//表示拒绝源IP地址为1.1.1.1的报文通过
//表示允许源IP地址为2.2.2.2的报文通过
[SWA-acl-basic-2000]rule 10 permit source 2.2.2.2 0
```

（3）查看 ACL 信息，其操作命令如下：

```
[SWA-acl-basic-2000]display this          //显示ACL 2000信息
#
acl number 2000
 rule 5 deny source 1.1.1.1 0
 rule 10 permit source 2.2.2.2 0
#
```

或者在全局模式下，用 display acl 2000 命令查看 ACL 2000 的简要信息，包括 ACL 的类型、规则数量、默认步长等。

```
[SWA]display acl 2000
Basic ACL 2000, 2 rules
Acl's step is 5
 rule 5 deny source 1.1.1.1 0
 rule 10 permit source 2.2.2.2 0
```

（4）在端口上应用 ACL 2000，其操作命令如下：

```
//在GigabitEthernet 0/0/1端口的入站方向上应用ACL 2000
[SWA-GigabitEthernet0/0/1]traffic-filter inbound acl 2000
//在GigabitEthernet 0/0/2端口的出站方向上应用ACL 2000
[SWA-GigabitEthernet0/0/2]traffic-filter outbound acl 2020
```

（5）在已有 ACL 里添加和删除规则，其操作命令如下：

在默认情况下，要删除 ACL 2000 的规则，要先删除在端口上已经应用的该 ACL，命令为 undo traffic-filter outbound acl 2000 或者 undo traffic-filter inbound acl 2000。

```
//在GigabitEthernet 0/0/1端口的入站方向上解绑ACL 2000
[SWA-GigabitEthernet0/0/1]undo traffic-filter inbound acl 2000
//在GigabitEthernet 0/0/2端口的出站方向上解绑ACL 2000
[SWA-GigabitEthernet0/0/2]undo traffic-filter outbound acl 2000
[SWA-acl-basic-2000]undo rule deny source 1.1.1.1 0          //删除原有规则
//新增拒绝源IP地址为3.3.3.3的报文通过的规则
```

```
[SWA-acl-basic-2000]rule 5 deny source 3.3.3.3 0
```

🡪 任务实现

（1）根据任务描述，绘制图 5-9 所示的拓扑结构，其中 PC1 模拟财务部计算机，PC2 模拟销售部计算机，型号为 S5700 的 SWA 模拟核心三层交换机，型号为 S3700 的 SW1 模拟接入层交换机，型号为 AR3260 的 Server1 模拟财务数据服务器，各设备连接端口和 IP 地址如图 5-9 所示。

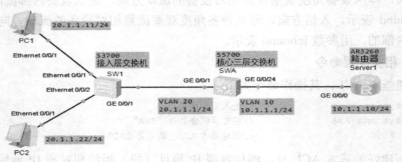

图 5-9　基本 ACL 拓扑结构

（2）在 Server1 上配置端口 IP 地址和默认路由指向 SWA 的 VLAN 10 端口地址。

```
[Server1]interface GigabitEthernet 0/0/0        //配置连接核心三层交换机 SWA 的直连端口 IP 地址
[Server1-GigabitEthernet0/0/0]ip address 10.1.1.10 24     //添加该端口 IP 地址、子网掩码
[Server1]ip route-static 0.0.0.0  0  10.1.1.1    //添加默认路由指向 SWA 的 VLAN 10 端口地址
```

（3）配置 SWA 上 VLAN 10 和 VLAN 20 的相关地址并划分所属端口。

```
[SWA-Vlanif10]ip address 10.1.1.1 24           //配置 VLAN 10 的三层端口
[SWA-Vlanif20]ip address 20.1.1.1 24           //配置 VLAN 20 的三层端口
[SWA-GigabitEthernet0/0/1]port link-type access
[SWA-GigabitEthernet0/0/1]port default vlan 20  //将与 SW1 连接的端口 GE 0/0/1 加入 VLAN 20
[SWA-GigabitEthernet0/0/24]port link-type access
//将与 Server1 连接的端口 GE 0/0/24 加入 VLAN 10
[SWA-GigabitEthernet0/0/24]port default vlan 10
```

（4）给 PC1 和 PC2 配置 IP 地址和网关。

PC1 的 IP 地址为 20.1.1.11，子网掩码为 255.255.255.0，网关为 SWA VLAN 20 的端口地址为 20.1.1.1。PC2 的 IP 地址为 20.1.1.22，子网掩码为 255.255.255.0，网关同 PC1。图 5-10 所示为 PC1 的 IP 地址、子网掩码和网关，可以参考 PC1 对 PC2 进行相应配置。

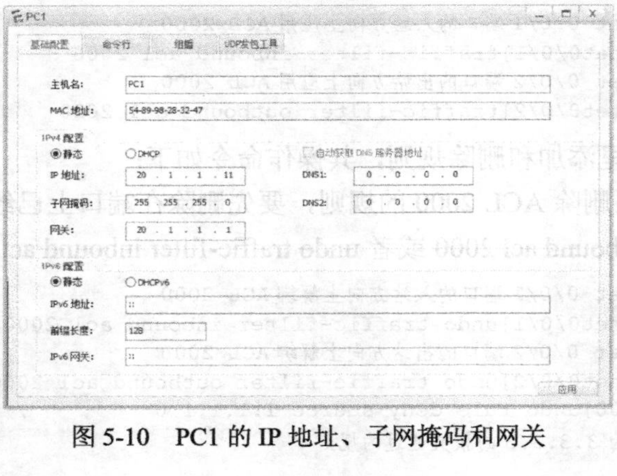

图 5-10　PC1 的 IP 地址、子网掩码和网关

（5）检查网络的连通性，分别在 PC1 和 PC2 上 ping Server1，应该全都保持连通。

```
<PC1>ping 10.1.1.10
  PING 10.1.1.10: 56  data bytes, press CTRL_C to break
    Reply from 10.1.1.10: bytes=56 Sequence=1 ttl=254 time=120 ms
    Reply from 10.1.1.10: bytes=56 Sequence=2 ttl=254 time=70 ms
    Reply from 10.1.1.10: bytes=56 Sequence=3 ttl=254 time=70 ms
    Reply from 10.1.1.10: bytes=56 Sequence=4 ttl=254 time=70 ms
    Reply from 10.1.1.10: bytes=56 Sequence=5 ttl=254 time=70 ms

  --- 10.1.1.10 ping statistics ---
    5 packet(s) transmitted
    5 packet(s) received
    0.00% packet loss
    round-trip min/avg/max = 70/80/120 ms
<PC2>ping 10.1.1.10
  PING 10.1.1.10: 56  data bytes, press CTRL_C to break
    Reply from 10.1.1.10: bytes=56 Sequence=1 ttl=254 time=120 ms
    Reply from 10.1.1.10: bytes=56 Sequence=2 ttl=254 time=70 ms
    Reply from 10.1.1.10: bytes=56 Sequence=3 ttl=254 time=70 ms
    Reply from 10.1.1.10: bytes=56 Sequence=4 ttl=254 time=70 ms
    Reply from 10.1.1.10: bytes=56 Sequence=5 ttl=254 time=70 ms

  --- 10.1.1.10 ping statistics ---
    5 packet(s) transmitted
    5 packet(s) received
    0.00% packet loss
    round-trip min/avg/max = 70/80/120 ms
```

（6）在 SWA 上添加 ACL 2020，并增加拒绝源 IP 地址为 20.1.1.22 的报文通过的规则，然后查看 ACL 信息。

```
[SWA]acl 2020                                      //创建基本ACL，编号为2020
[SWA-acl-basic-2020]rule deny source 20.1.1.22 0   //添加ACL规则，拒绝具体源IP地址通过
[SWA-acl-basic-2020]rule permit source any         //ACL允许所有源IP地址通过
[SWA-acl-basic-2020]display this
  acl number 2020
  rule 5 deny source 20.1.1.22 0                   //精确规则自动排序在前
  rule 10 permit                                   //默认步长为5
```

（7）在 SWA 的端口上应用 ACL 2020，使得 PC2 无法连通 Server1，但同时 PC1 不受影响。

```
//在与Server1互连端口的出站方向上应用ACL 2020的规则
[SWA-GigabitEthernet0/0/24]traffic-filter outbound acl 2020
```

或者

```
//在与SW1互连端口的入站方向上应用ACL 2020的规则
[SWA-GigabitEthernet0/0/1]traffic-filter inbound acl 2020
```

（8）验证网络情况。分别在 PC1 和 PC2 上 ping Server1，显示结果如下，可以看到，PC1 仍然可以 ping 通 Server1，但是 PC2 已经无法 ping 通 Server1。至此已经完成任务要求，财务部和销售部的其他计算机，均可参考 PC1 和 PC2 进行类似配置。

```
<PC1>ping 10.1.1.10
  PING 10.1.1.10: 56  data bytes, press CTRL_C to break
    Reply from 10.1.1.10: bytes=56 Sequence=1 ttl=254 time=120 ms
    Reply from 10.1.1.10: bytes=56 Sequence=2 ttl=254 time=70 ms
    Reply from 10.1.1.10: bytes=56 Sequence=3 ttl=254 time=70 ms
    Reply from 10.1.1.10: bytes=56 Sequence=4 ttl=254 time=70 ms
    Reply from 10.1.1.10: bytes=56 Sequence=5 ttl=254 time=70 ms

  --- 10.1.1.10 ping statistics ---
    5 packet(s) transmitted
    5 packet(s) received
    0.00% packet loss
    round-trip min/avg/max = 70/80/120 ms
```

```
<PC2>ping 10.1.1.10
  PING 10.1.1.10: 56  data bytes, press CTRL_C to break
    Request time out
    Request time out
    Request time out
    Request time out
    Request time out

  --- 10.1.1.10 ping statistics ---
    5 packet(s) transmitted
    0 packet(s) received
    100.00% packet loss
```

【思考】

同样的效果，不同的方法，在数据输入端口的入站方向上应用 ACL 好，还是在连接服务器端口的出站方向上应用 ACL 好，或者哪种方式更加科学、更有效率？

在通常情况下，ACL 尽量应用在靠近数据发送源的设备和端口上，这样可以尽量早地过滤掉希望控制的流量，以减少无用数据在网络里转发的次数，从而增加网络的安全性，减少对网络资源的占用和消耗，提高网络利用率。所以，在同样的效果下，优先选择在数据输入端口的入站方向上应用 ACL，进行数据管控才更加科学、更有效率。

5.1.2 高级访问控制列表配置

任务描述

某公司有财务部和销售部，财务部和销售部分别有若干台计算机，同时公司有一台财务数据服务器和一台销售数据服务器，为保障财务数据安全，财务部计算机既可以访问财务数据服务器又可以访问销售数据服务器，而销售部计算机则只能访问销售数据服务器而不能访问财务数据服务器。现要在网络设备上实现这一目标。

通过本节的学习，读者可掌握以下内容：

- 高级访问控制列表技术；
- 在正常运行的网络中创建、配置和查看高级 ACL 的方法；
- 根据需要在网络设备中选择合适的端口并运用配置好的高级 ACL，实现网络流量控制的方法。

必备知识

1. 基于目的 IP 地址的匹配

对于某些特定的目的 IP 地址，需要对访问它的网络流量进行特殊控制，比如限制某些或者全部对它访问的网络行为，以达到某种安全控制。

```
rule 5 deny destination 1.1.1.1 0              //拒绝目的 IP 地址为 1.1.1.1 的报文通过
rule 10 deny destination 1.1.1.2 0             //拒绝目的 IP 地址为 1.1.1.2 的报文通过
//允许目的 IP 地址为 1.1.1.0/24 网段的报文通过
rule 15 permit destination 1.1.1.0 0.0.0.255
```

2. 协议类型

高级 ACL 支持过滤报文的协议类型有很多种，常用的包括 ICMP（协议号 1）、TCP（协议号 6）、UDP（协议号 17）、GRE（协议号 47）、IGMP（协议号 2）、 IP（指任何 IP 层协议）、OSPF（协议号 89），格式为 protocol-number | icmp | tcp | udp | gre | igmp | ip | ospf，其中，protocol-number 的取值可以是 1~255。例如，交换机某个端口下的用户存在大量的攻击者，管理员希望禁止这个端口下的所有用户接入网络并访问其他网络资源，可以通过指定协议类型为 IP 来屏蔽这些用户的所有 IP 流量。

```
rule deny ip                        //表示拒绝所有IP协议报文通过
```

3. ACL 的时间匹配项

1）生效时间段

在某个特定时间段，对某些网络访问行为或者网络流量进行匹配，以达到某种精准控制。

2）相对时间段

相对时间段的格式为 time-range time-name start-time to end-time { days } &<1-7>。

- time-name：时间段名称，以英文字母开头的字符串；
- start-time to end-time：开始时间和结束时间，格式为"小时:分钟" to "小时:分钟"；
- days：Mon、Tue、Wed、Thu、Fri、Sat、Sun 中的一个或者几个的组合，也可以用数字表达（<1-7>），0 表示星期日、1 表示星期一、…、6 表示星期六。
  - working-day：从星期一到星期五，共五天；
  - off-day：包括星期六和星期日，共两天；
  - daily：包括一周，共七天。

3）绝对时间段

绝对时间段是指从某年某月某日的某一时间开始，到某年某月某日的某一时间结束。

格式为 time-range time-name from time1 date1 [to time2 date2]。

time：格式为"小时:分钟"。

```
//名称为time1的时间项，内容是每天晚上8点到晚上10点
time-range time1 20:00 to 22:00 daily
//名称为time2的时间项，内容是从2020/1/1 00:00到2020/3/31 23:59
time-range time2 from 00:00 2020/1/1 to 23:59 2020/3/31
```

4）关联时间段参数

时间段参数需要与 ACL 规则关联起来，这样才是一条基于时间匹配的完整的 ACL。

```
acl acl-number
  rule [ rule-id ] { deny | permit } other-options time-range time-name
```

任务实现

（1）根据任务描述，并参考上一节内容，绘制图 5-11 所示的拓扑结构，其中，PC1 模拟财务部计算机，PC2 模拟销售部计算机，型号为 S5700 的 SWA 模拟核心三层交换机，型号为 S3700 的 SW1 模拟接入层交换机，型号为 AR3260 的 Server1 模拟财务数据服务器，型号为 AR3260 的 Server2 模拟销售数据服务器。各设备连接端口和 IP 地址如图 5-11 所示。

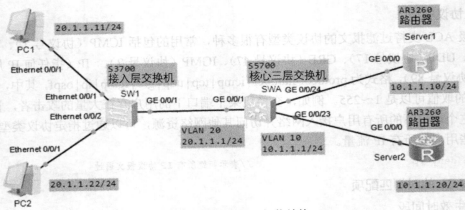

图 5-11 高级 ACL 拓扑结构

（2）参考上一节内容，在原有拓扑结构中增加一台型号为 AR3260 的 Server2，配置端口 IP 地址和默认路由指向 SWA 的 VLAN 10 端口地址。

```
[Server2]interface GigabitEthernet 0/0/0       //配置连接核心三层交换机 SWA 的直连端口 IP 地址
[Server2-GigabitEthernet0/0/0]ip address 10.1.1.20 24    //添加该端口 IP 地址、子网掩码
[Server2]ip route-static 0.0.0.0 0 10.1.1.1        //添加默认路由指向 SWA 的 VLAN 10 端口地址
```

（3）配置 SWA 和 Server2 的互连端口。

```
[SWA-GigabitEthernet0/0/23]port link-type access
[SWA-GigabitEthernet0/0/23]port default vlan 10     //将 Server2 连接端口加入 VLAN 10
```

（4）删除 SWA 之前的 ACL 应用规则。

```
//在与 PC2 互连端口的入站方向上删除应用 ACL 2020 的规则
[SWA-GigabitEthernet0/0/1]undo traffic-filter inbound acl 2020
```

（5）删除之前的 ACL 应用规则之后，网络应该恢复畅通的初始状态。验证过程：分别在 PC1 和 PC2 上 ping Server1 和 Server2，显示结果如下，可以看到，PC1、PC2 均可以 ping 通 Sever1 和 Server2。

```
PC1>ping 10.1.1.10

Ping 10.1.1.10: 32 data bytes, Press Ctrl_C to break
From 10.1.1.10: bytes=32 seq=1 ttl=254 time=94 ms
From 10.1.1.10: bytes=32 seq=2 ttl=254 time=78 ms
From 10.1.1.10: bytes=32 seq=3 ttl=254 time=63 ms
From 10.1.1.10: bytes=32 seq=4 ttl=254 time=62 ms
From 10.1.1.10: bytes=32 seq=5 ttl=254 time=63 ms

--- 10.1.1.10 ping statistics ---
  5 packet(s) transmitted
  5 packet(s) received
  0.00% packet loss
  round-trip min/avg/max = 62/72/94 ms

PC1>ping 10.1.1.20

Ping 10.1.1.20: 32 data bytes, Press Ctrl_C to break
From 10.1.1.20: bytes=32 seq=1 ttl=254 time=94 ms
From 10.1.1.20: bytes=32 seq=2 ttl=254 time=78 ms
From 10.1.1.20: bytes=32 seq=3 ttl=254 time=63 ms
From 10.1.1.20: bytes=32 seq=4 ttl=254 time=62 ms
From 10.1.1.20: bytes=32 seq=5 ttl=254 time=63 ms

--- 10.1.1.20 ping statistics ---
  5 packet(s) transmitted
  5 packet(s) received
```

```
  0.00% packet loss
  round-trip min/avg/max = 62/72/94 ms

PC2>ping 10.1.1.10

Ping 10.1.1.10: 32 data bytes, Press Ctrl_C to break
From 10.1.1.10: bytes=32 seq=1 ttl=254 time=94 ms
From 10.1.1.10: bytes=32 seq=2 ttl=254 time=78 ms
From 10.1.1.10: bytes=32 seq=3 ttl=254 time=63 ms
From 10.1.1.10: bytes=32 seq=4 ttl=254 time=62 ms
From 10.1.1.10: bytes=32 seq=5 ttl=254 time=63 ms

--- 10.1.1.10 ping statistics ---
  5 packet(s) transmitted
  5 packet(s) received
  0.00% packet loss
  round-trip min/avg/max = 62/72/94 ms

PC2>ping 10.1.1.20

Ping 10.1.1.20: 32 data bytes, Press Ctrl_C to break
From 10.1.1.20: bytes=32 seq=1 ttl=254 time=94 ms
From 10.1.1.20: bytes=32 seq=2 ttl=254 time=78 ms
From 10.1.1.20: bytes=32 seq=3 ttl=254 time=63 ms
From 10.1.1.20: bytes=32 seq=4 ttl=254 time=62 ms
From 10.1.1.20: bytes=32 seq=5 ttl=254 time=63 ms

--- 10.1.1.20 ping statistics ---
  5 packet(s) transmitted
  5 packet(s) received
  0.00% packet loss
  round-trip min/avg/max = 62/72/94 ms
```

(6) 在 SWA 上添加 ACL 3030，并增加拒绝源 IP 地址为 20.1.1.22 且到目的 IP 地址为 10.1.1.10 的规则，然后查看 ACL 信息。

```
[SWA]acl 3030                                      //创建高级ACL，编号为3030
//添加 ACL 规则，拒绝具体的源 IP 地址和目的 IP 地址通过
[SWA-acl-adv-3030]rule deny ip source 20.1.1.22 0 destination 10.1.1.10 0
[SWA-acl-adv-3030]rule permit ip          //ACL 允许除上述拒绝外的所有 IP 协议通过
[SWA-acl-adv-3030]display this
  acl number 3030
  rule 5 deny ip source 20.1.1.22 0 destination 10.1.1.10 0   //精确规则自动排序在前
  rule 10 permit ip                                            //默认步长为5
```

(7) 在 SWA 的端口上应用 ACL 3030，使得 PC2 无法访问 Server1，但是可以访问 Server2，并且同时 PC1 可以访问 Server1 和 Server2。

```
//在与 PC2 互连端口的入站方向上应用 ACL 3030 的规则
[SWA-GigabitEthernet0/0/1]traffic-filter inbound acl 3030
```

(8) 验证网络情况。分别在 PC1 和 PC2 上 ping Server2，显示结果如下，PC1 和 PC2 均可以 ping 通 Server2；分别在 PC1 和 PC2 上 ping Server1，可以看到，PC1 仍然可以 ping 通 Server1，但是 PC2 无法 ping 通 Server1。至此已经完成任务要求，销售部计算机无法访问财务数据服务器。财务部和销售部的其他计算机，均可参考 PC1 和 PC2 进行类似配置。

```
PC1>ping 10.1.1.20

Ping 10.1.1.20: 32 data bytes, Press Ctrl_C to break
From 10.1.1.20: bytes=32 seq=1 ttl=254 time=94 ms
From 10.1.1.20: bytes=32 seq=2 ttl=254 time=78 ms
From 10.1.1.20: bytes=32 seq=3 ttl=254 time=63 ms
From 10.1.1.20: bytes=32 seq=4 ttl=254 time=62 ms
From 10.1.1.20: bytes=32 seq=5 ttl=254 time=63 ms

--- 10.1.1.20 ping statistics ---
```

```
  5 packet(s) transmitted
  5 packet(s) received
  0.00% packet loss
  round-trip min/avg/max = 62/72/94 ms

PC2>ping 10.1.1.20

Ping 10.1.1.20: 32 data bytes, Press Ctrl_C to break
From 10.1.1.20: bytes=32 seq=1 ttl=254 time=94 ms
From 10.1.1.20: bytes=32 seq=2 ttl=254 time=78 ms
From 10.1.1.20: bytes=32 seq=3 ttl=254 time=63 ms
From 10.1.1.20: bytes=32 seq=4 ttl=254 time=62 ms
From 10.1.1.20: bytes=32 seq=5 ttl=254 time=63 ms

--- 10.1.1.20 ping statistics ---
  5 packet(s) transmitted
  5 packet(s) received
  0.00% packet loss
  round-trip min/avg/max = 62/72/94 ms
PC1>ping 10.1.1.10

Ping 10.1.1.10: 32 data bytes, Press Ctrl_C to break
From 10.1.1.10: bytes=32 seq=1 ttl=254 time=94 ms
From 10.1.1.10: bytes=32 seq=2 ttl=254 time=78 ms
From 10.1.1.10: bytes=32 seq=3 ttl=254 time=63 ms
From 10.1.1.10: bytes=32 seq=4 ttl=254 time=62 ms
From 10.1.1.10: bytes=32 seq=5 ttl=254 time=63 ms

--- 10.1.1.10 ping statistics ---
  5 packet(s) transmitted
  5 packet(s) received
  0.00% packet loss
  round-trip min/avg/max = 62/72/94 ms

PC2>ping 10.1.1.10

Ping 10.1.1.10: 32 data bytes, Press Ctrl_C to break
Request timeout!
Request timeout!
Request timeout!
Request timeout!
Request timeout!

--- 10.1.1.10 ping statistics ---
  5 packet(s) transmitted
  0 packet(s) received
  100.00% packet loss
```

【思考】

财务部其他计算机的 IP 地址范围为 20.1.1.8~20.1.1.11，销售部其他计算机的 IP 地址范围为 20.1.1.16~20.1.1.31，ACL 应该怎么编制？

之前介绍了通配符的概念，用户可以使用通配符来描述不同的地址范围，从而应用在 ACL 里，进行 IP 地址的匹配。财务部其他计算机的 IP 地址范围为 20.1.1.8~20.1.1.11，我们可以使用 IP 地址 20.1.1.8 加通配符 0.0.0.3 来表示；销售部其他计算机的 IP 地址范围为 20.1.1.16~20.1.1.31，可以使用 IP 地址 20.1.1.16 加通配符 0.0.0.15 来表示。ACL 3030 可以改成如下配置（以销售部其他计算机的 IP 地址范围为例）：

```
[SWA]acl 3030                                    //创建高级 ACL，编号为 3030
//添加 ACL 规则，拒绝具体的源 IP 地址和目的 IP 地址通过
[SWA-acl-adv-3030]rule deny ip source 20.1.1.16 0.0.0.15 destination 10.1.1.10 0
[SWA-acl-adv-3030]rule permit ip                 //ACL 允许除上述拒绝外的所有 IP 协议通过
```

5.1.3 复杂访问控制列表配置

🡆 任务描述

某公司有财务部和销售部,财务部和销售部分别有若干台计算机,同时公司有一台财务数据服务器和一台销售数据服务器。为精准控制数据流量,不允许财务部计算机使用 FTP 访问财务数据服务器,同时不允许销售部计算机使用 Telnet 访问销售数据服务器,而所有计算机可以通过其他应用访问两台服务器。现要在网络设备上实现这一目标。

通过本节的学习,读者可掌握以下内容:
- 复杂访问控制列表技术;
- 编制包含源 IP 地址、目的 IP 地址和端口在内的复杂 ACL 的方法;
- 根据需要在网络设备中选择合适的端口并运用配置好的复杂 ACL,实现网络流量控制的方法。

🡆 必备知识

1. 协议类型

复杂 ACL 支持过滤报文的协议类型有很多种,常用的包括 ICMP(协议号 1)、TCP(协议号 6)、UDP(协议号 17)、GRE(协议号 47)、IGMP(协议号 2)、IP(指任何 IP 层协议)、OSPF(协议号 89),格式为 protocol-number | icmp | tcp | udp | gre | igmp | ip | ospf,其中,protocol-number 的取值可以是 1～255。例如,交换机某个端口下的用户存在大量的攻击者,管理员希望禁止这个端口下的所有用户接入网络并访问其他网络资源,可以通过指定协议类型为 IP 来屏蔽这些用户的所有 IP 流量。

```
rule deny ip                    //表示拒绝所有 IP 协议报文通过
```

2. ACL 的操作符

1) equal

equal portnumber,等于 portnumber(端口),比如 equal 80 的意思就是等于 80 端口。

2) greater-than

greater-than portnumber,大于 portnumber,比如 greater-than 1024 的意思就是大于 1024 的所有端口。

3) less-than

less-than portnumber,小于 portnumber,比如 less-than 1024 的意思就是小于 1024 的所有端口。

4) not-equal

not-equal portnumber,不等于 portnumber,比如 not-equal 3389,表示不等于 3389 端口。

5) range

range portnumber1 portnumber2,介于 portnumber1 和 portnumber2 之间,比如 range 1 1024,表示 1～1024 范围内的所有端口。

🔹 任务实现

（1）根据任务描述，绘制图 5-12 所示的拓扑结构，基本沿用上一节的拓扑结构，但是为了使用 ftp 和 telnet 命令，使用路由器 AR3260 分别模拟财务部计算机 PC1 和销售部计算机 PC2，其他设置与上一节的拓扑结构相同。各设备连接端口和 IP 地址如图 5-12 所示。

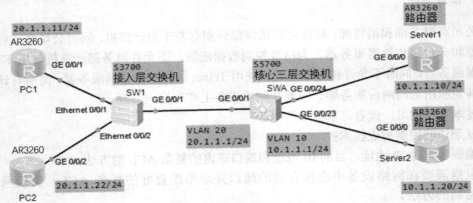

图 5-12　复杂 ACL 拓扑结构

（2）参考上一节，删除原有 PC1 和 PC2，并新增两台 AR3260 型号的路由器，用来模拟 PC1 和 PC2，并配置端口 IP 地址和默认路由指向 SWA 的 VLAN 20 端口地址。

```
[PC1-GigabitEthernet0/0/1]ip add 20.1.1.11 24     //配置模拟 PC1 的直连端口地址
[PC1]ip route-static 0.0.0.0 0 20.1.1.1           //配置默认路由指向 SWA 的 VLAN 20 端口地址
[PC2-GigabitEthernet0/0/2]ip add 20.1.1.22 24     //配置模拟 PC2 的直连端口地址
[PC2]ip route-static 0.0.0.0 0 20.1.1.1           //配置默认路由指向 SWA 的 VLAN 20 端口地址
```

（3）删除 SWA 之前的 ACL 应用规则。

```
//在与 PC2 互连端口的入站方向上删除应用 ACL 3030 的规则
[SWA-GigabitEthernet0/0/1]undo traffic-filter inbound acl 3030
```

（4）在 Server1 和 Server2 上启动 Telnet 和 Ftp 服务。

```
[Server1]user-interface vty 0 4                   //进入用户虚拟终端端口模式
[Server1-ui-vty0-4]authentication-mode password   //配置验证方式为 password
//设置验证密码为 anfang，华为设备默认开启 Telnet 服务，只要设置正确的验证方式，设备即可被 Telnet 访问
 Please configure the login password (maximum length 16):anfang
[Server1]ftp server enable                        //Server1 启动 Ftp 服务
Info: Succeeded in starting the FTP server
[Server2]user-interface vty 0 4                   //进入用户虚拟终端端口模式
[Server2-ui-vty0-4]authentication-mode password   //配置验证方式为 password
//设置验证密码为 anfang
 Please configure the login password (maximum length 16):anfang
[Server2]ftp server enable                        //Server2 启动 Ftp 服务
Info: Succeeded in starting the FTP server
```

（5）移除上一节中的 ACL 应用和启动 Ftp、Telnet 之后，网络应该恢复畅通状态。验证过程：在 PC1 和 PC2 上分别用 ping、ftp、telnet 命令来访问 Server1 和 Server2，PC1 的显示结果如下，可以看到，PC1 可以顺利访问 Server1 和 Server2。

```
<PC1>ping 10.1.1.10
  PING 10.1.1.10: 56  data bytes, press CTRL_C to break
    Reply from 10.1.1.10: bytes=56 Sequence=1 ttl=254 time=70 ms
    Reply from 10.1.1.10: bytes=56 Sequence=2 ttl=254 time=70 ms
    Reply from 10.1.1.10: bytes=56 Sequence=3 ttl=254 time=70 ms
```

```
    Reply from 10.1.1.10: bytes=56 Sequence=4 ttl=254 time=70 ms
    Reply from 10.1.1.10: bytes=56 Sequence=5 ttl=254 time=70 ms

  --- 10.1.1.10 ping statistics ---
    5 packet(s) transmitted
    5 packet(s) received
    0.00% packet loss
    round-trip min/avg/max = 70/70/70 ms

<PC1>ping 10.1.1.20
  PING 10.1.1.20: 56  data bytes, press CTRL_C to break
    Reply from 10.1.1.20: bytes=56 Sequence=1 ttl=254 time=170 ms
    Reply from 10.1.1.20: bytes=56 Sequence=2 ttl=254 time=80 ms
    Reply from 10.1.1.20: bytes=56 Sequence=3 ttl=254 time=60 ms
    Reply from 10.1.1.20: bytes=56 Sequence=4 ttl=254 time=60 ms
    Reply from 10.1.1.20: bytes=56 Sequence=5 ttl=254 time=70 ms

  --- 10.1.1.20 ping statistics ---
    5 packet(s) transmitted
    5 packet(s) received
    0.00% packet loss
    round-trip min/avg/max = 60/88/170 ms

<PC1>ftp 10.1.1.10           //用 ftp 命令访问财务数据服务器可以出现登录界面，表示 Ftp 服务正常
Trying 10.1.1.10 ...

Press CTRL+K to abort
Connected to 10.1.1.10.
220 FTP service ready.
User(10.1.1.10:(none)):
331 Password required for .
Enter password:
530 Logged incorrect.

Error: Failed to run this command because the connection was closed by remote host.

<PC1>ftp 10.1.1.20           //用 ftp 命令访问销售数据服务器可以出现登录界面，表示 Ftp 服务正常
Trying 10.1.1.20 ...

Press CTRL+K to abort
Connected to 10.1.1.20.
220 FTP service ready.
User(10.1.1.20:(none)):
331 Password required for .
Enter password:
530 Logged incorrect.

Error: Failed to run this command because the connection was closed by remote host.

<PC1>telnet 10.1.1.10  //用 telnet 命令访问财务数据服务器可以出现登录界面，表示 Telnet 服务正常
  Press CTRL_] to quit telnet mode
  Trying 10.1.1.10 ...
  Connected to 10.1.1.10 ...

Login authentication

Password:                    //输入之前设置的密码可以正确 Telnet 进入财务服务器
<Server1>quit                                        //退出 Telnet 登录

  Configuration console exit, please retry to log on

  The connection was closed by the remote host
//用 telnet 命令访问销售数据服务器可以出现登录界面，表示 Telnet 服务正常
<PC1>telnet 10.1.1.20
  Press CTRL_] to quit telnet mode
  Trying 10.1.1.20 ...
  Connected to 10.1.1.20 ...
```

```
  Login authentication

  Password:                    //输入之前设置的密码可以正确Telnet进入销售数据服务器
  <Server2>quit                //退出Telnet登录

    Configuration console exit, please retry to log on

    The connection was closed by the remote host
```

在 PC2 上，重复上述测试，结果与 PC1 相同，所有网络访问均正常。

（6）在 SWA 上添加 ACL 3333，并增加拒绝源 IP 地址为 20.1.1.11 到目的 IP 地址为 10.1.1.10 且端口为 ftp 的规则，以及拒绝源 IP 地址为 20.1.1.22 到目的 IP 地址为 10.1.1.20 且端口为 telnet 的规则。

```
[SWA]acl 3333                                       //创建复杂ACL，编号为3333
    [SWA-acl-adv-3333]rule 5 deny tcp source 20.1.1.11 0 destination 10.1.1.10 0
destination-port eq ftp          //添加ACL规则，拒绝PC1访问Server1的ftp端口
    [SWA-acl-adv-3333]rule 10 deny tcp source 20.1.1.22 0 destination 10.1.1.20 0
destination-port eq telnet       //添加ACL规则，拒绝PC2访问Server2的telnet端口
    [SWA-acl-adv-3333]rule permit ip     //ACL允许除上述拒绝外的所有IP协议通过
```

（7）在 SWA 的端口上应用 ACL 3333，使得 PC1 不能 Ftp 到 Server1，PC2 不能 Telnet 到 Server2，PC1 和 PC2 到 Server1 和 Server2 的其他网络访问均不受影响。

```
//在与PC2互连端口的入站方向上应用ACL 3333的规则
[SWA-GigabitEthernet0/0/1]traffic-filter inbound acl 3333
```

（8）验证网络情况。在 PC1 和 PC2 上分别用 ping、ftp、telnet 命令来访问 Server1 和 Server2，显示结果如下。可以看到，除 PC1 不能 Ftp 到 Server1、PC2 不能 Telnet 到 Sever2 外，PC1 和 PC2 到 Server1 和 Server2 的其他网络访问均保持畅通。至此已经完成任务要求，财务部计算机无法 Ftp 到财务数据服务器，销售部计算机无法 Telnet 到销售数据服务器，其他网络访问皆被允许。

```
<PC1>ping 10.1.1.10
  PING 10.1.1.10: 56  data bytes, press CTRL_C to break
    Reply from 10.1.1.10: bytes=56 Sequence=1 ttl=254 time=60 ms
    Reply from 10.1.1.10: bytes=56 Sequence=2 ttl=254 time=70 ms
    Reply from 10.1.1.10: bytes=56 Sequence=3 ttl=254 time=70 ms
    Reply from 10.1.1.10: bytes=56 Sequence=4 ttl=254 time=80 ms
    Reply from 10.1.1.10: bytes=56 Sequence=5 ttl=254 time=60 ms

  --- 10.1.1.10 ping statistics ---
    5 packet(s) transmitted
    5 packet(s) received
    0.00% packet loss
    round-trip min/avg/max = 60/68/80 ms

<PC1>ping 10.1.1.20
  PING 10.1.1.20: 56  data bytes, press CTRL_C to break
    Reply from 10.1.1.20: bytes=56 Sequence=1 ttl=254 time=80 ms
    Reply from 10.1.1.20: bytes=56 Sequence=2 ttl=254 time=80 ms
    Reply from 10.1.1.20: bytes=56 Sequence=3 ttl=254 time=50 ms
    Reply from 10.1.1.20: bytes=56 Sequence=4 ttl=254 time=50 ms
    Reply from 10.1.1.20: bytes=56 Sequence=5 ttl=254 time=60 ms

  --- 10.1.1.20 ping statistics ---
    5 packet(s) transmitted
    5 packet(s) received
    0.00% packet loss
    round-trip min/avg/max = 50/64/80 ms

<PC1>ftp 10.1.1.10                       //用ftp命令访问财务数据服务器无法出现登录界面
  Trying 10.1.1.10 ...
```

```
  Press CTRL+K to abort                     //只能按Ctrl+K快捷键关闭连接进程
Error: Failed to connect to the remote host.

<PC1>
<PC1>ftp 10.1.1.20            //用ftp命令访问销售数据服务器可以出现登录界面，表示Ftp服务正常
Trying 10.1.1.20 ...

  Press CTRL+K to abort
Connected to 10.1.1.20.
220 FTP service ready.
User(10.1.1.20:(none)):
331 Password required for .
Enter password:
530 Logged incorrect.

Error: Failed to run this command because the connection was closed by remote host.

<PC1>telnet 10.1.1.10  //用telnet命令访问财务数据服务器可以出现登录界面，表示Telnet服务正常
  Press CTRL_] to quit telnet mode
  Trying 10.1.1.10 ...
  Connected to 10.1.1.10 ...

Login authentication

Password:                           //输入之前设置的密码可以正确Telnet进入财务数据服务器
<Server1>quit                       //退出Telnet登录

  Configuration console exit, please retry to log on

  The connection was closed by the remote host

<PC1>telnet 10.1.1.20  //用telnet命令访问销售数据服务器可以出现登录界面，表示Telnet服务正常
  Press CTRL_] to quit telnet mode
  Trying 10.1.1.20 ...
  Connected to 10.1.1.20 ...

Login authentication

Password:                           //输入之前设置的密码可以正确Telnet进入销售数据服务器
<Server2>quit                       //退出Telnet登录

  Configuration console exit, please retry to log on

  The connection was closed by the remote host

<PC2>ping 10.1.1.20
  PING 10.1.1.20: 56  data bytes, press CTRL_C to break
    Reply from 10.1.1.20: bytes=56 Sequence=1 ttl=254 time=50 ms
    Reply from 10.1.1.20: bytes=56 Sequence=2 ttl=254 time=80 ms
    Reply from 10.1.1.20: bytes=56 Sequence=3 ttl=254 time=60 ms
    Reply from 10.1.1.20: bytes=56 Sequence=4 ttl=254 time=60 ms
    Reply from 10.1.1.20: bytes=56 Sequence=5 ttl=254 time=60 ms

  --- 10.1.1.20 ping statistics ---
    5 packet(s) transmitted
    5 packet(s) received
    0.00% packet loss
    round-trip min/avg/max = 50/62/80 ms

<PC2>ping 10.1.1.10
  PING 10.1.1.10: 56  data bytes, press CTRL_C to break
    Reply from 10.1.1.10: bytes=56 Sequence=1 ttl=254 time=90 ms
    Reply from 10.1.1.10: bytes=56 Sequence=2 ttl=254 time=80 ms
    Reply from 10.1.1.10: bytes=56 Sequence=3 ttl=254 time=60 ms
    Reply from 10.1.1.10: bytes=56 Sequence=4 ttl=254 time=80 ms
    Reply from 10.1.1.10: bytes=56 Sequence=5 ttl=254 time=60 ms
```

```
    --- 10.1.1.10 ping statistics ---
      5 packet(s) transmitted
      5 packet(s) received
      0.00% packet loss
      round-trip min/avg/max = 60/74/90 m

  <PC2>ftp 10.1.1.10            //用 ftp 命令访问财务数据服务器可以出现登录界面，表示 Ftp 服务正常
  Trying 10.1.1.10 ...

  Press CTRL+K to abort
  Connected to 10.1.1.10.
  220 FTP service ready.
  User(10.1.1.10:(none)):
  331 Password required for .
  Enter password:
  530 Logged incorrect.

  Error: Failed to run this command because the connection was closed by remote host.

  <PC2>ftp 10.1.1.20            //用 ftp 命令访问销售数据服务器可以出现登录界面，表示 Ftp 服务正常
  Trying 10.1.1.20 ...

  Press CTRL+K to abort
  Connected to 10.1.1.20.
  220 FTP service ready.
  User(10.1.1.20:(none)):
  331 Password required for .
  Enter password:
  530 Logged incorrect.

  Error: Failed to run this command because the connection was closed by remote host.

  <PC2>telnet 10.1.1.10  //用 telnet 命令访问财务数据服务器可以出现登录界面，表示 Telnet 服务正常
    Press CTRL_] to quit telnet mode
    Trying 10.1.1.10 ...
    Connected to 10.1.1.10 ...

  Login authentication

  Password:                       //输入之前设置的密码可以正确 Telnet 进入财务数据服务器
  <Server1>quit                   //退出 Telnet 登录

    Configuration console exit, please retry to log on

    The connection was closed by the remote host

  <PC2>telnet 10.1.1.20           //用 telnet 命令访问销售数据服务器无法出现登录界面
    Press CTRL_] to quit telnet mode  //按 Ctrl+]快捷键关闭连接进程
    Trying 10.1.1.20 ...
    Error: Can't connect to the remote host
```

【思考】

如果不使用 Ftp 和 Telnet 服务，而使用其他的网络服务，如 HTTP（80）、POP3（110）、RDP（3389）等，ACL 规则应如何编制？

可以仿照上述所讲的 ACL 规则，将 Ftp 和 Telnet 替换成其他服务，同时注意将源 IP 地址和目的 IP 地址设置正确即可。

```
rule 5 deny tcp source 20.1.1.11 0 destination 10.1.1.10 0 destination-port eq http
rule 10 deny tcp source 20.1.1.11 0 destination 10.1.1.20 0 destination-port eq pop3
rule 15 deny tcp source 20.1.1.22 0 destination 10.1.1.10 0 destination-port eq 3389
......
```

项目 5 Internet 接入及网络安全

任务小结

通过本任务的学习，我们掌握了在交换机中创建 ACL 的方法，在交换机端口应用创建好的 ACL，并且从基础 ACL 入手，通过基础的 ACL 编制实现简易数据流管控，再到应用高级 ACL，实现较为复杂的数据流管控，从而实现企业园区网络中的访问安全控制。下面通过几个习题来回顾一下所学的内容：
1. 为什么要在网络中使用 ACL？
2. 在交换机中创建和应用 ACL 的命令是什么？
3. 如何删除或者修改已有的 ACL 规则？
4. 如何设置 ACL 规则，使得部分计算机不能访问确定的服务器？
5. 如何设置 ACL 规则，使得部分计算机不能访问确定服务器的特定服务？

任务 2　防火墙和 NAT

5.2.1　防火墙基础配置

任务描述

某公司有内网，使用私有 IP 地址组网，同时申请了一个 Internet 出口，为提高网络安全性，增加了一台防火墙作为 Internet 出口设备，现要求对该防火墙进行基本的安全配置，使得外网流量不能轻易访问内网资源。现要在网络设备上实现这一目标。

通过本节的学习，读者可掌握以下内容：
- 防火墙的概念；
- Internet 出口防火墙的基本配置方法。

必备知识

1. 什么是防火墙

防火墙是位于两个信任程度不同的网络之间（如企业内网和 Internet 之间）的设备。它对两个网络之间的通信进行控制，通过强制实施统一的安全策略，防止用户对重要信息资源的非法存取和访问以达到保护系统安全的目的。防火墙的主要作用是划分网络安全区域，实现内网或关键系统与外网的安全隔离，保护内网及关键系统免受不应有的访问或攻击，隐藏内网结构，主动防御攻击行为。与路由器相比，防火墙提供了更丰富的安全防御策略，而且提高了安全策略下的数据转发效率。由于防火墙用于安全边界，因此往往兼备更丰富有效的 NAT、VPN 等功能。按照防火墙实现的方式，一般把防火墙分为如下几类：包过滤防火墙、代理型防火墙、状态检测防火墙。

2. 传统防火墙的局限性

（1）基于端口识别服务不能管理通过非知名端口或随机端口进行通信的未知应用程序，如各种 P2P 程序；不能管理通过同一协议承载的不同安全等级的网络业务，例如，同时借用 HTTP，运行在 80 端口上的 Webmail、网页游戏、视频网站、网页聊天等；不能避免客户端使用合法服务进行非法网络行为，例如，黑客利用浏览器漏洞入侵计算机等。

（2）基于 IP 控制流量不能解决利用僵尸主机进行的 DDoS 攻击；不能防范通过伪造或仿冒源 IP 地址进行的网络欺骗和权限获取；无法解决移动办公或远程办公等 IP 地址不固定场景下的权限控制问题。

（3）基于流的首包检测不能对流量进行持续安全防护，例如，阻断在一次正常访问过程中不慎下载的蠕虫、病毒和木马；不能对应用层协议进行检测与管理，例如，出于保护企业机密信息和提高企业管理效率等目的，对文件传输等网络行为进行管控。

3. 下一代防火墙

针对新网络中"端口和协议已经不能完全表示应用"的问题，下一代防火墙（NGFW）提供了完善的应用层和内容级别的安全防护功能。为了提高检测效率以及解决"流量首包不能完全代表整条流量的安全性"的问题，NGFW 提供了先进的"一次扫描"和"实时检测"机制。NGFW 通过签名和特征可以识别上千种应用，并且可以防护在应用层传输的网络入侵、蠕虫、病毒、木马和对应用层的攻击。NGFW 所提供的安全策略功能可以在一条策略中完成对一条流量的所有内容的安全防护。针对新网络中"仅凭 IP 地址难以进行准确的流量管理"的问题，NGFW 提供了用户认证管理功能，并且可以基于"七元组"（源/目的地址、源/目的端口、服务、应用、用户）部署安全策略。

4. 防火墙的安全区域

（1）安全区域（Security Zone）简称区域（Zone），大部分的安全策略基于安全区域实施。一个安全区域是防火墙若干接口所连网络的集合，这些网络中的用户具有相同的安全属性。DMZ 的中文名称为隔离区域，也称非军事化区域，是 Demilitarized Zone 的缩写。防火墙安全区域示意图如图 5-13 所示。

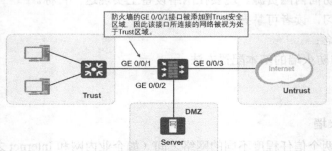

图 5-13　防火墙安全区域示意图

（2）防火墙上默认已创建的安全区域如表 5-2 所示，默认的安全区域不能删除，也不允许用户修改安全级别（Priority），用户可根据自己的需求创建自定义的安全区域，每个安全区域都必须设置一个安全级别，该值越大，安全区域的安全级别越高。

表 5-2　防火墙上默认已创建的安全区域

区 域 名 称	安 全 级 别
非受信区域（Untrust）	低安全级别的安全区域，安全级别为 5
非军事化区域（DMZ）	中等安全级别的安全区域，安全级别为 50
受信区域（Trust）	较高安全级别的安全区域，安全级别为 85
本地区域（Local）	最高安全级别的安全区域，安全级别为 100

Local 区域定义的是设备本身，包括设备的各接口本身。凡是由设备构造并主动发出的报文均可认为是从 Local 区域中发出的，凡是需要设备响应并处理（不仅是检测或直接转发）的报文均可认为是由 Local 区域接收的。用户不能改变 Local 区域本身的任何配置，包括向其中添加接口。如图 5-14 所示，防火墙的 GE 0/0/1 接口被添加到 Trust 区域，GE 0/0/3 接口被添加到 Untrust 区域。PC1 访问 192.168.1.254 的流量，被认为是从 Trust 区域到 Local 区域的流量。PC1 访问 PC2 的流量，被认为是从 Trust 区域到 Untrust 区域的流量。从防火墙直接访问（如 ping）PC1 的流量，被认为是从 Local 区域到 Trust 区域的流量。

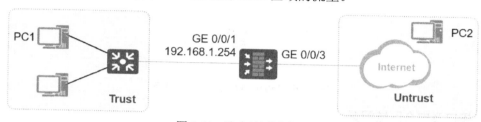

图 5-14 防火墙区域流向

5．安全区域的规则限制

在一台防火墙上不允许创建两个相同安全级别的安全区域。防火墙的一个接口只能属于一个安全区域，一个安全区域可以拥有多个接口，防火墙的接口必须加入一个安全区域，否则不能正常转发流量。系统自带的默认安全区域不能删除，用户可以根据实际需求创建自定义的安全区域。同一安全区域内部发生的数据流动是可信的，不需要实施任何安全策略；当不同安全区域之间发生数据流动时，才会触发防火墙的安全检查机制，并实施相应的安全策略。

6．安全域间

（1）任何两个安全区域都可以构成一个安全域间（Interzone），并具有单独的安全域间配置视图，如图 5-15 所示。

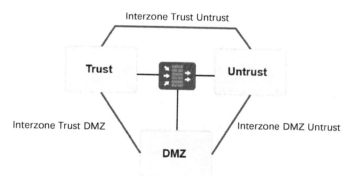

图 5-15 安全域间配置视图

（2）入方向/出方向。

入方向（Inbound）就是数据由低级别安全区域向高级别安全区域传输的方向；出方向（Outbound）就是数据由高级别安全区域向低级别安全区域传输的方向，如图 5-16 所示。

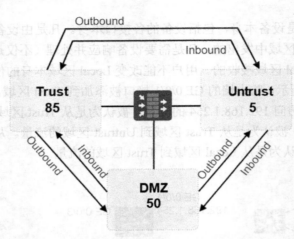

图 5-16 Inbound/Outbound 示意图

7. 接口及安全区域配置

下面介绍防火墙接口及安全区域的典型配置。在开始部署一台防火墙之前,通常先进行基础配置,拓扑结构如图 5-17 所示。

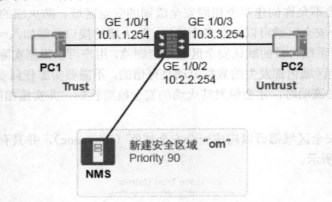

图 5-17 防火墙接口及安全区域配置示例的拓扑结构

配置接口 IP 地址。

```
[FW] interface GigabitEthernet 1/0/1
[FW-GigabitEthernet1/0/1] ip address ip mask
```

在 NGFW 上新建一个安全区域并配置安全级别。

```
[FW] firewall zone name om
[FW-zone-om] set priority 90
```

将接口添加到安全区域。

```
[FW] firewall zone trust
[FW-zone-trust] add interface GigabitEthernet 1/0/1
[FW] firewall zone om
[FW-zone-om] add interface GigabitEthernet 1/0/2
[FW] firewall zone untrust
[FW-zone-untrust] add interface GigabitEthernet 1/0/3
```

8. 防火墙的安全策略

防火墙的策略类型有很多种,包括安全策略、域间包过滤策略、NAT 策略、策略路由、带宽策略、配额控制策略、认证策略,其中最重要的是防火墙的安全策略,如表 5-3 所示。

项目 5 Internet 接入及网络安全

表 5-3 防火墙的策略类型

策略类型	说明
安全策略	通过安全策略可以控制用户或主机可访问的 IP 地址、端口、应用等资源，同时可以对这些网络流量进行内容安全的检测与保护
域间包过滤策略	基于安全域实现对报文流的检查，并根据检查结果对报文实施相应动作的域间策略
NAT 策略	通过 NAT 策略可以按照一定规则对报文的源 IP 地址/源端口和目的 IP 地址/目的端口进行转换，以解决 IPv4 地址枯竭的问题
策略路由	通过策略路由可以使特定流量流向指定网络。策略路由优先于路由表生效，所以可以精细地控制流量的转发
带宽策略	通过带宽策略可以对网络或主机占用带宽的情况进行管理。对不同流量分配不同的带宽和连接数可以有效地避免网络拥塞和网络体验的下降
配额控制策略	配额控制策略用于控制用户的上网流量和上网时间，可以有效防止带宽滥用、上网时间过长而影响工作效率等问题
认证策略	通过认证策略可以控制流量是否需要认证。部分特殊用户的流量可以不进行认证就获得网络访问权限

防火墙的安全策略是控制防火墙设备是否对流量进行转发以及对流量进行内容安全一体化检测的规则集合。防火墙能够识别出流量的属性，并将流量的属性与安全策略的条件进行匹配，如果所有条件都匹配，则此流量成功匹配安全策略，设备将会执行安全策略所设定的动作。内容安全一体化检测是指使用设备的智能感知引擎对一条流量的内容只进行一次检测和处理，就能实现包括反病毒、入侵防御和 URL 过滤在内的内容安全检测功能。在默认情况下，防火墙的低等级安全区域到高等级安全区域以及域内的安全策略（如 Untrust 到 Trust）都是被禁止的。如图 5-18 所示，经过策略监控或者检查，凡是不符合安全策略的流量均不予放行或转发。

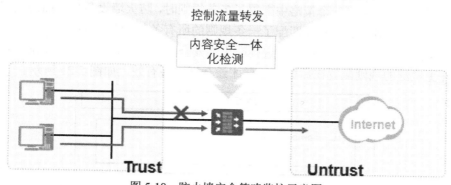

图 5-18 防火墙安全策略监控示意图

9. 防火墙的安全规则

安全规则是防火墙为应对可能发生的安全威胁，对相关流量等进行监测的执行语句，主要分为规则编号、匹配条件、执行动作、选项几个部分，如图 5-19 所示。

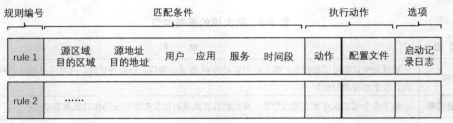

图 5-19 防火墙安全规则示意图

安全规则具体的匹配条件可以是源/目的区域、源/目的地址、用户、应用、服务、时间段，执行动作可以是允许通过也可以是拒绝通过，还可以调用不同的配置文件进行复杂动作控制，具体如图 5-20 所示。

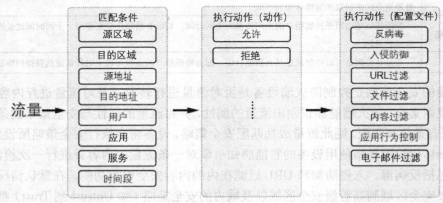

图 5-20 防火墙安全规则的匹配条件和执行动作示意图

10. 防火墙的策略与规则

策略是规则的集合，当一个策略中配置了多条规则时，防火墙设备将按照规则在界面上的排列顺序从上到下依次匹配，只要匹配了一条规则的所有条件，就按照执行动作与选项进行处理，不再继续匹配剩下的规则。所以在进行防火墙安全配置时，应将条件更精确的规则配置在前面，条件更宽泛的规则配置在后面，这样才最合理、最有效，如图 5-21 所示。

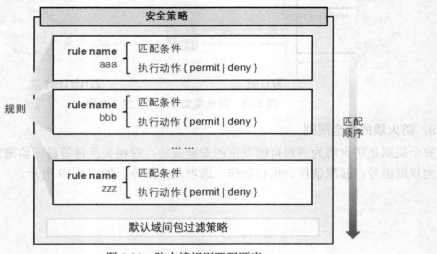

图 5-21 防火墙规则匹配顺序

项目 5 Internet 接入及网络安全

任务实现

（1）根据任务描述，绘制图 5-22 所示的拓扑结构，模拟某企业内网，通过防火墙 FW 访问 Internet。其中，Client1、Client2、Client3 分别模拟企业内不同网段的客户端，属于 Trust 区域；R2 模拟企业防火墙连接 Internet 的对端路由器，Server1 模拟 Internet 上某应用服务器，这些设备属于 Untrust 区域。任务要求：搭建基础网络，并进行防火墙的基础配置，保证企业内网可以正常访问防火墙连接 Internet 的出接口，即 FW 的 GE 0/0/8。

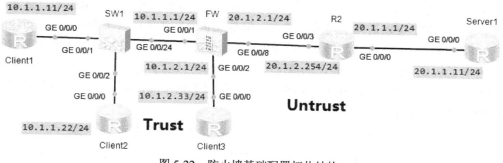

图 5-22 防火墙基础配置拓扑结构

（2）根据任务要求，并按图 5-22 所示，搭建基础网络，进行防火墙的基础配置，即配置接口地址,将相应接口添加到对应的安全区域，保证企业内网可以正常访问防火墙连接 Internet 的出接口（FW 的 GE 0/0/8），FW 的 IP 地址为 20.1.2.1。

```
[FW]interface GigabitEthernet 0/0/1
[FW-GigabitEthernet0/0/1]ip address 10.1.1.1 24            //配置防火墙接口地址
[FW-GigabitEthernet0/0/1]interface GigabitEthernet 0/0/2
[FW-GigabitEthernet0/0/2]ip address 10.1.2.1 24            //配置防火墙接口地址
[FW-GigabitEthernet0/0/1]interface GigabitEthernet 0/0/8
[FW-GigabitEthernet0/0/8]ip address 20.1.2.1 24            //配置防火墙接口地址
[FW-GigabitEthernet0/0/8]quit
[FW]firewall zone trust
[FW-zone-trust]add interface GigabitEthernet 0/0/1         //将接口添加进 Trust 区域
[FW-zone-trust]add interface GigabitEthernet 0/0/2         //将接口添加进 Trust 区域
[FW-zone-trust]quit
[FW]firewall zone untrust
[FW-zone-untrust]add interface GigabitEthernet 0/0/8       //将接口添加进 Untrust 区域
[FW-zone-untrust]quit
[FW]ip route-static 0.0.0.0 0.0.0.0 20.1.2.254             //添加去往 Internet 的默认路由
```

（3）因为 PC 模拟器不支持 ftp、telnet 等命令，所以用路由器配置成 Client1、Client2 和 Client3，保证内网畅通并符合任务要求，为后续进阶任务打好网络基础。

```
[Client1]interface GigabitEthernet 0/0/0
[Client1-GigabitEthernet0/0/0]ip address 10.1.1.11 24      //配置路由器接口地址
[Client1-GigabitEthernet0/0/0]quit
[Client1]ip route-static 0.0.0.0 0.0.0.0 10.1.1.1          //配置去往 Internet 的默认路由
[Client2]interface GigabitEthernet 0/0/0
[Client2-GigabitEthernet0/0/0]ip address 10.1.1.22 24      //配置路由器接口地址
[Client2-GigabitEthernet0/0/0]quit
[Client2]ip route-static 0.0.0.0 0.0.0.0 10.1.1.1          //配置去往 Internet 的默认路由
[Client3]interface GigabitEthernet 0/0/0
[Client3-GigabitEthernet0/0/0]ip address 10.1.2.33 24      //配置路由器接口地址
[Client3-GigabitEthernet0/0/0]quit
[Client3]ip route-static 0.0.0.0 0.0.0.0 10.1.2.1          //配置去往 Internet 的默认路由
```

（4）根据任务要求，配置路由器 R2，并用路由器配置成 Server1，模拟 Internet 部分网络，使网络工作正常。

```
[R2]interface GigabitEthernet 0/0/0
[R2-GigabitEthernet0/0/0]ip address 20.1.1.11 24              //配置 Server1 接口地址
[R2-GigabitEthernet0/0/0]interface GigabitEthernet 0/0/3
[R2-GigabitEthernet0/0/3]ip address 20.1.2.254 24             //配置连接 FW 的接口地址
[Server1]interface GigabitEthernet 0/0/0                      //用路由器配置成 Server1
[Server1-GigabitEthernet0/0/0]ip address 20.1.1.11 24         //配置路由器接口地址
[Server1-GigabitEthernet0/0/0]quit
[Server1]ip route-static 0.0.0.0 0.0.0.0 10.1.2.1             //配置去往 Internet 的默认路由
```

（5）验证网络情况。在 FW 上分别 ping Client1、Client2、Client3 和 Server1，显示结果如下，可以看到，FW 可以访问上述所有节点。但是 Client1、Client2、Client3 只能 ping 通 FW 的 GE 0/0/8 接口地址 20.1.2.1，再下一跳 R2 的 GE 0/0/3 接口地址 20.1.2.254 则不能访问（代码中只列举了从 Client1 上发起验证的情况）。而 Server1 只能 ping 通 R2 的 GE 0/0/3 接口地址 20.1.2.254，再下一跳 FW 的 GE 0/0/8 接口地址 20.1.2.1 则不能访问。至此，包含防火墙的企业基础网络就搭建完毕了。

```
<FW>ping 10.1.1.11                                            //从 FW 上发起验证
01:05:07  2021/02/02
  PING 10.1.1.11: 56  data bytes, press CTRL_C to break
    Reply from 10.1.1.11: bytes=56 Sequence=1 ttl=255 time=80 ms
    Reply from 10.1.1.11: bytes=56 Sequence=2 ttl=255 time=110 ms
    Reply from 10.1.1.11: bytes=56 Sequence=3 ttl=255 time=80 ms
    Reply from 10.1.1.11: bytes=56 Sequence=4 ttl=255 time=60 ms
    Reply from 10.1.1.11: bytes=56 Sequence=5 ttl=255 time=60 ms

  --- 10.1.1.11 ping statistics ---
    5 packet(s) transmitted
    5 packet(s) received
    0.00% packet loss
    round-trip min/avg/max = 60/78/110 ms

<FW>ping 10.1.1.22                                            //从 FW 上发起验证
01:05:13  2021/02/02
  PING 10.1.1.22: 56  data bytes, press CTRL_C to break
    Reply from 10.1.1.22: bytes=56 Sequence=1 ttl=255 time=80 ms
    Reply from 10.1.1.22: bytes=56 Sequence=2 ttl=255 time=60 ms
    Reply from 10.1.1.22: bytes=56 Sequence=3 ttl=255 time=80 ms
    Reply from 10.1.1.22: bytes=56 Sequence=4 ttl=255 time=490 ms
    Reply from 10.1.1.22: bytes=56 Sequence=5 ttl=255 time=110 ms

  --- 10.1.1.22 ping statistics ---
    5 packet(s) transmitted
    5 packet(s) received
    0.00% packet loss
    round-trip min/avg/max = 60/164/490 ms

<FW>ping 10.1.2.33                                            //从 FW 上发起验证
01:05:18  2021/02/02
  PING 10.1.2.33: 56  data bytes, press CTRL_C to break
    Reply from 10.1.2.33: bytes=56 Sequence=1 ttl=255 time=90 ms
    Reply from 10.1.2.33: bytes=56 Sequence=2 ttl=255 time=170 ms
    Reply from 10.1.2.33: bytes=56 Sequence=3 ttl=255 time=90 ms
    Reply from 10.1.2.33: bytes=56 Sequence=4 ttl=255 time=140 ms
    Reply from 10.1.2.33: bytes=56 Sequence=5 ttl=255 time=60 ms

  --- 10.1.2.33 ping statistics ---
    5 packet(s) transmitted
    5 packet(s) received
    0.00% packet loss
    round-trip min/avg/max = 60/110/170 ms

<FW>ping 20.1.1.11                                            //从 FW 上发起验证
```

```
  01:12:05  2021/02/02
    PING 20.1.1.11: 56  data bytes, press CTRL_C to break
      Reply from 20.1.1.11: bytes=56 Sequence=1 ttl=254 time=270 ms
      Reply from 20.1.1.11: bytes=56 Sequence=2 ttl=254 time=250 ms
      Reply from 20.1.1.11: bytes=56 Sequence=3 ttl=254 time=240 ms
      Reply from 20.1.1.11: bytes=56 Sequence=4 ttl=254 time=200 ms
      Reply from 20.1.1.11: bytes=56 Sequence=5 ttl=254 time=200 ms

    --- 20.1.1.11 ping statistics ---
      5 packet(s) transmitted
      5 packet(s) received
      0.00% packet loss
      round-trip min/avg/max = 200/232/270 ms

  <Client1>ping 20.1.2.1                              //从 Client1 上发起验证
    PING 20.1.2.1: 56  data bytes, press CTRL_C to break
      Reply from 20.1.2.1: bytes=56 Sequence=1 ttl=254 time=70 ms
      Reply from 20.1.2.1: bytes=56 Sequence=2 ttl=254 time=50 ms
      Reply from 20.1.2.1: bytes=56 Sequence=3 ttl=254 time=90 ms
      Reply from 20.1.2.1: bytes=56 Sequence=4 ttl=254 time=90 ms
      Reply from 20.1.2.1: bytes=56 Sequence=5 ttl=254 time=40 ms

    --- 20.1.2.1 ping statistics ---
      5 packet(s) transmitted
      5 packet(s) received
      0.00% packet loss
      round-trip min/avg/max = 40/68/90 ms

  <Client1>ping 20.1.2.254                            //从 Client1 上发起验证
    PING 20.1.2.254: 56  data bytes, press CTRL_C to break
      Request time out
      Request time out
      Request time out
      Request time out
      Request time out

    --- 20.1.2.254 ping statistics ---
      5 packet(s) transmitted
      0 packet(s) received
      100.00% packet loss

  <Server1>ping 20.1.2.254                            //从 Server1 上发起验证
    PING 20.1.2.254: 56  data bytes, press CTRL_C to break
      Reply from 20.1.2.254: bytes=56 Sequence=1 ttl=255 time=30 ms
      Reply from 20.1.2.254: bytes=56 Sequence=2 ttl=255 time=30 ms
      Reply from 20.1.2.254: bytes=56 Sequence=3 ttl=255 time=20 ms
      Reply from 20.1.2.254: bytes=56 Sequence=4 ttl=255 time=30 ms
      Reply from 20.1.2.254: bytes=56 Sequence=5 ttl=255 time=20 ms

    --- 20.1.2.254 ping statistics ---
      5 packet(s) transmitted
      5 packet(s) received
      0.00% packet loss
      round-trip min/avg/max = 20/26/30 ms

  <Server1>ping 20.1.2.1                              //从 Server1 上发起验证
    PING 20.1.2.1: 56  data bytes, press CTRL_C to break
      Request time out
      Request time out
      Request time out
      Request time out
      Request time out

    --- 20.1.2.1 ping statistics ---
      5 packet(s) transmitted
      0 packet(s) received
      100.00% packet loss
```

【思考】

上述验证环节，Client2 和 Client3 没有展示验证结果，请读者思考一下，在 Client2 和 Client3 上如何进行网络基础连通性验证？

可以仿照 Client1 的验证方式，分别在 Client2 和 Client3 上 ping 各自的网关、FW 的 GE 0/0/8 接口地址 20.1.2.1 和其下一跳 R2 的 GE 0/0/3 接口地址 20.1.2.254。在正常情况下，Client2 和 Client3 可以 ping 通各自的网关，即 10.1.1.1 和 10.1.2.1，以及 GE 0/0/8 接口地址 20.1.2.1，但是不能 ping 通 GE 0/0/3 接口地址 20.1.2.254。

5.2.2　Basic NAT 配置

任务描述

某公司有内网，使用私有 IP 地址组网，同时申请了一个 Internet 出口，为提高网络安全性，增加了一台防火墙作为 Internet 出口设备，现要对该防火墙进行 Basic NAT 配置，使得内网终端可以通过地址转换，正常访问 Internet 资源。现要在网络设备上实现这一目标。

通过本节的学习，读者可掌握以下内容：
- NAT 的概念及其类型；
- 在上一节网络架构基础上拓展技能；
- 如何在防火墙上配置 Basic NAT，使得内网终端可以访问 Internet 资源。

必备知识

1．NAT 的技术背景

2019 年 11 月 26 日，全球 43 亿个 IPv4 地址正式分配完毕，Internet IPv4 地址宣告耗尽。截至 2019 年 6 月，我国固定宽带用户有 7.51 亿人，移动 Internet 用户有 7.24 亿人，但 IPv4 地址有 3.3845 亿个，我国每个固定宽带用户人均 IPv4 地址只有 0.45 个。当然在这之前，IPv4 地址很早就陷入了资源紧张的局面，所以家庭计算机和手机一般都是运营商分配的不固定 IP 地址，想要获得一个固定的 IP 地址其实成本是很高的。

局域网用户普遍使用私有 IPv4 地址，这些用户如何访问公网？同时，局域网中使用私有 IPv4 地址的服务器如何对公网提供服务？更有甚者，若在对外隐藏内网 IP 地址的同时，内网的特定服务器又需对外提供服务，该如何实现？

2．什么是 NAT

NAT 是将 IP 数据报文头中的 IP 地址转换为另一个 IP 地址，通过解析 IP 数据报文头，自动替换报文头中的源地址或目的地址，实现私网用户通过私有 IP 地址访问公网的技术。私有 IP 地址转换为公有 IP 地址的过程对用户来说是透明的。

NAT 是一种 IP 地址共享技术，主要用于实现内网（使用私有 IP 地址）访问外网（使用公有 IP 地址）的功能。当内网的主机要访问外网时，通过 NAT 技术可以将其私有 IP 地址转换为公有 IP 地址，从而实现多个私网用户共享一个或少量公有 IP 地址来访问外网。当用户访问外网时，NAT 设备会将用户的私有 IP 地址转换为公有 IP 地址，这样既可以保证网络互通，又可以节省公有 IP 地址。

3．NAT 的优缺点

（1）解决了 IP 地址空间冲突或重叠的问题，可以在一定程度上缓解 IPv4 地址空间枯竭的压力。

（2）网络拓展性更高，本地控制更加容易，可以控制内网主机访问外网，同时可以控制外网主机访问内网，解决了内网和外网不能互通的问题。

（3）内网结构及相关操作对外变得不可见，可以有效避免来自外网的攻击，在很大程度上提高了网络的安全性。

（4）NAT 产生的表项需要占用系统内存，NAT 的计算需要占用系统 CPU 资源。

（5）NAT 的性能取决于设备的性能，存在转发时延。

（6）端到端寻址变得困难，某些应用不支持 NAT，造成应用受阻。

4．NAT 的实现流程

1）NAT 转换

设备在接收用户报文后，首先判断是否需要做 NAT 处理，通过查询 ACL 规则筛选需要做 NAT 处理的用户报文，若用户报文未命中该 ACL，则按照普通报文转发流程处理，至下一跳；若用户报文命中该 ACL，则会进入 NAT 协议栈，从 NAT 绑定的地址池和端口范围中选择 IP 地址和端口替换用户报文中已有的源 IP 地址和端口，实现 NAT 转换。转换后，用户报文将按照正常转发流程发往下一跳设备。

2）NAT 反向转换

设备在接收用户报文后，首先判断是否需要做 NAT 反向转换，若报文中的目的地址命中 FIB 表中的 NAT 地址池路由，则需要做 NAT 反向转换，若用户报文命中该 ACL，则会进入 NAT 协议栈，若命中的是其他类型路由或数据，则按照普通报文转发流程处理，至下一跳。依据 NAT 转换表项对用户报文做反向转换，用户报文中的目的 IP 地址和端口被替换成私有 IP 地址及对应端口。进行 NAT 反向转换后，用户报文将按照正常转发流程发往下一跳设备。

5．NAT 的转换方式

1）源 IP 地址转换

源 IP 地址转换（Source IP Address-based NAT），即基于源 IP 地址的 NAT，分为两种模式：一种是 Basic NAT（No-PAT），只转换源 IP 地址，不改变端口；另一种是网络地址及端口转换（NAPT），地址和端口均做转换。

2）目的 IP 地址转换

目的 IP 地址转换（Destination IP Address-based NAT），即基于目的 IP 地址的 NAT，也有两种模式：一种是 NAT Server；另一种是目的 NAT。

6．Basic NAT

Basic NAT 属于一对一的地址转换，又叫作 NAT No-PAT 模式。在这种模式下，在地址转换过程中，数据包的源 IP 地址由私有 IP 地址转换为公有 IP 地址，但端口不做转换。配置 No-PAT 参数后，NAT 设备会将转换前后的地址的所有端口进行一一对应。这种模式的优点是内网地址的所有端口不做转换，对应用影响小，缺点是该公有 IP 地址不能同时被其他内网地址复用。

NAT 设备拥有的公有 IP 地址数目要远少于内网的主机数目，这是因为所有内部主机并不会同时访问外网。公有 IP 地址数目的需求，应根据网络高峰期可能访问外网的内部主机数目的统计值来确定。由于 Basic NAT 这种一对一的转换模式实现公有 IP 地址的复用效率不高，因此在实际场景中并不常用。

Basic NAT 的转换过程如图 5-23 所示，NAT 设备收到内网侧主机发送的访问公网侧 Server 的报文，其源 IP 地址为 192.168.1.1，目的 IP 地址为 8.8.8.8。NAT 设备从地址池中选取一个空闲的公有 IP 地址，建立与内网侧报文源 IP 地址间的 NAT 转换表项（正反向），并依据查找正向 NAT 转换表项的结果将报文转换后向公网侧发送，其源 IP 地址是 200.1.1.100，目的 IP 地址是 8.8.8.8。NAT 设备收到公网侧的回应报文后，根据其目的 IP 地址查找反向 NAT 转换表项，并依据查找结果将报文转换后向私网侧发送，其源 IP 地址是 8.8.8.8，目的 IP 地址是 192.168.1.1。

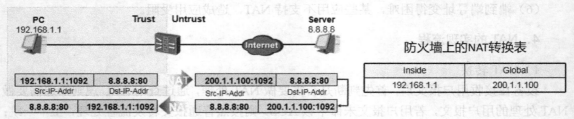

图 5-23　Basic NAT 的转换过程

任务实现

（1）根据任务描述，该任务的拓扑结构与图 5-22 所示的拓扑结构完全一样，延续使用图 5-22 所示的拓扑结构，采用 Basic NAT 方式，对内网终端地址进行网络地址转换，使得 Client1 和 Client2 能够访问 Internet 服务器 Server1，同时作为对比，未进行网络地址转换的 Client3 则无法访问 Server1，如图 5-24 所示。

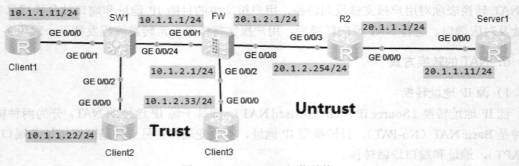

图 5-24　Basic NAT 拓扑结构

（2）根据任务要求，分析网络拓扑结构，本任务完全可以延续上一节的网络拓扑结构，其基础配置均可延续到本任务，只需在原有配置基础上添加相关 NAT 配置即可。

```
#在 FW 上配置区域间安全策略，使得 10.1.1.0/24 用户能够访问 Internet
[FW] policy interzone trust untrust outbound
[FW-policy-interzone-trust-untrust-outbound] policy 10
[FW-policy-interzone-trust-untrust-outbound-10] policy source 10.1.1.0 0.0.0.255
[FW-policy-interzone-trust-untrust-outbound-10] action permit
[FW-policy-interzone-trust-untrust-outbound-10] quit
[FW-policy-interzone-trust-untrust-outbound] quit
```

```
#在FW上创建NAT地址池
[FW] nat address-group 1 20.1.2.11 20.1.2.12
#在FW上配置NAT策略,使得Trust区域内的10.1.1.0/24用户在访问Internet时进行源地址转换,使用NAT
#地址池1中的公有IP地址,注意命令参数,采用No-PAT方式
[FW] nat-policy interzone trust untrust outbound
[FW-nat-policy-interzone-trust-untrust-outbound] policy 10
[FW-nat-policy-interzone-trust-untrust-outbound-10] policy source 10.1.1.0 0.0.0.255
[FW-nat-policy-interzone-trust-untrust-outbound-10] action source-nat
[FW-nat-policy-interzone-trust-untrust-outbound-10] address-group 1 no-pat
[FW-nat-policy-interzone-trust-untrust-outbound-10] quit
[FW-nat-policy-interzone-trust-untrust-outbound] quit
#在Server1上增加允许被Telnet和Ftp的相关配置,以方便后续的网络测试和验证
[Server1]ftp server enable                    //开启Ftp服务,允许被Ftp
[Server1]user-interface vty 0 4               //进入用户虚拟终端端口模式
[Server1-ui-vty0-4]authentication-mode password   //启用密码验证方式
[Server1-ui-vty0-4]set authentication password cipher anfang   //设置验证密码为anfang
```

(3) 验证网络情况。分别在Client1和Client2上ping Server1的IP地址20.1.1.11,显示结果如下,可以看到,Client1和Client2都可以访问20.1.1.11。但是作为对比,Client3则不能ping通20.1.1.11。继续在Client1上Telnet 20.1.1.11,同时在Client2上Ftp 20.1.1.11,然后在FW上使用命令display firewall session table查看NAT转换表,可以看到源地址有转换,但是端口没有改变。至此,防火墙的Basic NAT配置任务就完成了。

```
<Client1>ping 20.1.1.11                        //从Client1上发起验证
  PING 20.1.1.11: 56  data bytes, press CTRL_C to break
    Reply from 20.1.1.11: bytes=56 Sequence=1 ttl=253 time=120 ms
    Reply from 20.1.1.11: bytes=56 Sequence=2 ttl=253 time=80 ms
    Reply from 20.1.1.11: bytes=56 Sequence=3 ttl=253 time=70 ms
    Reply from 20.1.1.11: bytes=56 Sequence=4 ttl=253 time=100 ms
    Reply from 20.1.1.11: bytes=56 Sequence=5 ttl=253 time=90 ms

  --- 20.1.1.11 ping statistics ---
    5 packet(s) transmitted
    5 packet(s) received
    0.00% packet loss
    round-trip min/avg/max = 70/92/120 ms

<Client2>ping 20.1.1.11                        //从Client2上发起验证
  PING 20.1.2.1: 56  data bytes, press CTRL_C to break
    Reply from 20.1.1.11: bytes=56 Sequence=1 ttl=255 time=90 ms
    Reply from 20.1.1.11: bytes=56 Sequence=2 ttl=255 time=90 ms
    Reply from 20.1.1.11: bytes=56 Sequence=3 ttl=255 time=80 ms
    Reply from 20.1.1.11: bytes=56 Sequence=4 ttl=255 time=40 ms
    Reply from 20.1.1.11: bytes=56 Sequence=5 ttl=255 time=50 ms

  --- 20.1.1.11 ping statistics ---
    5 packet(s) transmitted
    5 packet(s) received
    0.00% packet loss
    round-trip min/avg/max = 40/70/90 ms

<Client3>ping 20.1.1.11                        //从Client3上发起验证
  PING 20.1.1.11: 56  data bytes, press CTRL_C to break
    Request time out
    Request time out
    Request time out
    Request time out
    Request time out

  --- 20.1.1.11 ping statistics ---
    5 packet(s) transmitted
    0 packet(s) received
    100.00% packet loss
```

```
<Client1>telnet 20.1.1.11                          //在 Client1 上 Telnet Server1
  Press CTRL_] to quit telnet mode
  Trying 20.1.1.11 ...
  Connected to 20.1.1.11 ...

Login authentication

Password:

<Client2>ftp 20.1.1.11                             //在 Client2 上 Ftp Server1
Trying 20.1.1.11 ...

Press CTRL+K to abort
Connected to 20.1.1.11.
220 FTP service ready.
User(20.1.1.11:(none)):
331 Password required for .
Enter password:
//在 FW 上查看 NAT 转换表, 注意转换前后的 IP 地址和端口是如何变化的
[FW]display firewall session table
12:09:19  2021/02/02
 Current Total Sessions : 2
   telnet  VPN:public --> public 10.1.1.11:50175[20.1.2.11:50175]-->20.1.1.11:23
   ftp  VPN:public --> public 10.1.1.22:50015[20.1.2.12:50015]-->20.1.1.11:21
```

【思考】

如果在现阶段,希望 Client3 像 Client1 和 Client2 一样,正常访问 Internet 资源,比如 ping 通 Server1, 那么应该如何进行配置?

可以仿照任务 2 的 NAT 规则语句,参照对 10.1.1.0/24 网段的配置,增加对 10.1.2.0/24 网段的相关配置即可。

```
#在 FW 上配置区域间安全策略, 使得 10.1.2.0/24 用户能够访问 Internet
[FW-policy-interzone-trust-untrust-outbound-10] policy source 10.1.2.0 0.0.0.255
#在 FW 上配置 NAT 策略, 使得 10.1.2.0/24 用户在访问 Internet 时进行源地址转换
[FW-nat-policy-interzone-trust-untrust-outbound-10] policy source 10.1.2.0 0.0.0.255
```

5.2.3 NAPT 配置

任务描述

继续延续上一节的网络拓扑结构,模拟某公司有内网,使用私有 IP 地址组网,同时使用一台防火墙作为 Internet 出口设备,现采用 NAPT 方式对该防火墙进行 NAT 配置,使得 Client1 和 Client2 能够访问 Internet 服务器 Server1, 同时作为对比,未进行 NAT 配置的 Client3 则无法访问 Server1。

通过本节的学习,读者可掌握以下内容:
● NAPT 的概念及其特点;
● 在上一节网络拓扑结构基础上修改配置;
● 如何在防火墙上配置 NAPT, 使得内网终端可以访问外网资源。

必备知识

1. 什么是 NAPT

与一对一的 NAT 转换方式相比，NAPT（Network Address Port Translation，网络地址端口转换）可以实现并发的地址转换。它允许多个内部私有 IP 地址映射到同一个公有 IP 地址上，因此也被称为"多对一地址转换"，还被称为"地址复用"。通过配置 NAPT 功能，设备将同时对端口号和 IP 地址进行映射，允许多个私有 IP 地址同时映射到同一个公有 IP 地址上，相同的公有 IP 地址通过不同的端口号区分映射不同的私有 IP 地址，从而实现多对一或多对少的地址转换。

2. NAPT 的转换过程

NAPT 的转换过程如图 5-25 所示，NAT 设备收到内网侧主机发送的访问公网侧 Server 的报文后（比如收到主机 A 发送的报文的源 IP 地址是 192.168.1.1，端口号是 1092），NAT 设备从地址池中选取一对空闲的"公有 IP 地址＋端口号"，建立与内网侧报文"源 IP 地址＋源端口号"间的 NAPT 转换表项（正反向），并依据查找正向 NAPT 转换表项的结果将报文转换后向公网侧发送。比如主机 A 发送的报文经转换后的源 IP 地址为 200.1.1.100，端口号为 39612。NAT 设备收到公网侧的回应报文后，根据其"目的 IP 地址＋目的端口号"查找反向 NAPT 转换表项，并依据查找结果将报文转换后向私网侧发送。比如 Server 回应主机 A 的报文经转换后，目的 IP 地址为 192.168.1.1，端口号为 1092。

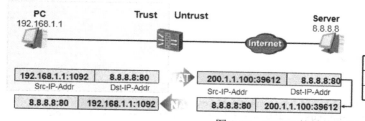

图 5-25　NAPT 的转换过程

3. NAPT 的地址池和 Easy IP

要对私网用户报文进行 NAT 转换，必须有可用的公有 IP 地址，NAT 设备通过 NAT 地址池来管理公有 IP 地址，地址池中定义了可分配给私网报文的公有 IP 地址范围。在默认情况下，NAT 地址池中的 IP 地址不能与已被接口使用的 IP 地址重复。但是在企业网络场景中，公有 IP 地址十分有限，企业用户可能没有条件申请过多的公有 IP 地址，需要在少数公有 IP 地址场景下，叠加使用 NAT 功能。为充分利用有限的公有 IP 地址资源，NAT 设备支持 NAT 地址池中的地址与接口地址复用，被称为 NAT Easy IP。

Easy IP 方式特别适合小型局域网访问 Internet 的情况，这里的小型局域网主要指中小型网吧、小型办公室环境、家庭环境等，其一般具有以下特点：内部主机较少、出接口通过拨号方式获得临时公有 IP 地址以供内部主机访问 Internet。在这种情况下，可以使用 Easy IP 方式使局域网用户都通过同一个 IP 地址接入 Internet。

4. Easy IP 方式下的转换过程

Easy IP 方式下的转换过程如下：NAT 设备收到内网侧主机发送的访问公网侧服务器的报文，然后利用公网侧接口的"公有 IP 地址+端口号"，建立与内网侧报文"源 IP 地址+源端口号"

间的 Easy IP 转换表项（正反向），并依据查找正向 Easy IP 转换表项的结果将报文转换后向公网侧发送；NAT 设备在收到公网侧的回应报文后，根据其"目的 IP 地址+目的端口号"查找反向 Easy IP 转换表项，并依据查找结果将报文转换后向内网侧发送。

任务实现

（1）根据任务描述，延续使用上一节的网络拓扑结构，采用 NAPT 方式，对内网终端地址进行 NAT 转换，使得 Client1 和 Client2 能够访问 Internet 服务器 Server1，同时作为对比，未进行 NAT 配置的 Client3 则无法访问 Server1。

（2）根据任务要求，分析网络拓扑结构，本任务完全可以延续使用上一节的网络拓扑结构，其绝大部分配置均可延续到本任务，只需在原有配置基础上修改并添加相关 NAT 配置即可。

```
#在 FW 上删除原有地址池配置
[FW]undo nat address-group 1 20.1.2.11 20.1.2.12         //删除该配置，无须太多参数
                                    ^
Error: Too many parameters found at '^' position. //把起止地址参数放入命令中反而提示错误
[FW]undo nat address-group 1           //只需要执行基本命令 undo nat address-group 1 即可
12:41:03  2021/02/02                   //命令执行后提示错误，地址池被调用中，无法删除
  Error: The Nat address-group is in use!   //删除地址池之前需先停止对该地址池的调用
#删除对该地址池的调用命令
[FW]nat-policy interzone trust untrust outbound
12:44:19  2021/02/02
[FW-nat-policy-interzone-trust-untrust-outbound]display this  //在删除之前先查看相关配置
12:44:23  2021/02/02
#
nat-policy interzone trust untrust outbound
 policy 10
  action source-nat
  policy source 10.1.1.0 0.0.0.255
  address-group 1 no-pat
#
Return
[FW-nat-policy-interzone-trust-untrust-outbound]policy 10
[FW-nat-policy-interzone-trust-untrust-outbound-10]undo address-group 1 no-pat
                                    ^
Error: Too many parameters found at '^' position.        //删除该命令，无须太多参数
[FW-nat-policy-interzone-trust-untrust-outbound-10]undo address-group
15:46:28  2021/02/02                       //只需执行命令 undo address-group 即可
//删除完毕后再次查看相关配置
[FW-nat-policy-interzone-trust-untrust-outbound-10]display this
15:47:48  2021/02/02                       //可以比较删除前后的配置变化
#
 policy 10
  action source-nat
  policy source 10.1.1.0 0.0.0.255
#
return
[FW-nat-policy-interzone-trust-untrust-outbound-10]quit
[FW-nat-policy-interzone-trust-untrust-outbound]quit
[FW]undo nat address-group 1                       //删除原有地址池
#重新创建 NAT 地址池
[FW]nat address-group 1 20.1.2.11 20.1.2.11              //地址池可以是单个地址
#配置 NAT 策略，使得 Trust 区域内的 10.1.1.0/24 用户在访问 Internet 时进行源地址转换，使用 NAT 地址池 1
#中的公有 IP 地址，采用 NPAT 的方式
[FW] nat-policy interzone trust untrust outbound
[FW-nat-policy-interzone-trust-untrust-outbound] policy 10
[FW-nat-policy-interzone-trust-untrust-outbound-10] policy source 10.1.1.0 0.0.0.255
[FW-nat-policy-interzone-trust-untrust-outbound-10] action source-nat
[FW-nat-policy-interzone-trust-untrust-outbound-10] address-group 1     //注意此处无参数
```

（3）验证网络情况。在 Client1 上 Telnet Server1 的 IP 地址 20.1.1.11，同时在 Client2 上 Ftp Server1 的 IP 地址 20.1.1.11，然后在 FW 上使用命令 display firewall session table 查看 NAT 转换表，可以看到，IP 地址和端口均发生了改变。至此，防火墙的 NAPT 配置任务就全部完成了。

```
<Client1>telnet 20.1.1.11                    //在Client1上Telnet Server1
 Press CTRL_] to quit telnet mode
 Trying 20.1.1.11 ...
 Connected to 20.1.1.11 ...

Login authentication

Password:

<Client2>ftp 20.1.1.11                       //在Client2上Ftp Server1
 Trying 20.1.1.11 ...

 Press CTRL+K to abort
 Connected to 20.1.1.11.
 220 FTP service ready.
 User(20.1.1.11:(none)):
 331 Password required for .
 Enter password:
//在FW上查看NAT转换表，注意转换前后的IP地址和端口是如何变化的
<FW>display firewall session table
16:46:28  2021/02/02
 Current Total Sessions : 2
  telnet  VPN:public --> public 10.1.1.11:50073[20.1.2.11:2049]-->20.1.1.11:23
  ftp     VPN:public --> public 10.1.1.22:50737[20.1.2.11:2053]-->20.1.1.11:21
```

【思考】

如果不允许 Client1 和 Client2 同时访问 Server1，而只允许 Client1 访问 Server1，那么需要如何配置才能实现精确管控？

将网段 NAT 命令 policy source 10.1.1.0 0.0.0.255 替换成 policy source 10.1.1.11 0.0.0.0，其他配置不变，即可实现单一源地址转换。

```
[[FW] nat-policy interzone trust untrust outbound
[FW-nat-policy-interzone-trust-untrust-outbound] policy 10
[FW-nat-policy-interzone-trust-untrust-outbound-10]  undo  policy  source  10.1.1.0
0.0.0.255
[FW-nat-policy-interzone-trust-untrust-outbound-10] policy source 10.1.1.11 0.0.0.0
```

修改配置后，读者可以自行测试结果是否正确。

5.2.4 NAT Server 配置

任务描述

之前均是根据源地址进行网络地址转换的，模拟的是企业内网访问 Internet 资源。而在很多时候，企业的内网服务器除了需要为内网提供服务，还需要为 Internet 上的用户提供信息服务，比如企业内部的查询服务器，需要为出差在外使用 Internet 的员工提供查询服务。这个时候就需要基于目的地址进行网络地址转换，把内网服务器私有 IP 地址转换成公有 IP 地址，使得内网服务器可以被 Internet 上的 IP 终端正常访问。继续延续上一节的网络拓扑结构，模拟某公司有内网，使用私有 IP 地址组网，同时使用一台防火墙作为 Internet 出口设备，仅仅做微小

改动，把 Client3 替换成 Server3，然后置于 DMZ 区域，再把 Server1 当作发起访问的终端用户，对该防火墙进行 NAT Server 配置，使得 Server1 能够访问 Server3，同时改变相关服务的默认端口，以便对内网进行进一步隐藏，从而降低被探测和攻击的风险，以提高内网的安全性。

通过本节的学习，读者可掌握以下内容：
- NAT Server 的概念及其特点；
- 在上一节网络拓扑结构基础上修改配置；
- 如何在防火墙上配置 NAT Server，使得外网终端可以安全地访问内网资源。

必备知识

1. 什么是 NAT Server

NAT Server 是最常用的基于目的地址的 NAT。例如，内网部署了一台服务器，其真实 IP 地址是私有 IP 地址，但公网用户只能通过一个公有 IP 地址访问该服务器，这时配置 NAT Server 的设备可以将公网用户访问该公有 IP 地址的报文自动转发给内网服务器。

NAT Server 功能使得内网服务器可以供外网访问。外网的用户在访问内网服务器时，NAT 将请求报文的目的地址转换成内网服务器的私有地址。对于内网服务器回应报文而言，NAT 还会自动将回应报文的源地址（私有 IP 地址）转换成公有 IP 地址。

NAT Server 成功应用后，当外网用户访问内网服务器时，它通过事先配置好的"公有 IP 地址+端口号"与"私有 IP 地址+端口号"之间的映射关系，将服务器的"公有 IP 地址+端口号"根据映射关系替换成对应的"私有 IP 地址+端口号"。

2. NAT Server 的转换过程

NAT Server 的转换过程如图 5-26 所示，在 NAT 设备上配置 NAT Server 后建立了相关 NAT 转换表项。NAT 设备收到公网用户发起的访问请求后，根据该请求的"目的 IP 地址+端口号"查找 NAT Server 的转换表项，找出对应的"私有 IP 地址+端口号"，然后用查找结果替换报文的"目的 IP 地址+端口号"。

NAT 设备收到内网服务器的回应报文后，根据该回应报文的"源 IP 地址+源端口号"查找 NAT Server 的转换表项，找出对应的"公有 IP 地址+端口号"，然后用查找结果替换报文的"源 IP 地址+源端口号"。

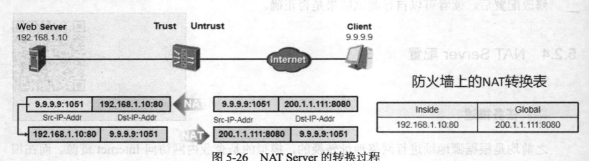

图 5-26 NAT Server 的转换过程

任务实现

（1）根据任务描述，延续使用上一节的网络拓扑结构，参见图 5-27，采用 NAT Server 方式，对内网服务器地址进行 NAT 转换，使得 Server1 能够访问内网服务器 Server3，同时将

Telnet 服务的端口号 23 转换为 2323。

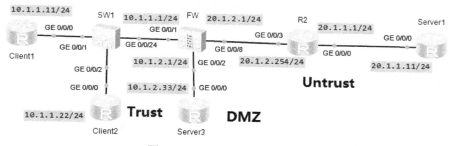

图 5-27 NAT Server 拓扑结构

（2）根据任务要求，分析网络拓扑结构，对比之前的网络拓扑结构，本任务在原有网络基础上仅做微小改动，将 Client3 替换成 Server3，增加允许被 Telnet 和 Ftp 的相关配置，然后置于 DMZ 区域。其原有配置大部分可延续到本任务，只需在原有配置基础上修改并添加相关 NAT Server 配置即可。

```
#将Client3替换成Server3,并增加允许被Telnet和Ftp的相关配置,以方便后续的网络测试和验证
[Client3]sysname Server3
[Server3]user-interface vty 0 4                     //设备改名
[Server3-ui-vty0-4]authentication-mode  password    //进入用户虚拟终端端口模式
[Server3-ui-vty0-4]set authentication password cipher anfang   //启用密码验证方式
#在FW上将interface GE 0/0/2 改为 DMZ 区域                         //设置验证密码为 anfang
[FW]afirewall zone trust                            //进入 Trust 区域
//删除原属于Trust区域的GE 0/0/2端口
[FW]undo add interface GigabitEthernet 0/0/2
[FW-zone-trust]quit
[FW]firewall zone dmz                               //进入 DMZ 区域
[FW-zone-dmz]add interface GigabitEthernet 0/0/2    //将 GE 0/0/2 端口添加进 DMZ 区域
[FW-zone-dmz]quit
#配置区域间安全策略,使得Internet用户能够从Untrust区域访问处于DMZ区域的Server3
[FW] policy interzone dmz untrust inbound
[FW-policy-interzone-dmz-untrust-inbound] policy 10
[FW-policy-interzone-dmz-untrust-inbound-10] policy destination 10.1.2.33 0
[FW-policy-interzone-dmz-untrust-inbound-10] policy service service-set telnet
[FW-policy-interzone-dmz-untrust-inbound-10] policy service service-set ftp
[FW-policy-interzone-dmz-untrust-inbound-10] action permit
#配置 NAT Server
//将内网DMZ区域地址10.1.2.33简单映射成公有IP地址20.1.2.33
[FW]nat server zone untrust global 20.1.2.33 inside 10.1.2.33
```

（3）验证网络情况。在 Server1 上 Telnet Server3 的公网映射 IP 地址 20.1.2.33，同时 Ftp 该 IP 地址，可以看到业务测试正常，然后在 FW 上使用命令 display firewall session table 查看 NAT 转换表，可以看到 IP 地址和端口号的变化情况。

```
<Server1>telnet 20.1.2.33                   //在 Server1 上 Telnet Server3
 Press CTRL_] to quit telnet mode
 Trying 20.1.2.33 ...
 Connected to 20.1.2.33 ...

Login authentication

Password:                                   //输入密码 anfang
Info: The max number of VTY users is 10, and the number
     of current VTY users on line is 1.
     The current login time is 2021-02-02 20:25:48.
<Server3>                                   //业务成功登录
<Server3>quit
```

```
Info: The max number of VTY users is 10, and the number
      of current VTY users on line is 0.
 The connection was closed by the remote host

<Server1>ftp 20.1.2.33                          //在Server1上Ftp Server3
Trying 20.1.1.11 ...

Press CTRL+K to abort
Connected to 20.1.1.11.
220 FTP service ready.
User(20.1.1.11:(none)):                         //业务成功
331 Password required for .                     //只不过因密码不正确导致登录失败而已
Enter password:                                 //网络服务证明是正常的
530 Logged incorrect.

Error: Failed to run this command because the connection was closed by remote host.

[FW]display firewall session table              //在FW上查看NAT转换表
18:54:33  2021/02/02                            //注意源/目的IP地址和端口号的变化情况
 Current Total Sessions : 2
  ftp  VPN:public --> public 20.1.1.11:49662-->20.1.2.33:21[10.1.2.33:21]
  telnet  VPN:public --> public 20.1.1.11:50998-->20.1.2.33:23[10.1.2.33:23]
```

（4）根据任务要求，需要尽量隐藏内网信息，所以要将原有Telnet服务的端口号23同时映射成2323，以提高安全性。因此需要将上一条映射命令进行修改并完善。

在FW上删除原有简单映射命令：

```
[FW]undo nat server zone untrust global 20.1.2.33 inside 10.1.2.33   //删除原有映射命令
```

在FW上添加精确映射命令：

```
//当Internet用户访问20.1.2.33地址且TCP端口号为2323时，报文的目的IP地址会被转换成内网地址
//10.1.2.33，同时目的TCP端口号被转换成23
[FW]nat server zone untrust protocol tcp global 20.1.2.33 2323 inside 10.1.2.33 23
```

（5）验证网络情况。在Server1上用2323端口Telnet Server3的公网映射IP地址20.1.2.33，同时Ftp该IP地址，可以看到，Telnet业务测试正常，而Ftp则不正常。然后在FW上使用命令display firewall session table查看NAT转换表，可以看到，Telnet应用地址和端口号均发生改变，但Ftp应用未做响应。至此，防火墙的NAT Server配置任务就全部完成了。

```
<Server1>ftp 20.1.2.33                          //在Server1上Ftp Server3
Trying 20.1.2.33 ...

Press CTRL+K to abort
Error: Failed to connect to the remote host.    //业务不成功

<Server1>telnet 20.1.2.33                       //在Server1上用默认端口Telnet Server3
  Press CTRL_] to quit telnet mode
  Trying 20.1.2.33 ...
  Error: Can't connect to the remote host       //业务不成功

<FW>display firewall session table              //在FW上查看NAT转换表
18:39:25  2021/02/02
 Current Total Sessions : 1
  //此时的Telnet目的地址没有对应内网地址，所以业务不成功
  telnet  VPN:public --> public 20.1.1.11:49296-->20.1.2.33:23

<Server1>telnet 20.1.2.33 2323                  //在Server1上用2323端口Telnet Server3
  Press CTRL_] to quit telnet mode
  Trying 20.1.2.33 ...
  Connected to 20.1.2.33 ...

Login authentication
```

```
Password:                                        //输入密码 anfang
Info: The max number of VTY users is 10, and the number
      of current VTY users on line is 1.
      The current login time is 2021-02-02 20:25:48.
<Server3>                                        //业务成功

<FW>display firewall session table               //在 FW 上查看 NAT 转换表
18:44:20  2021/02/02                             //注意源/目的地址和端口号的变化情况
 Current Total Sessions : 1
//Telnet 目的地址 2323 端口成功映射为内网地址 23 端口，所以业务成功
 telnet  VPN:public --> public 20.1.1.11:50517-->20.1.2.33:2323[10.1.2.33:23]
```

【思考】

如果不是 Ftp 和 Telnet 服务，而是其他的网络服务，如 SMTP（25）、POP3（110）、HTTPS（443）等服务，那么 NAT 映射规则应该如何设置？

可以仿照本节的 NAT 规则语句，将 Ftp 和 Telnet 替换成其他服务，同时注意将添加的服务类型和目的地址的对应端口设置正确即可。

```
[FW-policy-interzone-dmz-untrust-inbound-10] policy service service-set smtp
[FW-policy-interzone-dmz-untrust-inbound-10] policy service service-set pop3
[FW-policy-interzone-dmz-untrust-inbound-10] policy service service-set https
......
```

➡ 任务小结

通过本任务，我们循序渐进地学习了防火墙的基本配置和 NAT 的几种转换方法，从简单的 Basic NAT 入手，通过基础的一对一地址转换，理解 NAT 的原理和工作过程；再到多对一的 NAPT 配置练习，进一步贴近现实网络环境下的 NAT，实现较为复杂的企业内网访问 Internet 资源；最后通过 NAT Server 方式，练习如何在防火墙上精确配置地址和端口的映射，使得企业内网服务器有限度地开放资源给 Internet 访问，从而尽可能地提高企业内网的安全性。下面通过几个习题来回顾一下所学的内容：

1. 为什么要在网络中使用 NAT？
2. 如何删除或者修改已有的 NAT 配置？
3. 如何通过 NAT 配置，使得企业内网部分计算机能访问 Internet，部分计算机不能访问 Internet？
4. 如何通过 NAT 配置，使得特定的内网服务器的特定资源可以被 Internet 终端访问？

任务 3　VPN 技术及应用

任务 2 的主要内容是通过防火墙和 NAT 技术，针对企业园区或者校园等内网和 Internet 进行数据交互访问场景下的安全管控。当今社会，网络规模不断扩大，无论是企业内网还是 Internet 都在不断延伸各自的触角和范围。很多时候，企业有着不同的分支机构或者合作伙伴，不同的企业内网之间，如何通过 Internet 安全有效地进行数据交互，日益成为大家共同关注的重要内容之一，VPN 技术及应用正在持续发展和普及。本任务的主要内容是某公司总部局域网和分部私网之间使用 VPN 技术通过 Internet 网络进行安全有效的信息传输控制。

5.3.1 GRE 隧道应用

➡ 任务描述

某企业总部和分部处于不同城市，两处办公场所都部署了企业内网，使用私有 IP 地址组网，且均有一个 Internet 出口。为了使两者之间可以进行安全的数据交互，现使用 GRE 隧道技术，对总部和分部的网络设备进行安全配置，使得总部和分部的数据信息可以通过 Internet 安全传送，要求在网络设备上实现这一目标。

通过本节的学习，读者可掌握以下内容：
- VPN 的概念；
- GRE 隧道技术及其工作原理；
- GRE 隧道的典型配置方法。

➡ 必备知识

1. VPN 产生的背景

最初，通信运营商以租赁专线的方式为企业提供二层链路，使得企业可以依靠这些链路来组成自己需要的网络拓扑结构，这是传统专网的组网方式。但是，这种方式的缺点明显，即建设时间长、价格昂贵、难于管理。

传统专网难以满足企业对网络的灵活性、经济性、扩展性等方面的要求。这促使了一种新的替代方案的产生——在现有 Internet 上模拟传统专网，即虚拟专用网（Virtual Private Network，VPN）。

2. 什么是 VPN

VPN 是依靠因特网服务提供方（Internet Service Provider，ISP）或者网络业务提供商（Network Service Provider，NSP）在公共网络中建立的虚拟专用网。IETF 草案规定基于 IP 的 VPN 为：使用 IP 机制仿真出一个私有的广域网，通过私有的隧道技术在公共数据网络上仿真出一条点到点的专线技术。

由于 VPN 是在公共网络中临时建立的安全虚拟专用网，因此用户就节省了租用专线的费用，在运行的资金支出上，除购买 VPN 设备外，用户仅需要向企业所在地的 ISP 支付一定的上网费用，这就是 VPN 价格低廉的原因，当然也是 VPN 能够广泛普及，几乎全面取代传统专网的根本原因。

3. VPN 的特征

VPN 具有以下两个基本特征。

（1）专用（Private）：VPN 用户使用 VPN 与使用传统专网没有区别。VPN 与底层承载网络之间保持资源独立，即 VPN 资源不能被网络中非该 VPN 的用户使用；且 VPN 能够提供足够的安全保证，确保 VPN 内部信息不受外部侵扰。

（2）虚拟（Virtual）：VPN 用户内部的通信是通过公共网络进行的，而这个公共网络同时可以被其他非 VPN 用户使用，VPN 用户获得的只是一个逻辑意义上的专网。这个公共网络被称为 VPN 骨干网（VPN Backbone）。

4．VPN 的安全性

对于传统的 IP VPN，企业自身必须确保 VPN 数据不被攻击者窥视和篡改，并且要防止非法用户对企业内部资源或私有信息的访问。尤其是 Extranet VPN，对安全性提出了更高的要求，以下技术可提高 VPN 的安全性。

（1）隧道与加密：隧道能实现多协议封装，增加 VPN 应用的灵活性，可以在无连接的 IP 网上提供点到点的逻辑通道。在安全性要求较高的场合应用隧道与加密技术可进一步保护数据的私有性，使数据在网上传送时不被非法用户窥视与篡改。

（2）数据验证：在不安全的网络上，特别是构建 VPN 的公用网络上，数据包有可能被非法截获、篡改后重新发送，接收方将会收到错误的数据。数据验证使接收方可以识别这种篡改，从而保证数据的正确性。

（3）用户验证：VPN 想要使合法用户访问其所需的企业资源，同时禁止未授权用户的非法访问，可以通过用户验证、访问级别及必要的访问记录等技术来实现，这一点对于 Access VPN 和 Extranet VPN 具有重要意义。

5．VPN 的常见技术

VPN 是虚拟的专用网络，是在 Internet 上通过技术手段实现类似于专网的网络，因此相较于传统网络，VPN 包含了很多特有的技术手段，如隧道技术、身份认证技术、数据加密技术、数据验证技术、密钥管理技术等，如图 5-28 所示。

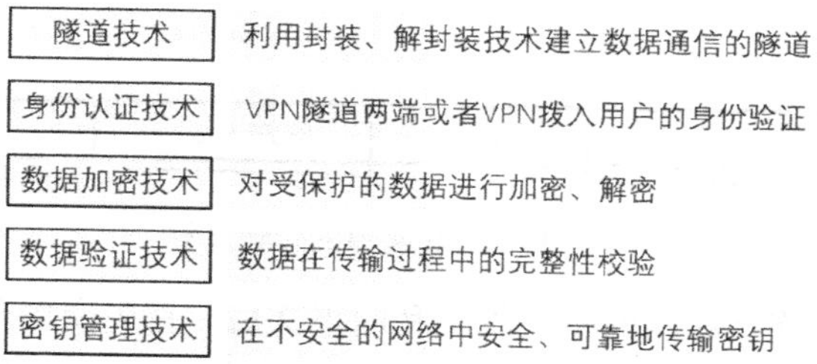

隧道技术	利用封装、解封装技术建立数据通信的隧道
身份认证技术	VPN隧道两端或者VPN拨入用户的身份验证
数据加密技术	对受保护的数据进行加密、解密
数据验证技术	数据在传输过程中的完整性校验
密钥管理技术	在不安全的网络中安全、可靠地传输密钥

图 5-28　VPN 的常见技术

6．隧道技术的特点

对于构建 VPN 来说，网络隧道（Tunneling）是一个关键技术。网络隧道指的是利用一种网络协议来传输另一种网络协议的技术，它主要利用网络隧道协议来实现。网络隧道技术涉及三种网络协议：网络隧道协议、支撑隧道协议的承载协议和承载协议所承载的载荷协议。

现有两种类型的隧道协议：一种是二层隧道协议，用于传输二层网络协议，它主要用于构建 Access VPN 和 Extranet VPN；另一种是三层隧道协议，用于传输三层网络协议，它主要用于构建 Intranet VPN 和 Extranet VPN。

隧道技术使得位于网络两端的节点虽然"远隔重洋"，但在逻辑上可以面对面、肩并肩，实际上"翻山越岭"的数据传递，在逻辑上就好像《哆啦 A 梦》的时空门一样，开门就到。直接利用 GRE 的多层封装技术来构造 VPN 隧道，是一种相对简单却相当有效的方法。理解 GRE 隧道技术的工作原理是理解其他 VPN 技术的基础。

7．GRE 隧道技术

Generic Routing Encapsulation 简称 GRE，是一种 VPN 技术。GRE 产生的原因：骨干网中

一般采用单一网络协议（如 IPv4）进行数据报文传输，但是不同的接入网络中可能会使用不同的网络协议（如 ATM、IPv6、IPX 等）进行数据报文传输，如果骨干网与非骨干网使用的协议不同，则将导致非骨干网之间无法通过骨干网传输数据报文。GRE 协议通过使用一种协议封装另一种协议来解决这个问题。

通过 GRE 隧道技术，我们能够对网络层数据（如 IPX、ATM、IPv6、AppleTalk 等）进行封装，封装后的数据能够在公共 IPv4 网络中传输。GRE 提供了将一种协议的报文封装在另一种协议的报文中的机制，使报文能够在异种网络中传输，这种报文传输的通道被称为 Tunnel。

GRE 属于三层隧道协议，定义了在任意一种网络层协议上封装其他网络层协议的工作机制，其根本功能是实现隧道功能，使得通过 GRE 隧道连接的两个远程网络具有直连的效果，但是几乎没有任何安全保护机制。

8. GRE 隧道技术的工作原理

报文在 GRE 隧道中传输包括封装和解封装两个过程。如图 5-29 所示，如果从一侧入口边缘设备向另一侧出口边缘设备传输私网报文，则封装在入口边缘设备（Ingress PE）上完成；而解封装在出口边缘设备（Egress PE）上进行。

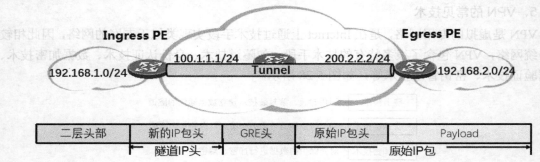

图 5-29　GRE 隧道的传输过程

封装：Ingress PE 从连接私网的接口收到私网报文后，首先交由私网上运行的协议模块处理。私网协议模块检查私网报文头中的目的地址，在私网路由表或转发表中查找该报文的出接口，确定如何路由此包。如果发现出接口是 GRE Tunnel 接口，则将此报文发给隧道模块。隧道模块收到此报文后进行如下处理。

（1）隧道模块根据载荷报文的协议类型和当前 GRE 隧道所配置的 Key 参数，对报文进行 GRE 封装，即添加 GRE 头。

（2）根据配置信息（传输协议为 IP），给报文加上 IP 包头。该 IP 包头的源地址是隧道源地址，IP 包头的目的地址是隧道目的地址。

（3）将该报文交给 IP 模块处理。IP 模块根据该 IP 包头的目的地址，在公网路由表中查找相应的出接口并发送报文。封装后的报文将在该 IP 公共网络中传输。

解封装：解封装的过程和封装的过程相反。Egress PE 从连接公网的接口收到该报文，通过分析 IP 包头发现报文的目的地址为本设备，且协议字段值为 47，表示协议为 GRE，于是交给 GRE 模块处理。GRE 模块去掉 IP 包头和 GRE 头，并根据 GRE 头的 Protocol Type 字段，发现此报文的载荷协议为私网上运行的协议，于是交由此私网协议模块处理。此私网协议模块像对待一般数据包一样对此数据包进行应有的转发。

9. 报文在 GRE 隧道的具体传输过程

目前，大部分组织机构使用私有 IP 地址空间，但私有 IP 地址在公网上是不能路由的，因此 GRE 的主要任务是建立连接组织机构各个站点的隧道，以跨越 IP 公网传送内部私有 IP 数据。GRE 实现的虚拟直连链路可以认为是隧道。由于隧道是虚拟链路，所以隧道两端需要设置 IP 地址。为了使点对点的 GRE 隧道像普通链路一样工作，可以在隧道构建设备（如路由器）上，引入一种被称为 Tunnel 接口的逻辑接口。

下面以常见的 IP in IP GRE VPN 为例，说明 GRE 隧道的工作原理，如图 5-30 所示，站点 A 与 IP 公网相连的路由器为 RTA，站点 B 与 IP 公网相连的路由器为 RTB，它们的 E0/0 和 Tunnel0 接口使用私有 IP 地址，而 S0/0 接口使用公有 IP 地址。

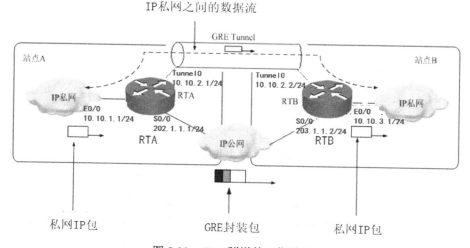

图 5-30 GRE 隧道的工作原理

要从站点 A 发送私网 IP 包到站点 B，需经过如下基本过程。

（1）当一个私网 IP 包到达 RTA 时，如果目的地址不属于 RTA，则 RTA 要执行正常的路由查找流程。RTA 根据 IP 包的目的地址查找路由表，结果有以下几种：若找不到匹配项，则丢弃包；若匹配一条出接口为普通接口的路由，则执行正常的转发流程；若匹配一条出接口为 Tunnel0 接口的路由，则执行 GRE 封装和转发流程，如图 5-31 所示。

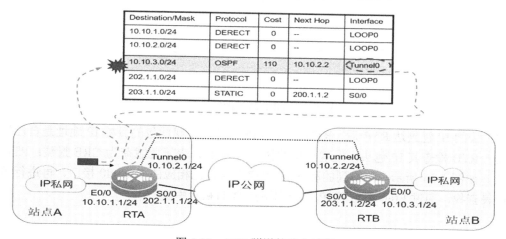

图 5-31 GRE 隧道的建立过程

（2）如果出接口是 GRE VPN 的 Tunnel0 接口，则 RTA 需要从 Tunnel0 接口的配置中获得一系列参数。RTA 首先得知需要使用 GRE 封装格式，于是在原私网 IP 包前添加 GRE 头，并填充适当的字段；同时，RTA 获知一个源地址和一个目的地址，然后利用这两个地址为 GRE 封装报文添加公有 IP 包头，并填充其他适当的字段。这样，一个包裹着 GRE 头和私网 IP 包的公网 IP 包，即承载协议报文就形成了，如图 5-32 所示。

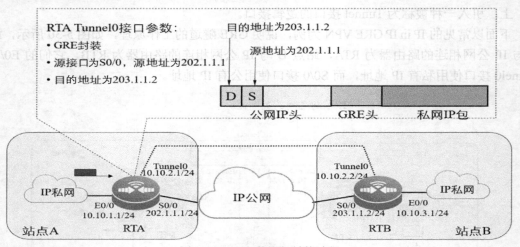

图 5-32　GRE 数据包封装过程

（3）RTA 针对这个公网 IP 包，再次进行路由查找。查找的结果有如下几种：若找不到匹配项，则丢弃该包；若匹配一条路由，则执行正常的转发流程。假设 RTA 找到一条匹配的路由，如图 5-33 所示，经物理接口 S0/0 发出此包，此包穿越 IP 公网，最终到达 RTB。

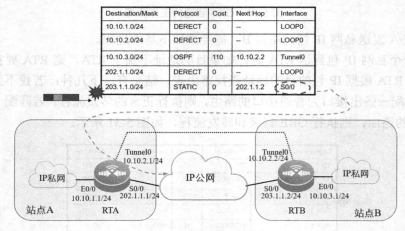

图 5-33　GRE 隧道的转发过程

（4）公网 IP 包到达 RTB 后，RTB 检查其 IP 地址，发现此包的目标 IP 地址是自己接口的 IP 地址；RTB 检查其 IP 包头，发现上层的协议号为 47，表示此载荷为 GRE 封装；RTB 解开 IP 包头，如图 5-34 所示，将得到的私网 IP 包递交给自己相应的 Tunnel0 接口，再进行下一步的路由表查找，通过 E0/0 将私网 IP 包送到站点 B 的私网中。

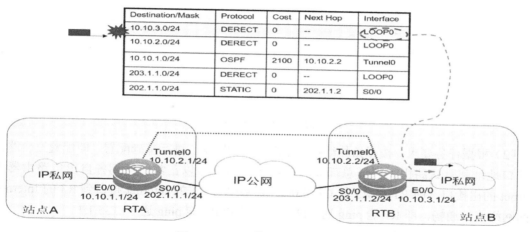

图 5-34　GRE 数据包解封装过程

10．GRE 隧道技术的安全机制

GRE 支持识别关键字验证。识别关键字（Key）是指对 Tunnel 接口进行校验，通过这种安全机制，可以防止错误识别、接收其他地方来的报文。相关标准中规定：若 GRE 报文头中的 K 标志位为 1，则在 GRE 头中插入关键字字段，收发双方将进行通道识别关键字的验证。

关键字是一个 4 字节长的数，在报文封装时被插入 GRE 头中。关键字的作用是标志隧道中的流量，属于同一流量的报文使用相同的关键字，在报文解封装时，隧道端将基于关键字来识别属于相同流量的数据报。只有当 Tunnel 两端设置的识别关键字完全一致时才能通过验证，否则报文被丢弃。这里的"完全一致"是指两端都不设置识别关键字，或者两端都设置识别关键字，且关键字的值相等。

11．GRE 隧道技术的特点

（1）用于在站点之间建立点到点的专用通信隧道。
（2）GRE 的实现机制及配置非常简单，纯手动建立隧道。
（3）不提供数据加密功能，可配合 IPSec 来增强安全性。
（4）不提供 QoS 支持。
（5）建立好的 GRE 隧道支持动态路由协议。
（6）扩大跳数受限的网络工作范围。GRE 隧道可以隐藏一部分跳数，从而扩大网络的工作范围。
（7）将不连续的子网连接起来，实现跨越广域网的 VPN。

任务实现

（1）根据任务描述，绘制图 5-35 所示的拓扑结构，模拟某企业内网，假设该企业的总部和分支机构之间要通过 GRE VPN 实现广域网互联。路由器 R1 为总部的 Internet 出口设备，路由器 R3 为分支机构的 Internet 出口设备，路由器 Internet 用来模拟 Internet。在路由器 R1 和 R3 上进行相关配置，创建 GRE 隧道，并分别使用静态路由和 OSPF 动态路由协议实现内网互联。

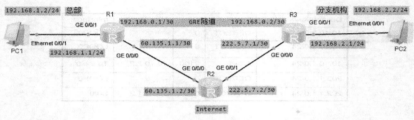

图 5-35 GRE 拓扑结构

（2）根据任务要求，按照拓扑结构，先搭建基础网络，进行基础配置，即配置三台路由器的接口地址和默认路由，保证总部和分支结构的内网可以正常访问到各自出口路由器连接 Internet 的出接口，即 R1 和 R3 的 GE 0/0/0，然后确保 R1 的 Internet 接口到 R3 的 Internet 接口的网络连接通畅，即 R1 能 ping 通 222.5.7.1，或者 R3 能 ping 通 60.135.1.1。

R1 路由器的基础配置。

```
[R1] interface GigabitEthernet 0/0/0
[R1-GigabitEthernet0/0/0] ip address 60.135.1.1 30      //配置 R1 Internet 接口地址
[R1] interface GigabitEthernet 0/0/1
[R1-GigabitEthernet0/0/1] ip address 192.168.1.1 24     //配置 R1 内网接口地址
[R1] ip route-static 0.0.0.0 0 60.135.1.2               //默认路由指向 Internet 接口下一跳
```

R2 路由器的基础配置，模拟 Internet 网络设备，注意在本任务中无须在 R2 上配置路由协议，包括含有私网路由的静态路由。

```
[R2-GigabitEthernet0/0/0] ip address 60.135.1.2 30      //配置 R2 的 GE 0/0/0 接口地址
[R2-GigabitEthernet0/0/1] ip address 222.5.7.2 30       //配置 R2 的 GE 0/0/1 接口地址
```

R3 路由器的基础配置。

```
[R3-GigabitEthernet0/0/0] ip address 222.5.7.2 30       //配置 R3 Internet 接口地址
[R3] interface GigabitEthernet 0/0/1
[R3-GigabitEthernet0/0/1] ip address 192.168.2.1 24     //配置 R3 内网接口地址
[R3] ip route-static 0.0.0.0 0 222.5.7.2                //默认路由指向 Internet 接口下一跳
```

（3）在配置 GRE 隧道之前，先验证基础网络工作是否正常（PC1 能 ping 通 R1 的 GE 0/0/0，即 60.135.1.1，R1 能 ping 通 R3 的 GE 0/0/0，即 222.5.7.1，PC2 能 ping 通 R3 的 GE 0/0/0，即 222.5.7.1），为后续 GRE 隧道任务打好网络基础。此时因为 GRE 隧道尚未开始工作，所以 PC1 是 ping 不通 PC2 的。

验证 PC1 的网络情况，如图 5-36 所示。

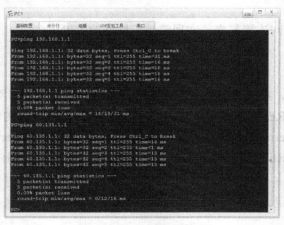

图 5-36 PC1 的网络情况

验证 R1 和 R3 之间的网络情况。

```
<R1>ping 222.5.7.1
  PING 222.5.7.1: 56  data bytes, press CTRL_C to break
    Reply from 222.5.7.1: bytes=56 Sequence=1 ttl=254 time=100 ms
    Reply from 222.5.7.1: bytes=56 Sequence=2 ttl=254 time=40 ms
    Reply from 222.5.7.1: bytes=56 Sequence=3 ttl=254 time=40 ms
    Reply from 222.5.7.1: bytes=56 Sequence=4 ttl=254 time=30 ms
    Reply from 222.5.7.1: bytes=56 Sequence=5 ttl=254 time=30 ms

  --- 222.5.7.1 ping statistics ---
    5 packet(s) transmitted
    5 packet(s) received
    0.00% packet loss
    round-trip min/avg/max = 30/48/100 ms
```

验证 PC2 的网络情况，如图 5-37 所示。

图 5-37　PC2 的网络情况

最后，因为 GRE 隧道尚未配置，所以 PC1 到 PC2 的私网连接是不通的。

```
PC>ping 192.168.2.2

Ping 192.168.2.2: 32 data bytes, Press Ctrl_C to break
Request timeout!
Request timeout!
Request timeout!
Request timeout!
Request timeout!

--- 192.168.2.2 ping statistics ---
 5 packet(s) transmitted
 0 packet(s) received
 100.00% packet loss
```

（4）配置 GRE 隧道，使得总部和分支机构的私网网络可以通过 Internet 进行互联。
在 R1 上配置 GRE 相关内容。

```
[R1] interface tunnel 0/0/0                              //创建 Tunnel 0/0/0 接口
[R1-Tunnel0/0/0] tunnel-protocol gre                     //指定 Tunnel 接口的协议类型为 GRE
[R1-Tunnel0/0/0] ip address 192.168.0.1 30               //配置 Tunnel 接口的 IP 地址
[R1-Tunnel0/0/0] source GigabitEthernet 0/0/0            //用端口方式指定 Tunnel 的本地源
[R1-Tunnel0/0/0] destination 222.5.7.1                   //指定 Tunnel 接口的目的地址
[R1-Tunnel0/0/0] quit
//用端口方式配置静态路由，将去往 192.168.2.0/24 网络的流量引向 Tunnel 0/0/0 接口
```

```
[R1] ip route-static 192.168.2.0 24 tunnel 0/0/0
```

在 R3 上配置 GRE 相关内容。

```
[R3] interface tunnel 0/0/0                          //创建 Tunnel 0/0/0 接口
[R3-Tunnel0/0/0] tunnel-protocol gre                 //指定 Tunnel 接口的协议类型为 GRE
[R3-Tunnel0/0/0] ip address 192.168.0.2 30           //配置 Tunnel 接口的 IP 地址
//用 IP 地址方式指定 Tunnel 的本地源，与 R1 的端口方式等效
[R3-Tunnel0/0/0] source 222.5.7.1
[R1-Tunnel0/0/0] destination 222.5.7.1               //指定 Tunnel 接口的目的地址
[R1-Tunnel0/0/0] quit
//用地址方式配置静态路由，将去往 192.168.1.0/24 网络的流量引向 Tunnel 0/0/0 接口，与 R1 的端口方式等效
[R1] ip route-static 192.168.1.0 24 192.168.0.1
```

（5）验证总部和分支机构的互通性，查看 GRE 隧道工作是否正常。

可以看到在 PC1 上已经可以 ping 通 PC2，如图 5-38 所示。

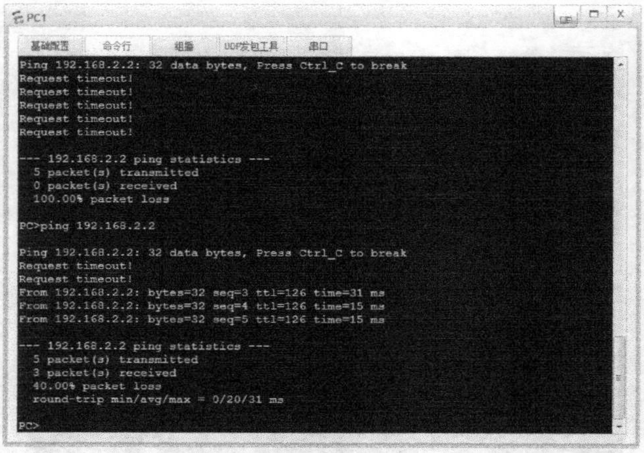

图 5-38　PC1 成功 ping 通 PC2

在 R1 的 GE 0/0/0 接口上用抓包工具观察数据包，如图 5-39 所示，IPv4 的数据包最外层协议包头的源地址为 60.135.1.1，目的地址为 222.5.7.1，里面是 GRE 协议包，再往里荷载还是 IPv4 数据包，是源地址和目的地址分别为 192.168.1.2 和 192.168.2.2 的 ICMP 数据包。

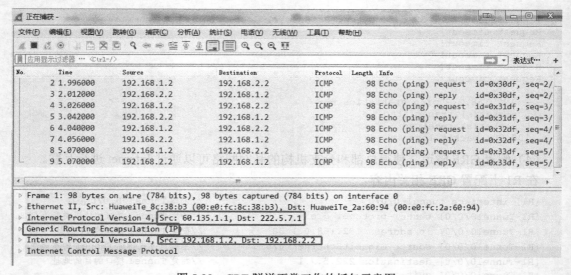

图 5-39　GRE 隧道正常工作的抓包示意图

项目 5 Internet 接入及网络安全

【思考】

GRE 隧道技术支持动态路由协议，那么在上述网络拓扑结构下，在 R2 这个 Internet 网络设备不参与的情况下，R1 和 R3 是否可以直接运行动态路由协议（如 OSPF 协议）来实现总部和分支机构的互联呢？

可以继续在上述网络拓扑结构中，将 R1 和 R3 的静态路由部分删除，并添加 OSPF 相关配置，查看网络是否工作正常。

先删除 R1 和 R3 上指向隧道的私网静态路由。

```
[R1] undo ip route-static 192.168.2.0 255.255.255.0    //删除 R1 上的静态路由
[R3] undo ip route-static 192.168.1.0 255.255.255.0    //删除 R3 上的静态路由
……
```

在 R1 上添加 OSPF 相关配置。

```
[R1]ospf 10                                              //在 R1 上启动 OSPF 进程 10
[R1-ospf-10]area 0                                       //配置 area 0
[R1-ospf-10-area-0.0.0.0]network 192.168.0.0 0.0.0.3     //在 area 0 中配置隧道接口地址段
[R1-ospf-10-area-0.0.0.0]network 192.168.1.0 0.0.0.255   //在 area 0 中配置私网接口地址段
```

在 R3 上添加 OSPF 相关配置。

```
[R3]ospf 10                                              //在 R3 上启动 OSPF 进程 10
[R3-ospf-10]area 0                                       //配置 area 0
[R3-ospf-10-area-0.0.0.0]network 192.168.0.0 0.0.0.3     //在 area 0 中配置隧道接口地址段
[R3-ospf-10-area-0.0.0.0]network 192.168.2.0 0.0.0.255   //在 area 0 中配置私网接口地址段
```

在完成上述配置后，如果配置无误，则可以在 R1 上看到 R1 和 R3 建立 OSPF 邻居的提示，通过 disp ip routing-table protocol ospf 命令可以看到对端私网路由通过 Tunnel 接口学习到的内容，如图 5-40 所示。

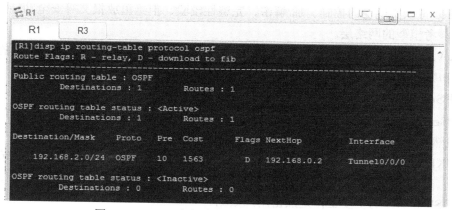

图 5-40 OSPF 路由通过 Tunnel 接口学习到的内容

在 PC2 上可以 ping 通 PC1，说明总部和分支机构的网络互通没有问题。

```
PC>ping 192.168.1.2

Ping 192.168.1.2: 32 data bytes, Press Ctrl_C to break
Request timeout!
From 192.168.1.2: bytes=32 seq=2 ttl=126 time=16 ms
From 192.168.1.2: bytes=32 seq=3 ttl=126 time=32 ms
From 192.168.1.2: bytes=32 seq=4 ttl=126 time=16 ms
From 192.168.1.2: bytes=32 seq=5 ttl=126 time=16 ms

--- 192.168.1.2 ping statistics ---
```

```
5 packet(s) transmitted
4 packet(s) received
20.00% packet loss
round-trip min/avg/max = 0/20/32 ms
```

5.3.2 IPSec VPN 技术

任务描述

继续沿用与 GRE 隧道任务类似的场景，假设一所学校的总部位于温州，分校位于滨海，两处办公场所都部署了企业内网，使用私有 IP 地址组网，且均有一个 Internet 出口。现使用 IPSec VPN 技术，对总部和分校的网络设备进行安全配置，使得总部和分校的数据信息通过 Internet 实现安全传送。现要求在网络设备上分别使用感兴趣流和隧道两种不同方式实现这一目标。

通过本节的学习，读者可掌握以下内容：
- IPSec VPN 的概念；
- IPSec VPN 的工作模式；
- IPSec VPN 的典型配置方法。

必备知识

1. IPSec 概述

IPSec 是一种网络层安全保障机制，可以在一对通信节点之间提供一条或多条安全的通信路径。IPSec 可以实现访问控制、加/解密、完整性校验、拒绝重放报文等安全功能。IPSec 工作在 OSI 参考模型的网络层。

IPSec VPN 是利用 IPSec 隧道实现的第三层 VPN。IPSec 提供了对 IP 数据报文的验证、加密和封装功能，因此，它可以被用来创建安全的 IPSec 隧道、传送 IP 数据包。

2. IPSec 的框架结构

为 IPSec 服务的协议有三种：Internet 密钥交换（IKE）、封装安全负荷（ESP）和认证头（AH）。虽然是三种协议，但是整体来说分为两类。

（1）IKE 是针对密钥传输、交换及存储过程中的安全协议，并不对用户的实际数据进行操作。

（2）ESP 和 AH 的主要工作是加密用户数据。

3. IPSec 的安全协议

IPSec 使用 AH 和 ESP 两种安全协议来提供通信安全服务。

1）AH

AH 协议可以用来验证数据源地址、确保数据包的完整性，以及防止相同数据包的不断重播，但不能提供对数据机密性的保护。AH 协议和 TCP、UDP 协议一样，是被 IP 协议封装的协议之一，可以由 IP 协议头中的协议字段判断。AH 协议的协议号是 51。

2）ESP

ESP 协议不但可以提供 AH 协议具有的所有功能，而且可以提供对数据机密性的保护。

与 AH 协议相比，ESP 协议验证的数据范围要小一些。ESP 协议的加密采用的是公钥加密算法，但 ESP 协议规定加密和认证不能同时为 NULL，即加密和认证至少选其一。ESP 协议的协议号为 50。

AH 和 ESP 协议的具体比较如表 5-4 所示。

表 5-4 AH 和 ESP 协议的具体比较

比 较 项 目	AH	ESP
数据源认证	√	√
完整性验证	√	√
反重传	√	√
加密		√
流量认证		√

4．IPSec 的工作模式

IPSec 有两种工作模式，分别是传输模式（Transport Mode）和隧道模式（Tunnel Mode），如图 5-41 所示。

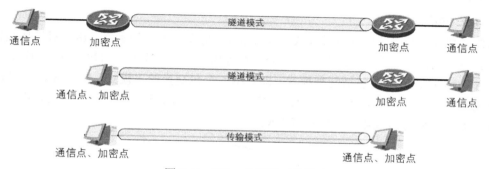

图 5-41 IPSec 的两种工作模式

1）传输模式

传输模式不产生新的 IP 包头，AH 或 ESP 报文头被插入原始数据包的 IP 包头之后、所有传输层协议之前，通常用于主机与主机之间（数据传输点等于加密点）的 IPSec 场景。传输模式的目的是直接保护端到端通信，只有在需要保证端到端的通信安全时，才推荐使用此种模式。在传输模式中，所有加密、解密和协商操作均由端系统自行完成，网络设备仅执行正常的路由转发，并不关心此类过程或协议，也不加入任何 IPSec 过程。在传输模式中，两台需要通信的终端计算机之间直接运行 IPSec 协议。AH 和 ESP 协议用于保护上层协议，也就是传输层协议。

2）隧道模式

在隧道模式中，AH 或 ESP 插在原始 IP 包头之前，另外生成一个新的 IP 包头放到 AH 或 ESP 之前。隧道模式通常用于私网与私网之间通过公网进行通信的场景。隧道模式的目的是建立站点到站点的安全隧道，保护站点之间的特定或全部数据。隧道模式对端系统的 IPSec 没有任何要求，当来自端系统的数据流经过安全网关时，由安全网关对其进行保护，所有加密、解密和协商操作均由安全网关完成，这些操作对端系统是透明的。用户的整个 IP 数据包被用来计算 AH 或 ESP 头，且被加密，AH 或 ESP 头和加密用户数据被封装在一个新的 IP 数据包中。

5. SA 概述

SA 是两个 IPSec 实体（主机、安全网关）之间经过协商建立起来的一种协定，其协定内容包括采用何种安全协议、运行模式、加密算法、加密密钥等，从而决定保护什么、如何保护以及谁来保护，可以说 SA 是构成 IPSec 的基础。

6. IKE 概述

IPSec VPN 需要预先协商加密协议、散列函数、安全协议和运行模式等内容。实际协商这些内容的协议叫作 IKE，协商完成后的结果叫作 SA。

（1）IKE 的主要任务如下。
- 协商协议参数，如加密协议、散列函数、安全协议和运行模式。
- 通过密钥交换，产生加密和 HMAC（哈希运算消息认证码）用的随机密钥。
- 对建立 IPSec VPN 的双方进行认证。

（2）IKE 协议的组成。

IKE 属于一种混合型协议，建立在由互联网安全关联和密钥管理协议（ISAKMP）定义的一个框架之上，实现了两种密钥管理协议的一部分——Oakley 和 SKEME，还定义了自己的两种密钥交换方式。

7. IKE 的协商过程

IKE 协商分为两个阶段与三种模式，如图 5-42 所示。第一阶段，让 IKE 对等体验证对方并确定会话密钥，用于协商 IKE 策略集、验证对等体，应在对等体之间建立安全通道，即建立一个 ISAKMP SA。该阶段包括两种模式，即包括 6 个包交换的主模式（Main Mode）和只有 3 个包交换的野蛮模式（Aggressive Mode）。其中，主模式的安全性高于野蛮模式，而野蛮模式可以适应更为复杂的网络环境，如穿越 NAT。

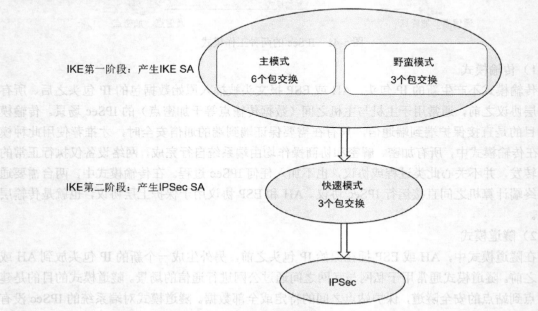

图 5-42　IKE 协商的两个阶段与三种模式

主模式的主要作用是为对等体之间的后续交换建立一个安全通道，在发送端和接收端有如下三次双向交换。

（1）第一次交换：在两个对等体之间协商用于保证 IKE 通信安全的算法和散列函数，结果是 ISAKMP 被商定。

（2）第二次交换：使用 DH 交换（Diffie-Hellman Key Exchange，迪菲-赫尔曼密钥交换）算法来产生共享密钥。

（3）第三次交换：验证对方身份，包括预共享密钥、RSA 签名和 RSA 加密验证方式。

野蛮模式较主模式而言，交换次数和信息较少，不提供身份保护，且信息是明文发送的。在第一次交换中，几乎所有需要交换的信息被压缩到所建议的 IKE SA 中一起发给对端，接收端返回所需内容，等待确认，然后由发送端确认最后的协商结果。

一旦 IKE 第一阶段隧道建立起来后，VPN 网关就开始协商建立 IKE 第二阶段隧道，具体协商的内容包括保护数据的加密算法、散列算法和运行模式等，协商的结果就是建立 IPSec SA 并在对等体之间建立一个安全的 IPSec 会话。建立 IKE 第二阶段隧道的模式称为快速模式（Quick Mode），它只使用了 3 个报文。

8. IKE 与 IPSec 之间的关系

IKE 协商的结果可以认为是在 IKE 第一阶段，生成一条双向隧道来管理两个 VPN 网关，然后在 IKE 第二阶段，创建两条单向隧道来加密和解密用户的数据报。这些操作都是在幕后进行的，用户看不到这个过程的任何细节，甚至不知道加密被应用到了自己发送的数据报文上，如图 5-43 所示。

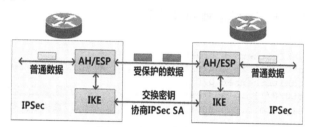

图 5-43　IKE 与 IPSec 之间的关系

9. IPSec SA 建立后的数据传输

在图 5-44 所示的拓扑结构中，在 IPSec SA 建立后，当客户 A 发送一个去往服务器 B 的数据报文时，VPN 网关 A 收到并发现数据报文的源 IP 地址是 10.0.0.0/24，因此 VPN 网关 A 会使用 IKE 第二阶段建立的隧道对该数据报文进行加密，然后将加密后的数据报文用新的 IP 包头进行封装。在这个新的 IP 包头中，源 IP 地址是 VPN 网关 A 与 Internet 相连的公有 IP 地址，目的 IP 地址是 VPN 网关 B 与 Internet 相连的公有 IP 地址。这样，从 VPN 网关 A 发送到 VPN 网关 B 的原始数据报文都是加密的。

图 5-44　IPSec SA 建立后的数据传输

➡ **任务实现 1**

（1）根据任务要求，绘制图 5-45 所示的拓扑结构，模拟学校内网，假设该学校的温州总部和滨海分校之间通过 IPSec VPN 实现广域网互联，其中 VPN 网关 A（R1）为温州总部的 Internet 出口设备，VPN 网关 B（R3）为滨海分校的 Internet 出口设备，192.168.1.0/24 和 192.168.2.0/24 网段之间通信的数据受到 IPSec 的保护。要求采用静态路由、预共享密钥验证方式、ESP 封装，工作模式为隧道模式，并使用感兴趣流方式实现温州总部和滨海分校的网络互联。

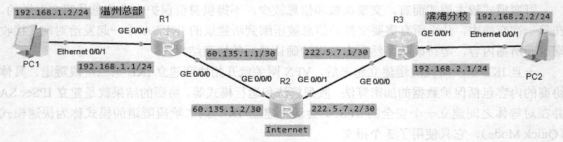

图 5-45　感兴趣流 IPSec VPN 拓扑结构

（2）根据任务要求，按照拓扑结构，可以延续使用之前 GRE 隧道任务的拓扑结构，它们的基础网络是相同的。先搭建基础网络，进行基础配置，即配置三台路由器的接口地址和默认路由，保证温州总部和滨海分校可以正常访问各自出口路由器连接 Internet 的出接口，即 R1 和 R3 的 GE 0/0/0，然后确保 R1 的 Internet 接口到 R3 的 Internet 接口的网络连接通畅，即 R1 能 ping 通 222.5.7.1，或者 R3 能 ping 通 60.135.1.1。

R1 路由器的基础配置。

```
[R1] interface GigabitEthernet 0/0/0
[R1-GigabitEthernet0/0/0] ip address 60.135.1.1 30      //配置 R1 Internet 接口地址
[R1] interface GigabitEthernet 0/0/1
[R1-GigabitEthernet0/0/1] ip address 192.168.1.1 24     //配置 R1 内网接口地址
[R1] ip route-static 0.0.0.0 0 60.135.1.2               //默认路由指向 Internet 接口下一跳
```

R2 路由器的基础配置，模拟 Internet 网络设备，注意在本任务中无须在 R2 上配置任何路由协议，包括含有私网路由的静态路由。

```
[R2-GigabitEthernet0/0/0] ip address 60.135.1.2 30      //配置 R2 的 GE 0/0/0 接口地址
[R2-GigabitEthernet0/0/1] ip address 222.5.7.2 30       //配置 R2 的 GE 0/0/1 接口地址
```

R3 路由器的基础配置。

```
[R3-GigabitEthernet0/0/0] ip address 222.5.7.1 30       //配置 R3 Internet 接口地址
[R3] interface GigabitEthernet 0/0/1
[R3-GigabitEthernet0/0/1] ip address 192.168.2.1 24     //配置 R3 内网接口地址
[R3] ip route-static 0.0.0.0 0 222.5.7.2                //默认路由指向 Internet 接口下一跳
```

（3）在配置 IPSec VPN 之前，先验证基础网络工作是否正常，PC1 能 ping 通 R1 的 GE 0/0/0，即 60.135.1.1，R1 能 ping 通 R3 的 GE 0/0/0，即 222.5.7.1，PC2 能 ping 通 R3 的 GE 0/0/0，即 222.5.7.1，为后续 IPSec VPN 任务打好网络基础。此时因为 GRE 隧道尚未开始工作，所以 PC1 是 ping 不通 PC2 的。本任务的基础网络与之前 GRE 隧道任务的相同，因此测试方式、内容和结果也同 GRE 隧道任务，不再赘述。

（4）以感兴趣流方式配置 IPSec VPN，使得温州总部和滨海分校的私网网络可以通过 Internet 进行安全互联。

在 R1 上配置 IPSec VPN 感兴趣流，这些流量会被 IPSec VPN 保护。

```
[R1] acl 3030
```

```
[R1-acl3030] rule 10 permit ip source 192.168.1.0 0.0.0.255 destination 192.168.2.0 0.0.0.255
[R1-acl3030] rule 15 deny ip
```

在 R1 上配置 IPSec 安全提议 IPSec Proposal。

```
[R1]ipsec proposal tran1                                    //创建安全提议,名称为tran1(名称可以任意指定)
[R1-ipsec-proposal-tran1]esp authentication-algorithm sha1  //指定身份验证算法
[R1-ipsec-proposal-tran1]esp encryption-algorithm aes-128   //指定数据加密算法
```

在 R1 上配置对等体信息,用于 IKE 阶段的身份验证。

```
[R1]ike peer to-binhai v1                                   //指定对等体的名称和版本
[R1-ike-peer-to-binhai]pre-shared-key simple anfang         //将预共享密钥设置为anfang
[R1-ike-peer-to-binhai]remote-address 222.5.7.1             //指定隧道的终点IP地址
```

在 R1 上配置 IKE 协商方式的 IPSec 策略。

```
[R1]ipsec policy poli1 10 isakmp                            //策略名称为poli1,指定索引号为10
[R1-ipsec-policy-isakmp-poli1-10]ike-peer to-binhai         //指定IKE对等体
[R1-ipsec-policy-isakmp-poli1-10]proposal tran1             //指定安全提议
[R1-ipsec-policy-isakmp-poli1-10]security acl 3030          //指定感兴趣流
```

在 R1 的出接口应用 IPSec 策略。

```
[R1]interface GigabitEthernet 0/0/0
[R1-GigabitEthernet0/0/0]ipsec policy poli1
```

在 R3 上配置 IPSec VPN 感兴趣流,这些流量会被 IPSec VPN 保护。

```
[R3] acl 3030
[R3-acl3030] rule 10 permit ip source 192.168.2.0 0.0.0.255 destination 192.168.1.0 0.0.0.255
[R3-acl3030] rule 15 deny ip
```

在 R3 上配置 IPSec 安全提议 IPSec Proposal。

```
[R3]ipsec proposal test1                                    //创建安全提议,名称为test1
[R3-ipsec-proposal-test1]esp authentication-algorithm sha1  //指定身份验证算法
[R3-ipsec-proposal-test1]esp encryption-algorithm aes-128   //指定数据加密算法
```

在 R3 上配置对等体信息,用于 IKE 阶段的身份验证。

```
[R3]ike peer to-wenzhou v1                                  //指定对等体的名称和版本
[R3-ike-peer-to-binhai]pre-shared-key simple anfang         //将预共享密钥设置为anfang(同R1)
[R3-ike-peer-to-binhai]remote-address 60.135.1.1            //指定隧道的终点IP地址
```

在 R3 上配置 IKE 协商方式的 IPSec 策略。

```
[R3]ipsec policy poli2 10 isakmp                            //策略名称为poli2,指定索引号为10
[R3-ipsec-policy-isakmp-poli2-10]ike-peer to-wenzhou        //指定IKE对等体
[R3-ipsec-policy-isakmp-poli2-10]proposal test1             //指定安全提议
[R3-ipsec-policy-isakmp-poli2-10]security acl 3030          //指定感兴趣流
```

在 R3 的出接口应用 IPSec 策略。

```
[R3]interface GigabitEthernet 0/0/0
[R3-GigabitEthernet0/0/0]ipsec policy poli2
```

(5)验证温州总部和滨海分校网络的互通性,查看 IPSec VPN 工作是否正常。

可以看到,在 PC1 上已经可以 ping 通 PC2,如图 5-46 所示。

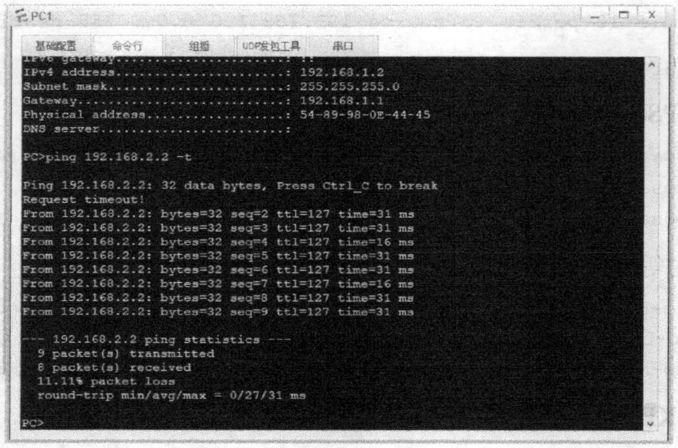

图 5-46　PC1 成功 ping 通 PC2

在 R1 上查看 IPSec 情况，可以看到 IPSec SA 已正确建立。

```
[R1]display ipsec sa
===================================
 Interface: GigabitEthernet 0/0/0
  Path MTU: 1500
===================================
  -----------------------------
    IPSec policy name: "poli1"
    Sequence number  : 10
    Acl Group        : 3030
    Acl rule         : 10
    Mode             : ISAKMP
  -----------------------------
      Connection ID     : 44
      Encapsulation mode: Tunnel
      Tunnel local      : 60.135.1.1
      Tunnel remote     : 222.5.7.1
      Flow source       : 192.168.1.0/255.255.255.0 0/0
      Flow destination  : 192.168.2.0/255.255.255.0 0/0
      Qos pre-classify  : Disable
```

任务实现 2

（1）根据之前的任务要求，模拟学校内网，假设该学校的温州总部和滨海分校之间通过 IPSec VPN 实现广域网互联，并使用隧道方式实现温州总部和滨海分校的网络互联。参考之前感兴趣流方式的拓扑结构，并进行略微修改，结果如图 5-47 所示。

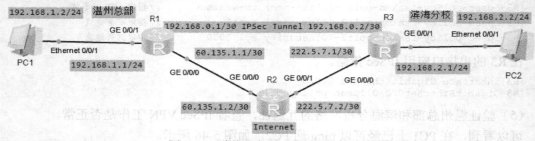

图 5-47　隧道方式 IPSec VPN 拓扑结构

（2）根据任务要求，按照拓扑结构，可以延续使用之前感兴趣流方式 IPSec VPN 任务的拓扑结构，因为它们的基础网络是相同的，所以可以参照感兴趣流方式 IPSec VPN 任务的基础配置，这里不再赘述。

（3）在配置 IPSec VPN 之前，先验证基础网络工作是否正常，测试方式、内容和结果也同之前的感兴趣流方式 IPSec VPN 任务，这里不再赘述。

（4）以隧道方式配置 IPSec VPN，使得温州总部和滨海分校的私网网络可以通过 Internet 进行安全互联。为展示多种配置方式，本任务与之前的感兴趣流任务稍有区别，在 IKE 对等体配置中使用 v2 版本，并使用 IPSec 安全框架进行配置。

在 R1 上配置 IPSec 安全提议 IPSec Proposal。

```
[R1]ipsec proposal tran1                                    //创建安全提议，名称为tran1
[R1-ipsec-proposal-tran1]esp authentication-algorithm sha1  //指定身份验证算法
[R1-ipsec-proposal-tran1]esp encryption-algorithm aes-128   //指定数据加密算法
```

在 R1 上配置对等体信息，用于 IKE 阶段的身份验证。

```
[R1]ike peer to-binhai v2                                   //指定对等体的名称和版本（v2）
[R1-ike-peer-to-binhai]peer-id-type ip                      //选择IP地址作为对等体ID
[R1-ike-peer-to-binhai]pre-shared-key simple anfang         //将预共享密钥设置为anfang
```

在 R1 上配置安全框架。

```
[R1]ipsec profile tran2                                     //创建安全框架，名称为tran2
[R1-ipsec-profile-tran2]proposal tran1                      //指定安全提议为tran1
[R1-ipsec-profile-tran2]ike-peer to-binhai                  //指定IKE对等体为to-binhai
```

在 R1 上配置 IPSec 隧道。

```
[R1]interface Tunnel 0/0/0                                  //定义到滨海分校网络的隧道接口
[R1-Tunnel0/0/0]ip address 192.168.0.1 30                   //指定隧道接口的地址
[R1-Tunnel0/0/0]tunnel-protocol ipsec                       //隧道协议使用IPSec
[R1-Tunnel0/0/0]source 60.135.1.1                           //定义隧道的起点（源地址）
[R1-Tunnel0/0/0]destination 222.5.7.1                       //定义隧道的终点（目的地址）
[R1-Tunnel0/0/0]ipsec profile tran2                         //绑定IPSec框架
```

在 R1 上配置到滨海分校内网的静态路由，把私网互通流量导入 IPSec VPN 隧道里。

```
//添加到滨海分校内网的静态路由，下一跳为接口方式
[R1]ip route-static 192.168.2.0 24 Tunnel 0/0/0
```

在 R3 上配置 IPSec 安全提议 IPSec Proposal。

```
[R3]ipsec proposal test1                                    //创建安全提议，名称为test1
[R3-ipsec-proposal-test1]esp authentication-algorithm sha1  //指定身份验证算法
[R3-ipsec-proposal-test1]esp encryption-algorithm aes-128   //指定数据加密算法
```

在 R3 上配置对等体信息，用于 IKE 阶段的身份验证。

```
[R3]ike peer to-wenzhou v2                                  //指定对等体的名称和版本（v2）
[R3-ike-peer-to-wenzhou]peer-id-type ip                     //选择IP地址作为对等体ID
[R3-ike-peer-to-wenzhou]pre-shared-key simple anfang        //将预共享密钥设置为anfang
```

在 R3 上配置安全框架。

```
[R3]ipsec profile test2                                     //创建安全框架，名称为test2
[R3-ipsec-profile-test2]proposal test1                      //指定安全提议为test1
[R3-ipsec-profile-test2]ike-peer to-wenzhou                 //指定IKE对等体为to-wenzhou
```

在 R3 上配置 IPSec 隧道。

```
[R3]interface Tunnel 0/0/0                                  //定义到温州总部网络的隧道接口
[R3-Tunnel0/0/0]ip address 192.168.0.2 30                   //指定隧道接口的地址
[R3-Tunnel0/0/0]tunnel-protocol ipsec                       //隧道协议使用IPSec
[R3-Tunnel0/0/0]source 222.5.7.1                            //定义隧道的起点（源地址）
```

```
[R3-Tunnel0/0/0]destination 60.135.1.1          //定义隧道的终点(目的地址)
[R3-Tunnel0/0/0]ipsec profile test2             //绑定 IPSec 安全框架
```

在 R3 上配置到温州总部内网的静态路由,把私网互通流量导入 IPSec VPN 隧道里。

```
//添加温州总部内网的静态路由,下一跳为隧道对端 IP 地址方式,和 R1 的接口方式命令等效
[R3]ip route-static 192.168.1.0 24 192.168.0.1
```

(5)验证温州总部和滨海分校网络的互通性,查看 IPSec VPN 工作是否正常。

在 PC1 上已经可以 ping 通 PC2(结果略)。在 R1 上查看 IPSec 情况,IPSec SA 已正确建立。

```
<R1>display ipsec sa

===============================
Interface: Tunnel0/0/0
 Path MTU: 1500
===============================

  -----------------------------
  IPSec profile name: "tran2"
  Mode              : PROF-ISAKMP
  -----------------------------
    Connection ID     : 76
    Encapsulation mode: Tunnel
    Tunnel local      : 60.135.1.1
    Tunnel remote     : 222.5.7.1
    Qos pre-classify  : Disable
```

➡ 任务小结

通过本任务的学习,我们掌握了 VPN 的基础知识,了解了 GRE 隧道技术和 IPSec VPN 的工作原理,从相对简单的 GRE 隧道入手,先练习基础网络搭建,再叠加隧道相关配置,逐步熟悉 VPN 的相关配置方法;然后过渡到相对比较复杂的 IPSec VPN 内容,分别练习了感兴趣流和隧道两种不同方式的配置方法,同时搭配不同 IKE 版本应用,从而模拟完成企业不同局域网使用 VPN 技术通过 Internet 进行广域网互联的任务,尽可能地保证企业内网互联的安全性,并且尽量做到贴近生产网络的实际情况,达到了练习目的。下面通过几个习题来回顾一下所学的内容:

1. 用户在网络中使用 VPN 的原因是什么?
2. VPN 的常见技术有哪些?
3. GRE 隧道技术有哪些优缺点?如何配置 GRE 隧道?
4. 如何用感兴趣流方式配置典型的 IPSec VPN 网络架构?
5. 如何用隧道方式配置典型的 IPSec VPN 网络架构?

项目 6

搭建无线局域网

项目介绍

当前大部分企业有移动办公的需求，需要无线网络的地方越来越多，如何布置高速的企业无线网络越来越受到人们的重视。本项目分两个任务来阐述搭建无线局域网的相关内容。任务 1 主要介绍无线 WLAN 的基础知识，并利用华为 eNSP 模拟器完成企业网 AC+AP 方式的无线组网；任务 2 将介绍如何借助 WLAN 规划工具完成 AP 的选型及点位布置。

任务安排

任务 1　搭建企业无线网络
任务 2　WLAN 工勘

学习目标

- 了解 WLAN 基础知识
- 了解企业 WLAN AC+AP 方式组网
- 了解和掌握信号衰减测试方法
- 了解 WLAN 工勘

任务 1　搭建企业无线网络

6.1.1　WLAN 基础知识

任务描述

无线局域网（Wireless Local Area Network，WLAN）的特点是应用无线通信技术将计算机设备连接起来，构成可以互相通信和实现资源共享的网络体系。无线局域网本质上不再使用通信电缆将计算机与网络连接，而是通过无线的方式连接，从而使网络的构建和终端的移动更加灵活。作为企业网络搭建及运维人员，应首先认识 WLAN 设备并熟悉常见的架构方式。

通过本节的学习，读者可掌握以下内容：

- 无线接入控制器（AC）、无线接入点（AP）的外观；
- WLAN 常用的协议版本及其参数；
- 企业 WLAN AC+AP 的架构模式；
- 胖、瘦 AP 的区别；
- WLAN 的服务集标识符（SSID）、基本服务集（BSS）、扩展服务集（ESS）的概念。

必备知识

1. AC、AP 设备的外观

AC 的全称为 Access Point Controller，中文名为无线接入控制器，它是用来控制无线接入点（Access Point，AP）的。以华为 AC6005-8 为例，如图 6-1 所示，其中，编号 1 为 Console 配置端口，编号 2 为千兆电端口，编号 3 为千兆光电互用端口。

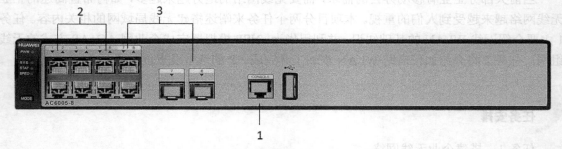

图 6-1　华为 AC6005-8 的外观（正面）

AP 以华为 AP4051 为例，其正面、背面分别如图 6-2 和图 6-3 所示，其中，编号 1 为 Console 配置端口，编号 2 为千兆电端口（支持 POE 供电），编号 3 为 DC 供电端口。

图 6-2　华为 AP4051 的外观（正面）

图 6-3　华为 AP4051 的外观（背面）

2. WLAN 常用协议标准及其参数

WLAN 常用协议标准大致有五代，分别是 IEEE 802.11a、IEEE 802.11b、IEEE 802.11g、IEEE 802.11n 和 IEEE 802.11ac，它们的频段、频段带宽、最高速度、信号范围等参数如表 6-1 所示。

表 6-1　WLAN 常用协议标准及其频段、频段带宽、最高速度、信号范围等参数

协议标准	技术代数	频段/GHz	频段带宽/MHz	频段速度/Mbps	天线数量/MIMO	最高速度（段速×天线）/Mbps	信号范围（室内～室外）/m
IEEE 802.11a	第一代	5	20	54	1	54	35～120

续表

协议标准	技术代数	频段/GHz	频段带宽/MHz	频段速度/Mbps	天线数量/MIMO	最高速度（段速×天线）/Mbps	信号范围（室内～室外）/m
IEEE 802.11b	第二代	2.4	20	11	1	11	35～140
IEEE 802.11g	第三代	2.4	20	54	1	54	38～140
IEEE 802.11n	第四代	2.4/5	20	72.2	≤4	289	70～250
			40	150		600	
IEEE 802.11ac	第五代	5	20	87.6	≤8	350	/
			40	200		1600	
			80	433		3466	
			160	867		6936	

3. 企业 WLAN AC+AP 的架构模式

搭建企业的无线网络需要使用无线接入控制器（AC）、无线接入点（AP）、连接无线 AP 的交换机等设备。如果距离较远，则还需要使用光纤传输设备，如光纤交换机、光纤收发器等。企业的无线网络覆盖一般采用 AC+AP 的架构模式。

无线接入点也称无线网桥、无线网关，也就是所谓的瘦 AP。此无线设备的传输机制相当于有线网络中的集线器，在无线局域网中不停地接收和传送数据。任何一台装有无线网卡的 PC 均可通过 AP 来分享有线局域网甚至广域网的资源。理论上，当网络中增加一台无线 AP 之后，既可成倍地扩展网络覆盖直径，还可使网络中容纳更多的网络设备。每台无线 AP 基本上都拥有一个以太网接口，用于实现无线与有线的连接。

4. 胖、瘦 AP 的区别

无线局域网的架构主要分为基于控制器的 AP 架构（瘦 AP，FitAP）及传统的独立 AP 架构（胖 AP，FatAP）。近几年，随着 WLAN 技术的发展，瘦 AP 正在迅速替代胖 AP 架构，下面分别介绍胖、瘦 AP。

胖 AP 除支持无线接入功能外，一般拥有 WLAN、LAN 两个接口，还支持 DHCP 服务器、DNS 和 MAC 地址克隆，以及 VPN 接入、防火墙等安全功能。胖 AP 也称独立 AP，所有的配置存储于自治型接入点本身，因此设备的管理和配置均由自治型接入点执行。所有加/解密和 MAC 层功能也由自治型接入点完成。胖 AP 的典型例子是无线路由器。

瘦 AP 非常适用于无线局域网一体化发展的下一个阶段——集中式 WLAN 架构。这种架构使用位于网络核心的 WLAN 控制器。在集中式的无线局域网体系结构中，基于控制器的接入点，也称轻量型 AP。为了实现 WLAN 网络的快速部署、网络设备的集中管理、精细化的用户管理，相比胖 AP 方式，企业用户及运营商更倾向于采用集中控制性 WLAN 组网方式（AC+瘦 AP）。AC 和 AP 之间采用 CAPWAP（Control And Provisioning of Wireless Access Points Protocol Specification，无线接入点的控制和配置协议）。CAPWAP 协议用于无线接入点（AP）和无线接入控制器（AC）之间的通信和交互，实现 AC 对其所关联的 AP 的集中管理和控制。协议内容可简单地描述为：AP 对 AC 的自动发现以及 AP&AC 状态机的运行、维护；AC 对 AP 进行管理、业务配置下发；STA 数据封装 CAPWAP 隧道进行转发。

5. 服务集标识符、基本服务集、扩展服务集的概念

服务集标识符（Service SetIdentifier）简称 SSID，用来区分不同的网络，最多可以有

32个字符。无线网卡设置不同的SSID后就可以进入不同的网络。SSID通常由AP或无线路由器广播出来。出于安全考虑，可以不广播SSID，此时用户只能手动设置SSID进入相应的网络。简单来说，SSID就是一个局域网的名称，只有设置为相同SSID的计算机才能互相通信。

基本服务集（Basic Service Set）简称BSS。一个热点的覆盖范围被称为一个BSS。一种特殊的Ad-hoc LAN的应用被称为BSS。一群计算机设定相同的BSS名称，即可自成一个group，而此BSS名称即所谓的BSSID。

扩展服务集（Extended Service Set）简称ESS。BSS的服务范围可以涵盖整个小型办公室或家庭，但无法服务较广的区域。802.11允许将几个BSS串联为延伸式服务组合，借此延伸无线网络的覆盖区域。所谓ESS，就是利用骨干网络将几个BSS连在一起的网络结构，如图6-4所示。所有位于同一个ESS的基站将会使用相同的服务集标识符（SSID）。

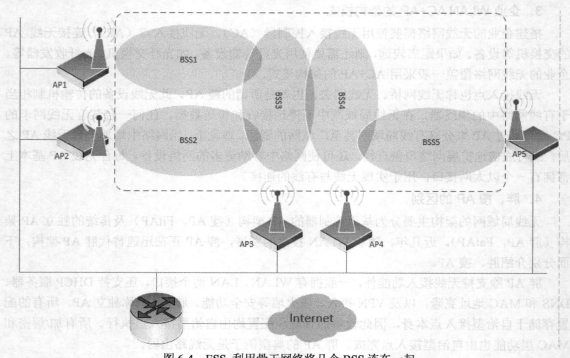

图6-4　ESS利用骨干网络将几个BSS连在一起

任务实现

（1）了解企业WLAN AC+AP架构，利用eNSP画出基于AC+AP的企业无线网络，如图6-5所示。

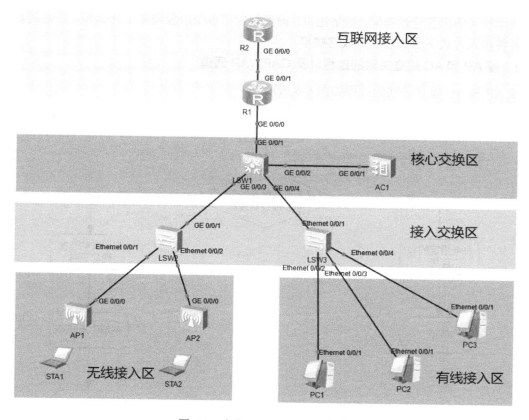

图 6-5　企业 WLAN AC+AP 架构

（2）标注出接入交换区、核心交换区、有线接入区、无线接入区、互联网接入区。

6.1.2　企业 WLAN AC+AP 方式组网

🔵 任务描述

某公司因业务发展，需实现移动办公。现要在原有线网络的基础上，搭建 WLAN 网络。该网络需要使用无线接入控制器（AC）管理所有的无线接入点（AP），包括分配地址、信道、频段等。

通过本节的学习，读者可掌握以下内容：
- WLAN 技术；
- AC+AP 方式的企业无线网络的规划方法；
- 无线接入控制器（AC）等设备的配置方法。

🔵 必备知识

1. CAPWAP 通道

CAPWAP 为无线接入点的控制和配置协议。其由两部分组成：CAPWAP 协议和无线 BINDING 协议。前者用于完成 AP 发现 AC 等基本协议功能；后者用于提供具体和某个无线接入技术相关的配置管理功能。通俗地讲，前者规定了各个阶段需要干什么事，后者就是具体到在各种接入方式下应该怎么完成这些事。

2. 瘦 AP 和 AC 建立关联的过程以及 CAPWAP 通道

瘦 AP 和 AC 建立关联的过程如图 6-6 所示。

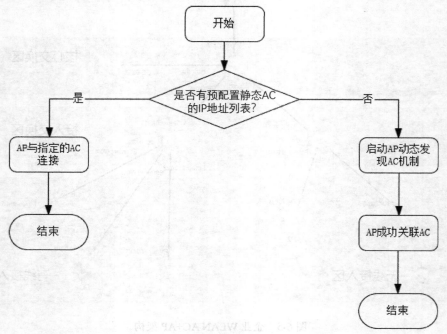

图 6-6 瘦 AP 和 AC 建立关联的过程

CAPWAP 通道的建立过程分为两个阶段：第一阶段是瘦 AP 获得 IP 地址的过程，当 AP 启动后，会通过 DHCP 获取 IP 地址、DNS Server、域名；第二阶段是 AP 与 AC 建立通道的过程，AP 使用 AP 动态发现 AC 机制来获取可用的 AC，然后与最佳 AC 建立 CAPWAP 连接（如果 AP 在 DHCP 阶段已经获得 AC 的 IP 地址，那么可以直接和 AC 建立 CAPWAP 连接）。

3. 直接转发模式与 CAPWAP 通道转发模式

WLAN 网络中的数据分为管理数据与业务数据。管理数据必须通过 CAPWAP 通道转发模式转发，而业务数据除了可以通过 CAPWAP 通道转发模式转发，还可以通过直接转发模式转发。

在工程应用中，要分别为管理数据和业务数据配置不同的 VLAN，分别是管理 VLAN 和业务 VLAN。管理 VLAN 负责传输通过 CAPWAP 通道转发的报文；业务 VLAN 负责传输 WLAN 用户上网时的数据报文。图 6-7 所示为管理数据报文的转发处理流程。上行管理数据报文由 AP 封装在 CAPWAP 报文中；由连接 AP 的网络设备标记管理 VLAN m；AC 接收及解封装 CAPWAP 并终结 VLAN m。下行管理数据报文由 AC 封装在 CAPWAP 报文中并标记管理 VLAN m；由连接 AP 的网络设备终结 VLAN m；AP 接收并解封装 CAPWAP。

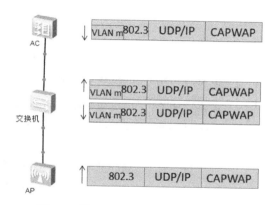

图 6-7 管理数据报文的转发处理流程

在直接转发模式下业务数据报文的转发处理流程如图 6-8 所示。业务数据报文不经过 CAPWAP 封装。AP 收到 STA 的 802.11 格式的上行业务数据报文后,直接转换为 802.3 报文并标记业务 VLAN s 后向目的地发送。下行业务数据报文以 802.3 报文到达 AP(由网络设备标记业务 VLAN s),然后由 AP 转换为 802.11 报文发送给 STA。

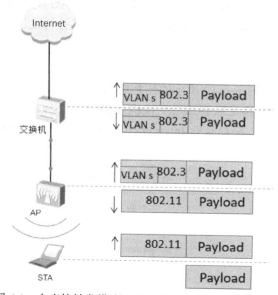

图 6-8 在直接转发模式下业务数据报文的转发处理流程

在 CAPWAP 通道转发(集中转发)模式下业务数据报文的转发处理流程如图 6-9 所示。业务数据报文经过 CAPWAP 封装,在 CAPWAP 数据隧道中传输。AP 收到 STA 的 802.11 格式的上行业务数据报文,直接转换为 802.3 报文并标记业务 VLAN s,然后 AP 封装上行业务数据报文到 CAPWAP 报文中,由连接 AP 的交换机标记管理 VLAN m;AC 接收及解封装 CAPWAP 并终结 VLAN s、VLAN m。下行业务数据报文由 AC 封装到 CAPWAP 报文中,由 AC 标记业务 VLAN s 和管理 VLAN m;由连接 AP 的交换机终结 VLAN m;由 AP 接收及解封装 CAPWAP 并终结 VLAN s,然后将 802.3 报文转换为 802.11 报文发送给 STA。封装后的报文在 CAPWAP 报文外层使用管理 VLAN m,中间网络设备只需要配置、透传管理 VLAN,而封装在 CAPWAP 报文中的业务 VLAN s 无须配置。

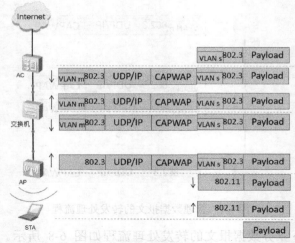

图 6-9 在 CAPWAP 通道转发（集中转发）模式下业务数据报文的转发处理流程

因此，对于直接转发模式，管理员需要合理规划无线 AP 的管理 VLAN 和业务 VLAN，实现 AP 与 AC 间管理 VLAN 互通，AP 与上层网络业务 VLAN 互通。对于 CAPWAP 通道转发模式，则在合理规划 VLAN 后，管理员只需确保 AP 与 AC 间管理 VLAN 互通即可，因为所有的数据报文都必须经过 CAPWAP 封装到达 AC 后再进行转发。

任务实现

（1）根据任务描述，绘制图 6-10 所示的拓扑结构。其中，AP1 和 AP2 通过 POE 供电的方式接入二层交换机 LSW2，再上联到三层交换机 LSW1，LSW1 旁边挂一台无线接入控制器 AC1，用于统一管理 AP。R1 模拟企业 Internet 出口设备，R2 模拟运营商公网设备。

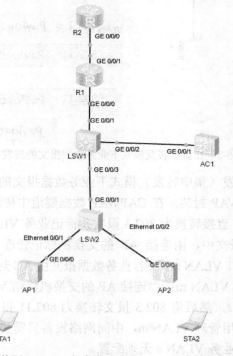

图 6-10 使用 AC+AP 方式搭建企业 WLAN 实验拓扑结构

（2）在二层交换机 LSW2 上创建 VLAN 20、VLAN 30，其中，VLAN 20 用于管理，VLAN 30 用于业务。

```
<Huawei>undo terminal monitor
<Huawei>sys
[Huawei]sysname LSW2
[LSW2]vlan batch 20 30
[LSW2]interface Ethernet 0/0/1
[LSW2-Ethernet0/0/1]port link-type trunk         //与AP1相连的接口，配置为trunk模式
[LSW2-Ethernet0/0/1]port trunk allow-pass vlan 20 30   //放行VLAN 20、VLAN 30
[LSW2-Ethernet0/0/1]port trunk pvid vlan 20       //设置本征VLAN为20
[LSW2-Ethernet0/0/1]quit
[LSW2]interface GigabitEthernet 0/0/1
[LSW2-GigabitEthernet0/0/1]port link-type trunk  //与LSW1相连的接口，配置为trunk模式
[LSW2i-GigabitEthernet0/0/1]port trunk allow-pass vlan 20 30
```

（3）在三层交换机 LSW1 上创建 VLAN 20、VLAN 30，分别将与 AC1 互连的 GE 0/0/2 接口、与二层交换机 LSW2 互连的 GE 0/0/3 接口配置为 trunk 模式，并放行 VLAN 20、VLAN 30。

```
<Huawei>undo terminal monitor
<Huawei>sys
[Huawei]sysname LSW1
[LSW1]vlan batch 20 30
[LSW1]int g0/0/3
[LSW1-GigabitEthernet0/0/3]port link-type trunk
[LSW1-GigabitEthernet0/0/3]port trunk allow-pass vlan 20 30
[LSW1-GigabitEthernet0/0/3]quit
[LSW1]int g0/0/2
[LSW1-GigabitEthernet0/0/2]port link-type trunk
[LSW1i-GigabitEthernet0/0/2]port trunk allow-pass vlan 20 30
```

（4）在 AC1 上要进行较多的配置，分别如下。

创建 VLAN 20、VLAN 30，将与三层交换机互连的 GE 0/0/1 接口配置为 trunk 模式，并放行 VLAN 20、VLAN 30。

```
<AC6005>undo terminal monitor
<AC6005>system-view
[AC6005]vlan batch 20 30
[AC6005]interface GigabitEthernet 0/0/1
[AC6005-GigabitEthernet0/0/1]port link-type trunk
[AC6005-GigabitEthernet0/0/1]port trunk allow-pass vlan 20 30
[AC6005-GigabitEthernet0/0/1]quit
```

配置 DHCP，选择较为简单的接口分配方式。

```
[AC6005]dhcp enable
[AC6005]int Vlanif 20
[AC6005-Vlanif20]ip address 192.168.20.1 24
[AC6005-Vlanif20]dhcp select interface
[AC6005-Vlanif20]int vlanif 30
[AC6005-Vlanif30]ip address 192.168.30.1 24
[AC6005-Vlanif30]dhcp select interface
[AC6005-Vlanif30]q
```

在 AC1 上配置 AP 上线所需的参数，首先创建 AP 组，用于将相同配置的 AP 加入同一 AP 组中。

```
[AC6005]wlan
[AC6005-wlan-view]ap-group name ap-group1
[AC6005-wlan-ap-group-ap-group1]q
```

然后创建域管理模板，在域管理模板中配置 AC1 的国家码为 cn，并在 AP 组下引用域管理模板。

```
[AC6005-wlan-view]regulatory-domain-profile name domain-profile1
[AC6005-wlan-regulate-domain-profile1]country-code cn
[AC6005-wlan-regulate-domain-profile1]q
```

```
[AC6005-wlan-view]ap-group name ap-group1
[AC6005-wlan-ap-group-ap-group1]regulatory-domain-profile  domain-profile1
Warning: Modifying the country code will clear channel, power and antenna gain
configurations of the radio and reset the AP. Continue?[Y/N]:y
[AC6005-wlan-ap-group-ap-group1]q
[AC6005-wlan-view]q
```

接着配置 AC1 源接口。

```
[AC6005]capwap source int Vlanif 20
```

查看 AP1 的 MAC 地址,可通过以下方法查看,右击 AP1,在弹出的快捷菜单中选择"设置"命令,然后选择"配置"命令查看其 MAC 地址,将其记录下来。配置 AP 上线的验证模式为 MAC 地址验证,配置 ap-id 0 并将 AP1 与其关联,再配置 AP 组 1,方便将相同用途的 AP 划到同一个组内。

```
[AC6005]wlan
[AC6005-wlan-view]ap auth-mode mac-auth
[AC6005-wlan-view]ap-id 0 ap-mac [ap1 的 mac 地址]
[AC6005-wlan-ap-0]ap-name ap1
[AC6005-wlan-ap-0]ap-group ap-group1
Warning: This operation may cause AP reset. If the country code changes, it will
 clear channel, power and antenna gain configurations of the radio, Whether to
continue? [Y/N]:y
[AC6005-wlan-ap-0]q
```

配置 WLAN 的加密方式、密钥、加密算法等参数,本例设置为 WPA-WPA2+PSK+AES。

```
[AC6005]wlan
[AC6005-wlan-view]security-profile name sec-pro
[AC6005-wlan-sec-prof-sec-pro]security wpa-wpa2 psk pass-phrase  huawei.com  aes
[AC6005-wlan-sec-prof-sec-pro]q
```

创建 ssid-profile,命名为"huawei-ssid",并配置 SSID 名称为"huawei-ssid"。

```
[AC6005-wlan-view]ssid-profile name  huawei-ssid
[AC6005-wlan-ssid-prof-huawei-ssid]ssid huawei-ssid
Info: This operation may take a few seconds, please wait.done.
[AC6005-wlan-ssid-prof-huawei-ssid]q
```

创建名为"huawei-vap"的 VAP 模板,然后配置业务转发模式,并引用安全模板和 SSID。

```
[AC6005-wlan-view]vap-profile name huawei-vap
[AC6005-wlan-vap-prof-huawei-vap]forward-mode direct-forward
[AC6005-wlan-vap-prof-huawei-vap]security-profile sec-pro
[AC6005-wlan-vap-prof-huawei-vap]ssid-profile huawei-ssid
[AC6005-wlan-vap-prof-huawei-vap]q
```

配置 AP 组引用 VAP 模板,AP 上的射频 0 和射频 1 都使用 VAP 模板"huawei-vap"的配置。

```
[AC6005-wlan-view]ap-group name ap-group1
[AC6005-wlan-ap-group-ap-group1]vap-profile huawei-vap wlan 1 radio 0
[AC6005-wlan-ap-group-ap-group1]vap-profile huawei-vap wlan 1 radio 1
[AC6005-wlan-ap-group-ap-group1]q
```

配置 AP 射频的信道和功率,关闭射频的信道和功率自动调优功能。如果不关闭此功能,则会导致手动配置不生效。

```
[AC6005-wlan-view]rrm-profile name default
[AC6005-wlan-rrm-prof-default]calibrate auto-channel-select disable
[AC6005-wlan-rrm-prof-default]calibrate auto-txpower-select disable
[AC6005-wlan-rrm-prof-default]q
```

配置 ap-id 0 的射频 0 的信道和功率。

```
[AC6005-wlan-view]ap-id 0
[AC6005-wlan-ap-0]radio 0
[AC6005-wlan-radio-0/0]channel 20mhz 6
Warning: This action may cause service interruption. Continue?[Y/N]y
```

```
[AC6005-wlan-radio-0/0]eirp 127
Info: The EIRP value takes effect only when automatic transmit power selection i
s disabled, and the value depends on the AP specifications and local laws and
regulations.
[AC6005-wlan-radio-0/0]q
```

配置射频 1 的信道和功率。

```
[AC6005-wlan-ap-0]radio 1
[AC6005-wlan-radio-0/1]channel 20mhz 149
Warning: This action may cause service interruption. Continue?[Y/N]y
[AC6005-wlan-radio-0/1]eirp 127
```

（5）终端接入 WLAN。

配置完成之后，AP1 就能正常发射信号了，如图 6-11 所示。在其覆盖范围内的终端，就可以接入了。

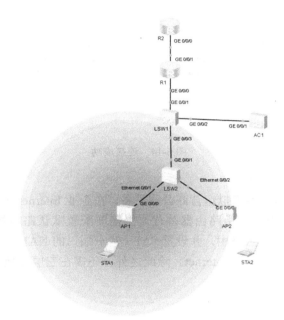

图 6-11　AP1 正常发射信号的效果图

双击 STA1，在打开的界面中选择"Vap 列表"选项卡，显示结果如图 6-12 所示。

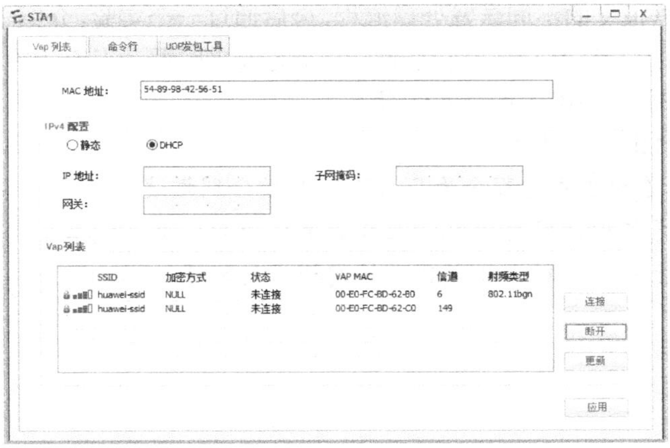

图 6-12　"Vap 列表"选项卡

然后选中使用 6 信道的 2.4GHz 信号，单击"连接"按钮进行连接，在弹出的"账户"对话框中输入密码"huawei.com"，如图 6-13 所示。

图 6-13　输入密码

按回车键，若状态为"已连接"，则表示 STA1 已成功接入 Wi-Fi 信号，如图 6-14 所示。另外也可以接入下面的 5GHz 频段的 SSID。

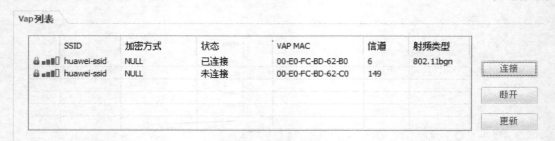

图 6-14　连接成功

6. 访问 Internet 的配置

在该任务中用 R2 路由器模拟运营商公网设备，在企业 Internet 出口设备 R1（一般是防火墙设备，该任务为降低难度，用路由器替代）上需要配置默认路由指向 R2，配置指向内部 192.168.20.0/24 等网段的静态路由，并设置 PAT（基于端口的 NAT），以便内网 IP 经过地址转换成 R1 上的出口地址后，访问 Internet。除此之外，还需在三层交换机 LSW1 与 AC1 上设置指向 Internet 的默认路由。

➡️ 任务小结

通过本任务的学习，我们认识了 AC、AP 的外观，了解了企业 WLAN AC+AP 的架构模式，理解了通过 AP 和 AC 建立 CAPWAP 通道的过程，以及在直接转发模式与通道转发（也叫集中转发）模式下业务数据报文的不同转发处理流程，最后通过一个实验，介绍了企业 WLAN AC+AP 架构下的直接转发模式的配置方法。下面通过几个习题来回顾一下所学的内容：

1. 无线接入控制器（AC）的作用是什么？
2. 胖、瘦 AP 的区别是什么？
3. CAPWAP 通道的建立过程分为几个阶段？请分别描述。
4. 直接转发模式与通道转发模式对业务数据处理的区别是什么？
5. 尝试从网络上查找资料，完成通道转发模式的配置。

任务 2 WLAN 工勘

6.2.1 信号衰减测试

> **任务描述**

在无线覆盖工程中，经常需要测试现场的无线信号强度，从而确定无线信号是不是足够强、无线信号强度是不是能达到要求。本任务要求利用 WirelessMon 工具测试 Wi-Fi 信号强度，并且通过计算障碍物前、后信号强度的差值来获得障碍物信号的衰减值。

通过本节的学习，读者可掌握以下内容：
- Wi-Fi 信号强度单位；
- Wi-Fi 信号强度范围；
- 利用工具测试 Wi-Fi 信号强度的方法。

> **必备知识**

不同发射设备的 Wi-Fi 信号强度值是不一样的，一般在-60dBm 左右。dBm 表示功率绝对值。信号强度值为负值，这个值越大，表示信号越强，如-70dBm 比-90dBm 的信号要强。

一般信号强度在-30～-120dBm 之间。-35dBm 已经很强了，基本上没什么衰减，网络连接非常好。正常的信号强度应该在-40～-85dBm 之间。小于-90dBm 就很差了，几乎无法连接。

> **任务实现**

（1）下载 WirelessMon 工具并安装，然后打开软件界面。

WirelessMon 启动后，默认为概要界面，如图 6-15 所示，在这个界面中可以看到无线网卡所能搜索到的所有无线信号。

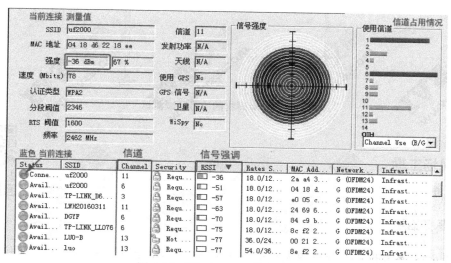

图 6-15 WirelessMon 的概要界面

①左上区域：当前连接的无线信息。

- SSID：当前连接无线信号的 SSID；
- 信道：信号所占用的信道；
- MAC 地址：搜索到的信号源设备的 MAC 地址。
- 强度：当前连接无线的信号强度；
- 速度：当前无线连接的通信速度；
- 认证类型：AP 是否进行加密。

②右上区域：周围无线信道的占用情况（信道的拥挤程度）。

③下方区域：周围的全部无线信号及其信息。

- Status：三种状态，蓝色表示"当前连接的 AP"，绿色表示"可以连接的 AP"，红色表示"无法连接的 AP"；
- SSID：搜索到信号的 SSID；
- Channel：信号所占用的信道；
- Security：AP 是否进行加密；
- RSSI：所有收到的信号强度，单位为 dBm，值越大信号越强，-36dBm 比 -51dBm 的信号要强；
- MAC Address：搜索到的信号源设备的 MAC 地址。

（2）信号衰减测试方法。

当 WLAN 信号穿越障碍物时，障碍物的材质及厚度的不同会造成不同程度的信号衰减。用户可以通过 Wi-Fi 分析仪分别测量测试点 1 和测试点 2 的 dBm 值，两者相减就是障碍物的信号衰减值，如图 6-16 所示。

图 6-16　障碍物的信号衰减测试

6.2.2　现场工勘

➤ 任务描述

某企业因业务发展，需在行政大楼实现移动办公，所以需要部署 WLAN。假设你是工程的承接方，在拿到建筑平面图后，需要先进行售前网规，主要内容包括选择 AP 的型号和确认安装位置，为市场人员报价和采购产品提供依据。

通过本节的学习，读者可掌握以下内容：
- AP 型号及其参数的含义；
- 选择合适的 AP 以适应不同的环境；
- 通过 WLAN 工具进行 AP 点位规划。

必备知识

1. WLAN 工程交付流程

售前网规在交付流程中是非常重要的环节，它直接影响工程报价及用户体验。在这一环节，操作者需要收集客户的建筑平面图，进而做 AP 放置点位规划，可以借助厂商的 WLAN 规划工具来规划信道及查看信号覆盖情况。如果要做到数据非常精准，还需要在现场实测障碍物衰减情况，数据可直接导回 WLAN 规划工具。另外，要寻找干扰源，可以在图纸上标注不同类型的干扰源。对于 AP 干扰源，操作者可以探测并记录其信道和发射功率。如果是室外场景，则要测量室外点位挂高，或障碍物之间的距离、场馆长度等。收集了这些信息后，再根据 AP 的型号及适用场景，借用 WLAN 规划工具，做出网规方案。图 6-17 所示为 WLAN 工程的交付流程。

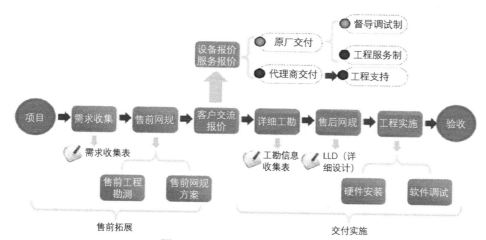

图 6-17 WLAN 工程的交付流程

2. AP 产品的型号

AP 的类型非常多，应根据用户的需求、场地等条件选择合适的型号，TP-LINK 品牌常见 AP 产品的型号及其参数如表 6-2 所示。

表 6-2 TP-LINK 品牌常见 AP 产品的型号及其参数

产品型号	产品特征	频段/传输速率	最大带点数	功率
TL-AP301C	吸顶/壁挂/DC 供电/单频	2.4GHz/300Mbps	100	12W
TL-AP1750C-PoE	吸顶/壁挂/POE 供电/双频	2.4GHz+5.0GHz/1750Mbps	100(2.4GHz)+100(5GHz)	15W
TL-AP902C-PoE	吸顶/壁挂/POE 供电/双频	2.4GHz+5.0GHz/450Mbps	100(2.4GHz)+100(5GHz)	10W
TL-AP900I-PoE	面板/壁挂/POE 供电/双频	2.4GHz+5.0GHz/900Mbps	100(2.4GHz)+100(5GHz)	10W
TL-AP1300I-PoE	面板/壁挂/POE 供电/双频	2.4GHz+5.0GHz/1300Mbps	100(2.4GHz)+100(5GHz)	12W

续表

产品型号	产品特征	频段/传输速率	最大带点数	功率
TL-AP450D	桌面/DC 供电	2.4GHz/450Mbps	100(2.4GHz)	8W
TL-AP300P	室外/POE 供电/单频	2.4GHz/300Mbps	100(2.4GHz)/覆盖范围（90~120m^2）	15W
RG-Cab-SMA-15m	15 米馈线	N/A	N/A	N/A
RG-IOA-2505-S1	双频单流/单频单流	N/A	N/A	N/A
AP110-w	单频单流	150Mbps	12/32	60MW
S2928G-24P	24 口 POE 交换机	N/A	N/A	240W
WS6008	无线控制器	6×1000Mbps	32/200	40W

任务实现

（1）以某企业行政大楼 2 楼为例，其建筑平面图如图 6-18 所示，可利用 TP-LINK 无线规划工具进行模拟和规划，预测 AP 覆盖效果，生成网规报告，以评估 AP 选型、数量及放置点位，从而有效地开展真实环境下的无线网规项目。

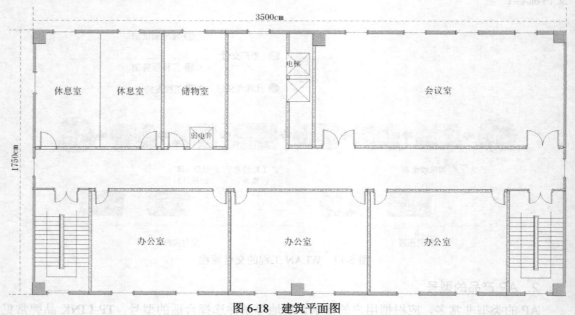

图 6-18 建筑平面图

（2）根据建筑平面图和客户的上网习惯，结合现场测试的障碍物衰减值来规划 AP 型号及放置点位。客户的办公室是主要的办公场所，对网速要求较高；会议室开会人数峰值是 150 人；人员经常会同层走动。由此得出，在办公室、会议室需要覆盖 2.4/5GHz 双频、大带宽，会议室还要满足 150 人的并发接入；休息室能覆盖就行；走廊做到尽量覆盖，无带宽要求；储物室、电梯与楼梯间无要求。

（3）按图 6-19 所示的流程操作 TP-LINK 无线规划工具，具体操作如下。

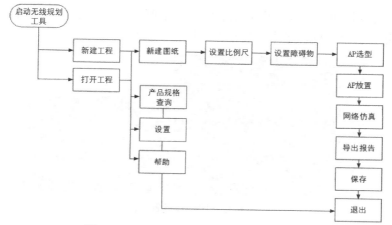

图 6-19　TP-LINK 无线规划工具操作流程

①启动 TP-LINK 无线规划工具后，将出现图 6-20 所示的界面，单击"新建工程"图标。

图 6-20　TP-LINK 规划工具开始界面

②在打开的界面中输入工程名称，单击"确定"按钮。然后在打开的图纸选择界面（见图 6-21）中输入图纸名称，并上传本地图纸（可以从网上下载或通过 Visio 等制图工具画一张），单击"确定"按钮。

图 6-21　图纸选择界面

③单击"开始"按钮，设置比例尺，如图 6-22 所示。单击鼠标左键确定比例尺的起点，

移动"比例尺"悬浮按钮,再单击鼠标左键确定比例尺终点。此时弹出"设置比例尺"对话框,输入比例尺表示的实际长度,单击"确定"按钮。

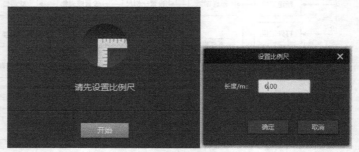

图 6-22 比例尺设置界面

④设置障碍物。在真实环境中,无线信号在穿越障碍物时信号强度会衰减。我们可以通过在图纸上设置障碍物来模拟真实环境,以达到仿真效果。单击左侧元件栏"室内障碍物"/"室外障碍物"旁的三角形下拉按钮,出现不同材质的障碍物选择栏,如图 6-23 所示。

图 6-23 障碍物选择栏

⑤室内障碍物可以选择"折线""矩形""多边形"三种绘制方式。把图纸的障碍物都勾勒出来后,可以对障碍物的信号衰减值进行设置,方法是选中勾勒的"障碍物",并右击,在弹出的快捷菜单中选择"查看属性"命令,如图 6-24 所示。

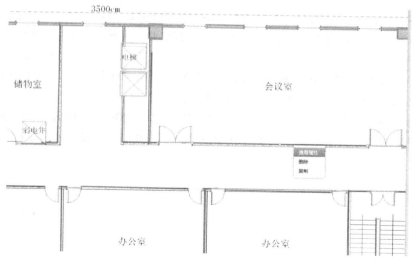

图 6-24 信号衰减值设置（1）

⑥右边界面出现属性设置栏，填入现场测试的衰减值，如图 6-25 所示。

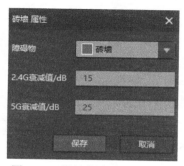

图 6-25 信号衰减值设置（2）

⑦布置 AP。单击左侧元件栏"AP"旁的三角形下拉按钮，出现不同型号的 AP 选择栏，如图 6-26 所示。

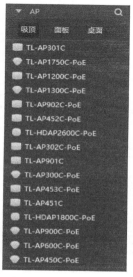

图 6-26 AP 选择栏

⑧按照客户的需求,会议室应布置两台 TL-AP1750C-PoE,以满足 150 人的并发接入,并提供较大的带宽;每个办公室各布置一台 TL-AP1750C-PoE(不建议采用比较美观的面板式的 TL-AP1300I-PoE,因为其信号无法很好地覆盖办公室);走廊上均匀地布置 3 台 TL-AP301C,该型号只支持 2.4GHz,不支持大带宽,但是价格便宜;两个休息室,只做了简单的隔断,信号衰减只有 2dB,所以只在一侧放置了一台 TL-AP301C。将 AP 放置到对应的位置(图中圆点),将软件界面右侧的频段选择为 5GHz,dBm 值设定在-20~-60dBm 之间,然后单击"开始仿真"按钮,等待几分钟后,就得到了 5GHz 频段的-60dBm 的覆盖范围,如图 6-27 所示。

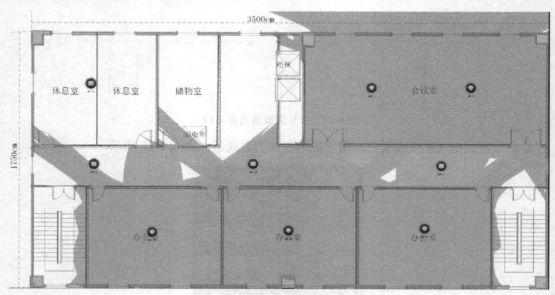

图 6-27 5GHz 频段的-60dBm 的覆盖范围

同理,可得到 2.4GHz 频段的-60dBm 的覆盖范围,如图 6-28 所示。除了储物室、电梯、楼梯间覆盖较差,其他区域基本都覆盖到了,符合客户的要求。

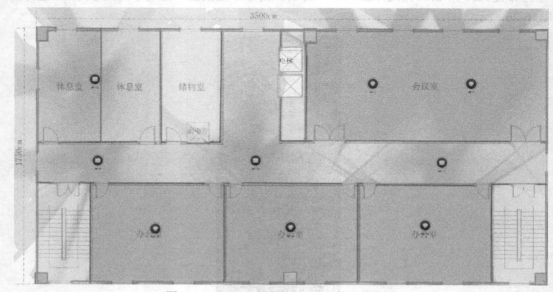

图 6-28 2.4GHz 频段的-60dBm 的覆盖范围

经过工勘后,可以为工程报价及施工提供强有力的支撑。

任务小结

通过本任务的学习,我们了解了 WLAN 工程的交付流程、AP 产品的型号,掌握了信号衰减的测试方法。根据客户的需求选择合适的 AP 型号,再通过无线规划工具规划 AP 的放置点位。下面通过几个习题来回顾一下所学的内容:

1. WLAN 工程为什么要做售前网规?
2. 在售前网规环节,要收集什么信息?
3. AP 选型和点位部署要考虑哪些因素?

项目 7

中小型企业网安全架构

项目介绍

随着互联网科技的迅猛发展,网络已经渗透到了当今社会的各行各业,不断地改变和影响着我们的工作和生活方式,为我们创造了更高效和便利的社会环境。与此同时,依赖于网络的各类应用、业务越来越多,对网络安全性、稳定性、可靠性及速度等各方面提出了更多、更高的要求。如果要满足这些要求,提高网络质量,保障业务安全可靠,在网络的设计阶段就需要做好全网的合理性规划,尤其是作为网络服务的发布区,重要业务的承载区,数据存储、传输、计算的核心区——数据中心,更应该做好相应的安全可靠性设计。本章将详细讲述企业基础网络搭建的方案设计,在该方案中除了涉及基础的网络架构,还涉及企业必须考虑的网络安全架构。考虑到读者为在校学生,没有相关的实际操作设备,本章主要以述说的方式来介绍。

学习目标

◇ 了解和熟悉中小型企业网安全架构方案设计思路
◇ 了解中小型企业网安全架构的各个区域

7.1 方案总体设计

图 7-1 所示是一套非常完整的企业网架构。总部按功能及信息安全等级保护要求分成几大区域,分别是核心交换区、数据中心区、外网出口区、终端接入区、桌面云服务器区、运维管理区、对外服务区。核心交换区连接大部分区域,为这些区域提供数据交换服务;数据中心区是服务器、存储、超融合等设备的集中地,它主要用于对企业服务器、数据存储的管理;外网出口区负责和互联网的交互,需要架设防火墙(图中*2 表示双机冗余架构)、入侵检测等安全设备,以防止来自互联网的攻击;终端接入区是办公计算机等设备的接入区,在这个区域应部署终端准入及终端杀毒设备;运维管理区会架设态势感知平台、运维堡垒机、日志审计、网管系统等平台来协助网络运维人员安全、方便地管理企业网;对外服务区会放置门户网站、OA、ERP 等应用服务器。为实现公司分部及外出人员更安全地接入总部,可设置虚拟通道 VPN。其中分部接入总部一般采用运营商级的 VPN,这类 VPN 需要向电信运营商申请开通,而外出人员一般采用企业级的 VPN 接入总部,如 SSL VPN。管理员可通过在总部部署 VPN 设备,供这些人员拨入。

项目 7　中小型企业网安全架构

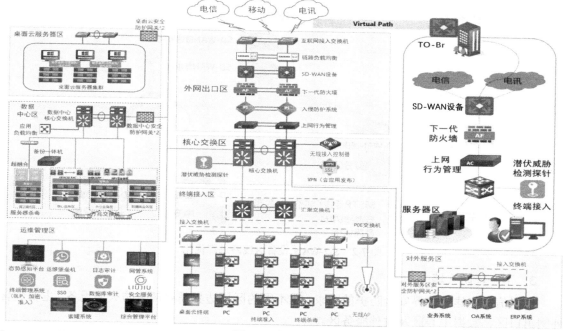

图 7-1　企业网架构

7.2　外网出口区

1. 链路负载均衡

使用专业的负载均衡设备，在出口处部署负载均衡双机，针对出入栈的流量做负载均衡，通过轮询、加权轮询、静态就近性、动态就近性等算法，解决多链路网络环境中流量分担的问题，并保证网络服务的质量，消除单点故障，减少停机时间。为提升外网用户从外部访问内部网站和应用系统的速度和性能，需要对多条链路进行负载优化，实现在多条链路上动态平衡分配流量，并在一条链路中断时能够智能地自动切换到另外一条链路。

2. SD-WAN 设备

在外网出口区部署 SD-WAN 设备，针对 10M MSTP 专线和企业宽带，进行线路优化（见图 7-2）和链路带宽整合。SD-WAN 设备提供了协议优化、缓存、流压缩、流量整形、链路质量优化等多种技术，能够帮助用户加快关键应用的响应速度，大幅提升专网的传输效率。专线内存在大量的冗余数据传输，容易导致专网带宽压力过大。SD-WAN 设备采用动态流压缩、基于码流特征数据优化对专网中的流量进行大幅削减，降低带宽负荷，实现带宽增值。SD-WAN 设备还可以对 ERP、邮件、FTP 文件传输等应用进行优化，减少数据交互，提升访问速度，提高工作效率。SD-WAN 设备通过快速重传、选择性重传、改善拥塞机制、增大滑动窗口大小等几种技术对传统的 TCP 传输协议进行改进，从而提高链路质量和访问速度。SD-WAN 设备还能够实时感知专网流量分布情况，从而实现业务流量整形和不断调优。

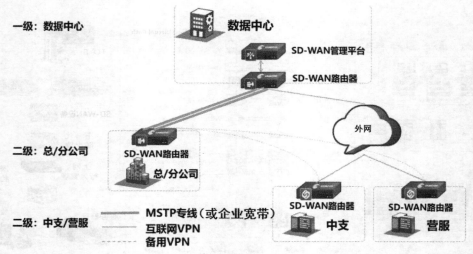

图 7-2　SD-WAN 设备对线路进行优化

3．下一代防火墙

根据信息化建设边界安全防护的要求，在不同的区域边界需要部署防火墙设备，主要包含外网出口区、数据中心区及对外服务区。

通过在各个边界部署下一代防火墙，可以对所有从边界流经下一代防火墙的数据包按照严格的安全规则进行过滤，将所有不安全的或不符合安全规则的数据包屏蔽，杜绝越权访问，防止各类非法攻击行为。防火墙设备通过一组规则决定哪些流量可以通过而哪些流量不可以通过防火墙。防火墙可以对从边界进入的流量进行更加深入的分析和过滤，并能够按照管理者所确定的策略来阻塞或者允许流量经过。策略将细化到每个 IP 地址和每个应用端口，以最小权限业务流量通过原则来保证网络的安全精细度。

4．入侵防护系统

将入侵防护系统部署在外网出口边界，在防火墙身后补充防火墙在内容安全层面检测和防护的不足，起到"安检门"的作用。入侵防护系统将攻击者、入侵者挡在网络之外，以保护整体网络不被入侵，以及蠕虫、恶意代码的威胁、侵扰，并且可以实时、主动拦截黑客攻击、蠕虫、网络病毒、后门木马、DOS 等恶意流量，保护企业信息系统和网络架构免受侵害，防止操作系统和应用程序损坏或宕机。入侵防护系统还可以开启多链路防护，同时将服务器区的链路加入防护组，这样可以有效地防护攻击者从公网发起恶意攻击的同时内网终端被当成肉鸡后对服务器发起的恶意攻击。

5．上网行为管理

在防火墙的后端部署上网行为管理设备来进行数据监视并记录各类操作，实时地综合分析网络中发生的安全事件，另外可对员工办公区域的网络行为进行记录。办公区域的员工有可能存在网络资源滥用的行为，如 P2P、在线视频、迅雷/电驴下载等。上网行为管理设备可实现"用户"的可视与可控、"行为"的可视与可控及"流量"的可视与可控。上网行为管理设备通过深入识别技术，全面识别网络中的用户、行为和流量，并通过分析和可视化，帮助管理者看清网络状况；还可以对"用户""行为""流量"进行精准、灵活的管控，让用户上网更高效、管理更省心。

7.3 数据中心区

数据中心是 IT 建设的心脏，作为业务集中化部署、发布、存储的区域，数据中心承载着业务的核心数据及机密信息。数据中心区包括超融合平台（业务网络交换机、存储网络交换机）、数据备份、服务器安全防护、应用负载均衡等。

1. 超融合平台

通过三台或三台以上的超融合一体机或利旧现有第三方服务器，采用超融合架构构建可靠、安全、易管理、可扩展的数据中心。超融合平台通过服务器虚拟化提供应用服务器与数据库服务器的承载平台；通过分布式存储提供数据存储服务；通过超融合统一管理平台，实现业务的快速搭建与管理。

超融合基础架构是将计算和存储资源作为基本组成元素，根据系统需求进行选择和预定义的一种技术架构，在具体实现方式上一般是指在同一套单元节点（x86 服务器）中融入软件虚拟化技术（包括计算和存储虚拟化），而每一套单元节点可以通过网络聚合起来，实现模块化的无缝横向扩展（Scale-out），构建统一的资源池。

1）超融合资源池

新购或利旧三台（或三台以上）服务器，用于运行主要的业务系统，如财务系统、OA 系统、网站系统。

2）业务网络交换机

业务网络交换机用于汇聚虚拟机业务网络，建议采用两台千兆交换机做堆叠来实现冗余，上联至核心交换网络。

3）管理网络交换机

管理网络交换机用于汇聚虚拟机管理网络，上联至核心交换网络，建议采用一台千兆交换机。

4）存储网络交换机

存储网络交换机用于超融合主机之间的数据同步，建议用两台千兆交换机做堆叠来实现冗余，不需要上联至核心交换网络，如果业务系统的吞吐量很大，则可以考虑采用万兆交换机。

DRX 动态资源扩展技术：设定每台虚拟机使用 CPU、内存、存储利用率的阈值，一旦超过阈值，超融合系统就自动增加该虚拟机的资源，高峰期过后会自动回收资源。

超融合架构方案融合了计算、网络、存储、安全四大模块，通过全虚拟化的方式构建 IT 架构资源池。所有的模块资源均可以按需部署、灵活调度、动态扩展。通过超融合一体机或者超融合操作系统，超融合架构方案能够在最短的时间内，充分利用现有硬件基础架构，将业务系统安全、稳定、高效地迁移到超融合平台中，并且为后期迈向私有云平台奠定基础，从而能够实现多租户的管理及计费审计等功能。

超融合架构方案的软件架构主要包含三大组件（服务器虚拟化 aSV、网络虚拟化 aNet、存储虚拟化 aSAN）和一个管理平台（虚拟化管理平台 VMP）。在硬件架构上，超融合架构方案可以通过一体机的方式实现开机即用，也可以采用通用 x86 服务器实现基础架构的承载。配合传统的园区网交换机（背板带宽和交换容量够用即可）即可完成整个平台的搭建，无须各种功能复杂、价格昂贵的数据中心级交换机。

2. 数据备份

在数据中心区部署备份一体机。因为备份和恢复管理是保障数据安全性及系统可用性的有效手段，所以只有做好备份和恢复管理工作才能在系统发生重大安全事件后进行恢复。备份一体机用来实现各个操作系统上的文件备份、操作系统备份和数据库备份，支持 Windows、Linux、UNIX 等市场主流操作系统，可以实现本地化备份和远程备份；支持持续数据保护、x86 服务器上的一致性备份、快照等；支持 iSCSI 磁盘阵列、NAS；支持远程备份，配置备份对象复制等。

3. 服务器安全防护

服务器端通过全面部署应用服务器安全防护软件来保护每台服务器上所有的虚拟机，可提供防恶意软件、IDS/IPS、防火墙、Web 应用程序防护和应用程序控制防护等安全功能。在提供最大化的服务器基础防护的同时大大提高了管理的便捷性。

通过虚拟补丁技术完全可以解决因补丁导致的问题，既不需要停机安装，也不需要进行广泛的应用程序测试。在提供针对漏洞攻击的拦截的同时，为 IT 人员节省了大量时间。采用虚拟补丁功能不但可以减少补丁更新的频率，而且可以保护不能打补丁的遗留程序，使系统免受攻击。

4. 应用负载均衡

应用负载均衡设备能将所有真实服务器配置成虚拟服务器来实现负载均衡，对外直接发布一个虚拟服务 IP 地址。当用户请求到达应用负载均衡设备时，根据预先设定的基于多重四、七层负载均衡算法的调度策略，应用负载均衡设备能够合理地将每个连接快速地分配到相应的服务器，从而使用户合理利用服务器资源。应用负载均衡不仅在减少硬件投资成本的情况下解决了单台服务器性能瓶颈，同时方便后续扩容，为大并发访问量的系统提供性能保障。

通过对服务器健康状况的全面监控，应用负载均衡设备能实时地发现故障服务器，并及时将用户的访问请求切换到其他正常服务器上，实现多台服务器之间的冗余，从而保证关键应用系统的稳定性，不会因某台服务器故障，造成应用系统的局部访问中断。

7.4 运维管理区

1. 全网安全态势感知平台

安全态势感知平台是一套基于行为和关联分析技术对全网的流量进行安全检测的可视化预警检测平台。平台主要由潜伏威胁检测探针、安全感知系统两部分组成。安全感知系统利用大数据并行计算框架支撑关联分析、流量检测、机器学习等计算检测模块，实现海量数据分析协同的全方位检测服务。

潜伏威胁检测探针：在网络核心交换机、数据中心核心交换机和下属分公司核心侧分别部署潜伏威胁检测探针，通过网络流量镜像在内部对用户到业务资产、业务的访问关系进行识别，基于捕捉到的网络流量对内部进行初步的攻击识别、违规行为检测与内网异常行为识别。探针以旁路模式部署，实施简单且完全不影响原有的网络结构，降低了网络单点故障的发生率。此时探针获得的是链路中数据的"副本"，主要用于监听、检测局域网中的数据流及服务器的网络行为，以及实现对服务器的 TCP 行为的采集。

安全感知系统：在内网部署安全感知系统对各节点安全检测探针的数据进行收集，并通过可视化的形式为用户呈现内网业务资产及针对内网关键业务资产的攻击与潜在威胁；通过该系统对现网所有安全系统进行统一管理和策略下发。

多维大屏展示：风险外连监测大屏、分支安全监测大屏、全网攻击监测大屏等多个维度，为关注不同安全视角的用户提供灵活的选择方式，让安全管理可视化，辅助管理者进行安全决策，如图 7-3 所示。

图 7-3 多维大屏展示

2. 运维堡垒机

企业部署了众多的网络及安全设备，针对分散的多点登录方式，建立了一套集中统一的访问控制策略，能够进行身份认证和授权操作，同时能够对操作行为进行审计，记录用户操作行为，避免因运维人员操作不规范、滥用权限及误操作等导致生产系统受到影响。运维堡垒机提供运维权限管理，以及完善的日志审计功能，支持图形终端、字符终端、数据库应用、文件传输等；提供实时视频监控录屏功能，可以对高危的操作（删除或重启等）进行实时截断；实现对各部门用户核心业务的操作系统、数据网络设备等 IT 资源的账号、认证、授权和审计的集中控制和管理。

3. 日志审计

在运维管理区部署日志审计平台，以帮助企业建立信息资产的综合性管理平台，通过对网络设备、安全设备、主机和应用系统日志进行全面的标准化处理，及时发现各种安全威胁、异常行为事件，为管理提供全局的视角，确保客户业务的不间断安全运营。日志审计平台增加了对安全事件的追溯能力及手段，方便管理员进行事件跟踪和定位，并为事件的还原提供有力证据；同时提供了集中化的统一管理平台，将所有的日志信息收集到平台中，实现信息资产的统一管理并监控资产的运行状况，协助管理员全面审计信息系统的整体安全状况。

4. 数据库审计

在运维管理区部署数据库审计平台，对用户数据库进行安全防护审计，全面记录数据库访问行为，识别越权操作等违规行为，并完成追踪溯源；跟踪敏感数据访问行为轨迹，建立访问行为模型，及时发现敏感数据是否泄露；检测数据库配置弱点，发现 SQL 注入等漏洞，提供解决建议；为数据库安全管理与性能优化提供决策依据；提供符合法律法规的报告，满足等级保护、企业内控等审计要求。

5. SSO

企业要实现所有用户信息的统一管理和身份验证，可采用单域模式部署一台 AD 域服务器。活动目录的建设目标是：更新目前用户使用的活动目录，为全公司的工作人员提供统一的目录服务。将公司的安全性集成到 AD 域中及基于策略的管理模式可降低公司网络管理的复杂度。

根据企业内部的组织结构及机密程度需求，管理员通过组策略进行终端管理的细化，按照不同的组织单元运用不同级别的组策略进行安全设置。安全认证平台（SSO）授权机制以多个安全策略纬度为中心。用户登录时，SSO 会根据用户的属性查询用户的相关安全策略的分配情况，以决定授予用户哪些服务资源、对用户的哪些服务访问采取单点登录策略、对用户的哪些主机绑定策略，以及对用户执行哪些安全策略检查。多纬度的授权机制保证了各个安全策略能够独立制定，并分别应用在不同用户身上。

在安全认证平台（SSO），管理员通过将应用系统的权限赋予角色，再将角色赋予某一部门、用户组或者指定的用户账号，可对角色进行增删改查，并配置好对应的应用系统。角色所赋予的应用账号将获得该角色所提供的应用权限。

6. 蜜罐系统

蜜罐系统是以默安科技的幻阵产品为基础的安全服务，为××企业提供了一整套攻击检测、隔离和威胁溯源的解决方案，通过在客户服务器上安装"伪装代理"，把攻击者的流量诱导进幻阵云端，并通过可视化大屏展示出来当前的威胁态势。为了保证对攻击者的高诱导率，探测的节点应该能够覆盖所有的网段，而这个节点部署方式要与客户和深信服安全专家一起讨论，可以部署沙箱，也可以部署"伪装代理"。部署幻阵产品的蜜罐系统可以实现以下功能。

（1）混淆攻击，增加攻击成本及实时告警。

幻阵通过克隆业务的高仿真沙箱，混淆黑客的攻击目标，将攻击隔离进幻阵的沙箱系统，延缓攻击进程，并且以邮件形式通知管理员，为应急响应争取了宝贵时间，降低了客户信息资产受损的风险。基于全链路欺骗，使攻防信息不对称，指数级提升攻击成本和难度，树立安全的威慑力。

（2）诱饵文件，办公内网系统入侵检测解决方案。

办公内网一直是安全的重灾区，在办公内网的 PC 上安装幻阵的诱饵文件，诱饵文件与幻阵沙箱联动，当攻击者攻击 PC，准备利用 PC 做跳板机"咬到"诱饵文件时，幻阵可以立马检测到攻击，并且通知管理员及时采取措施。

（3）伪装代理，攻击流量转移及资产入侵检测。

欺骗防御产品要让攻击者非常容易感知到，这是衡量一款做主动防御产品功能是否强大的重要标准。

幻阵系统利用"伪装代理"技术在客户的真实服务器上形成伪装端口，使得攻击者在攻击客户真实服务器时也可以被诱导进幻阵中，比如在客户的 Web 服务器上伪装出一个 8080 端口的 Web 服务，而客户本身是开启了 80 端口，当攻击者对这台服务器扫描时，发现 8080 端口的 Web 服务存在大量的安全漏洞（沙箱的漏洞），而真实的 80 端口漏洞很少，那么攻击者很容易会先去攻击 8080 端口的 Web 服务，8080 端口会把流量转移到幻阵云端的沙箱中，继而能够检测到资产被入侵了。

（4）溯源分析，帮助调查取证。

幻阵的威胁情报模块可以详细记录攻击者执行的操作，并且可以获取攻击者的浏览器信息、操作系统信息、地理位置、设备的指纹，以及攻击者的一些社交账号，如新浪微博 ID、百度 ID 等，方便客户针对此攻击者进行取证调查和溯源追踪，如图 7-4 所示。

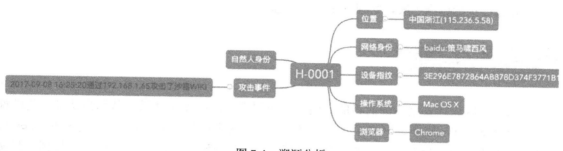

图 7-4　溯源分析

（5）降低成本，方便蜜网的广度延伸。

对于传统的高交互蜜罐系统，客户如果想要对一个网段中的系统做保护，那么至少需要购买并部署一套蜜罐系统，一套高交互蜜罐系统则需要客户给予一个 IP 地址，如果想要达到很高的黑客感知率，那么必须有种类丰富且数量可观的蜜罐系统。这样，将增加客户内部资源的损耗及采购的成本，同时，在进行水平扩展时，成本也是逐步增加的。

通过上面介绍的"伪装代理"部署方式，客户只需要在服务器端安装一个源码开放脚本，就可以做到对攻击者的高感知率及攻击的欺骗防御，一台云端的幻阵系统可与众多的伪装代理联动。客户只需要给予一套幻阵系统相应的 IP 地址就可以，大大节约了客户的内部资源及采购成本，同时，客户若想扩展蜜网，只需在相应的网段安装伪装代理即可，非常便捷。

（6）零误报率，减少产品运维人员的工作量。

幻阵系统是基于行为分析的，比如幻阵系统的某个沙箱若被简单地访问一下，则幻阵系统认为是扫描器，但是假如这个沙箱被某个地址持续地访问，并且尝试登录，根据对此 IP 地址的行为分析，幻阵系统会认为这是一个攻击行为，该机制能实现零误报，产品运维人员也不需要去分辨产品攻击日志，从而大大减少运维人员的工作量。

蜜罐系统与部署的防火墙、TDA 等基于已知规则的安全防护系统相补充，能够对已知和未知的网络攻击行为进行防御，建立起一套有效保护业务系统安全的纵深防御体系。

7．综合管理平台

综合管理平台用于收集内部部署安全设备的相关日志，在数据处理层对日志进行处理、归并，结合态势感知引擎和推理引擎，与攻击链行为模式进行匹配并生成基于黑客攻击链条的安全事件，提交给展示层进行实时检测及告警，从而进行重点监控 IP 地址的报警及网络攻击趋势的分析。

综合管理平台能够展示整体安全态势情况、攻击链情况、时间类型分布情况与最近入侵事件。同时在系统的顶部设置跑马灯滚动显示当前的入侵攻击事件类型。攻击事件在入侵态势感知的主界面上通过 GIS 地图能够可视化攻击路径，并可以进一步对某一攻击事件在地图上进行钻取。若想对攻击事件进行全面查看，则可以通过数据分析的查询功能进行进一步分析和提取。通过安全管理中心大数据的分析将威胁形成安全事件并进行关联，及时预警即将发生的威胁，可让相关领导及管理人员对威胁态势进行提前感知并预警。

综合管理平台能对系统内总体漏洞分布态势进行展示，支持风险等级、风险评分、漏洞处置情况的统计等。管理员可通过平台创建资产发现任务，从而发现资产和收集资产信息，实现对主机、服务器、数据库、中间件等漏洞趋势的展示，并与漏洞扫描系统联动。综合管理平台通过自适应的体系架构，高效地结合情境上下文进行分析，协助安全专家快速发现和分析安全问题，并通过实际运维手段，实现安全闭环管理。

7.5 终端接入区

终端接入区进行安全加固的目的是建立公司层面的网络安全体系，从用户认证、终端检查、安全隔离、非法阻断、网络接入、数据安全、行为审计与控制等方面强化整体信息安全。安全设计主要分为三个方面：数据安全，文档透明加/解密、文档使用权限管理、敏感信息文档外发内容识别和管控；系统安全，补丁管理、主机杀毒、主机入侵防御、端口管理；边界安全，准入管理、移动存储管理、违规外联管理。

终端接入区的产品根据需求和安全设计可以分为终端桌面管理、数据防泄露、终端准入和终端安全防护。

1. 终端桌面管理

终端桌面管理功能模块包含终端远程协助、终端监控、U 盘管控，以及 Windows 组策略、本地安全策略、注册表策略等安全基线加固、系统补丁管理等。

终端远程协助可实现三种远程控制模式：远程监视，即管理员只能看到远程终端的屏幕，不能操作鼠标和键盘；远程监控，管理员输入正确的口令后可以强制操作远程终端的鼠标、键盘，看到远程终端的屏幕，不需要得到客户端用户的许可；远程协助，管理员输入正确的口令后，需要得到远程终端用户的许可后才能操作远程终端的鼠标、键盘，看到远程终端的屏幕。

终端监控可实现以下功能：对主机的软硬件配置进行变更，对系统账号、设置进行变更，事件日志采集，屏幕录像，对上网、发帖、网盘上传、BT 下载等进行审计与控制；对 QQ、微信、钉钉等数十款即时通信工具进行审计，对聊天内容、收发文件、图片进行场景化还原，可对敏感内容进行告警；对 U 盘、共享文件夹进行审计和阻断，对 FTP 拷贝、打印、光驱刻录、导入/导出等行为进行敏感审计和阻断。

U 盘管控可实现移动存储介质管理的功能：支持 U 盘注册管理，终端用户可在本机自行注册、申请 U 盘，并可进一步控制注册的 U 盘只能在指定的终端或指定的部门使用，防止外来 U 盘在本单位使用；能够记录终端的 USB 插拔信息；审计移动存储介质的使用情况，至少包括使用的人、机器、时间等信息，以及所有通过移动存储介质拷贝出去的文件及文件备份；审计移动存储文件的读/写功能，可单向设置，即设置只读或只写；支持单独设置 U 盘、移动硬盘、USB 光驱、存储卡等移动存储设备为启用、禁止、只读。

2. 数据防泄露

针对内部终端已有的本地敏感数据、业务数据进行识别与防护，根据数据分类、分级的结果，通过准入与防泄密集成的客户端，对全网终端的文件进行扫描，识别敏感文件的分布、流转及外发情况，如图 7-5 所示。

图 7-5 数据防泄露

配置终端安全虚拟磁盘策略并应用到已安装的 Agent 终端（用户、用户组、部门、设备 IP/MAC 地址、设备组、网段等应用），对应终端收到策略后自动完成安全虚拟磁盘的创建，并通过配置数据防泄露策略指定需要保护的业务系统，同时配置安全虚拟磁盘中数据的属性为加密，可外部流转，实现文件从安全虚拟磁盘通过加密授权后进行外部流转，在外部环境下（无终端 Agent）通过桌面管理模块提供的特定工具打开。在外部环境下打开加密文件可进行权限控制（包括打印、编辑、剪贴板、水印、打开次数、过期自动销毁、打开密码设置等）。

3. 终端准入

终端准入用于对终端用户访问外网时主机安全漏洞的检查进行自定义，内容包括系统账户安全性，如不能启用 Guest 账户、不能为弱口令、屏幕保护不能为空；共享目录安全性，如不允许终端共享可写目录、不能设置共享目录为 everyone 访问权限；终端是否安装规定的防病毒软件；满足合规条件才能接入网络。

4. 终端安全防护

在桌面终端安装终端安全防护软件，实现统一的安全策略部署和病毒码下发。终端安全防护软件除了可实现对终端 PC 的全面病毒、木马、间谍软件的防护，还支持移动存储设备控制、网络共享控制，拥有恶意软件行为智能阻止技术，可阻止指定的程序软件运行，并拥有智能风险反馈技术。

在数据中心新增一台专用的防病毒服务器（可用虚拟机资源），将杀毒软件服务器端软件安装在该专用的防病毒服务器上，网络中的终端安装客户端防病毒软件。客户端防病毒软件集成病毒专杀工具，专杀工具的扫描引擎和病毒码可以自动更新；完全摆脱了传统防病毒软件需要独立使用专杀工具，并且使用数量巨大的问题（每一个病毒都有特定的专杀工具）；企业安全管理员可以从服务器端主动触发整个网络所有客户机的专杀工具去扫描本机内存和注册表，清除内存中的病毒进程和恢复被病毒修改的注册表键值，从而不再执行传统的清除病毒的工作。传统清除病毒的方法为针对不同的病毒，下载不同的专杀工具，到每台计算机前，手动执行不同种类的专杀工具，反复重启计算机；同时，用户通过客户机单击按钮，触发专杀工具清除病毒，并且杀毒软件上的"病毒爆发监控"可以用来监控网络上有感染迹象的可疑活动。通过设定病毒爆发监控的敏感度（例如，在设定的时间段内，网络上的并发会话数量超过设定的值），可在网络内部病毒爆发之前，提前向安全管理人员预警，防患于未然。

7.6 桌面云服务器区

现有 IT 系统运维人员需要在企业的每台 PC 上安装业务所需的软件程序及客户端，而且重要的数据分散在各自 PC 上，不能统一进行集中存储及备份。其次由于 PC 的安全漏洞较多，业务数据在客户端有泄露及丢失的危险，并且有受到来自客户端的攻击和破坏的危险。

在应用层面，未来上千台 PC 发布在不同的分公司，其维护工作量巨大，业务人员的工作环境被绑定在 PC 上，当 PC 出现软硬件故障时，只能被动地等待 IT 维护人员来修复，业务人员不仅要对 PC 进行维护，还要对操作系统环境、应用的安装配置和更新进行管理和维护。随着应用的增多，维护工作量呈增长趋势，从而导致工作效率低下、终端维护成本上升。

因此，简化客户端环境，实施集中化部署、管理和运维，部署桌面云计算应用是有效的解决方案，如图 7-6 所示。

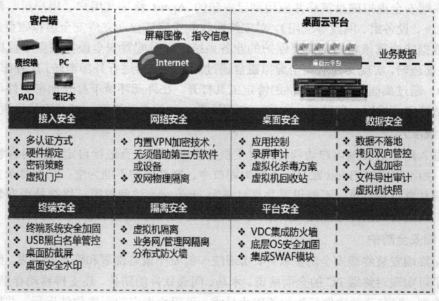

图 7-6 云桌面的优势

云桌面相对于传统 PC 是一种全新的计算模式，数据的计算和存储都在数据中心的服务器和存储设备上进行，是一种集中式的计算模式，用户侧的终端设备只用于输入和输出，显示器上显示的只是服务器上传输过来的图像变化量。

任务小结

通过本项目的学习，我们掌握了中小型企业网的常规架构，这些网络区别于电信运营商的生产网络（它是提供公共互联网业务的那张网，而不是办公网），这里我们不对电信运营商的生产网络进行阐述，因为大部分同学毕业后，接触到的是本章所阐述的企业网。

下面通过几个习题来回顾一下所学的内容：
1. 在资金充裕的情况下，企业为什么要同时部署多个运营商的专线？
2. 可以用哪些路由协议将企业内的设备互连起来呢？这些路由协议各自的特点是什么？
3. 企业网部署了层层安全设备，是为了保护什么？
4. 随着企业门户网站的访问量增多，管理员发现，单台服务器满负荷运行，造成网站卡顿，甚至拒绝服务。那么，可以通过什么方法解决呢？
5. 相对于传统的防火墙，下一代防火墙有什么优势？

反侵权盗版声明

电子工业出版社依法对本作品享有专有出版权。任何未经权利人书面许可，复制、销售或通过信息网络传播本作品的行为；歪曲、篡改、剽窃本作品的行为，均违反《中华人民共和国著作权法》，其行为人应承担相应的民事责任和行政责任，构成犯罪的，将被依法追究刑事责任。

为了维护市场秩序，保护权利人的合法权益，我社将依法查处和打击侵权盗版的单位和个人。欢迎社会各界人士积极举报侵权盗版行为，本社将奖励举报有功人员，并保证举报人的信息不被泄露。

举报电话：(010) 88254396；(010) 88258888
传　　真：(010) 88254397
E-mail：dbqq@phei.com.cn
通信地址：北京市万寿路 173 信箱
　　　　　电子工业出版社总编办公室
邮　　编：100036

反侵权盗版声明

电子工业出版社依法对本作品享有专有出版权。任何未经权利人书面许可，复制、销售或通过信息网络传播本作品的行为；歪曲、篡改、剽窃本作品的行为，均违反《中华人民共和国著作权法》，其行为人应承担相应的民事责任和行政责任，构成犯罪的，将被依法追究刑事责任。

为了维护市场秩序，保护权利人的合法权益，我社将依法查处和打击侵权盗版的单位和个人。欢迎社会各界人士积极举报侵权盗版行为，本社将奖励举报有功人员，并保证举报人的信息不被泄露。

举报电话：（010）88254396；（010）88258888
传　　真：（010）88254397
E-mail：dbqq@phei.com.cn
通信地址：北京市万寿路173信箱
　　　　　电子工业出版社总编办公室
邮　编：100036